C程序设计
教学做一体化教程

耿祥义 张跃平◎编著

清华大学出版社

北京

内 容 简 介

C 语言不仅是计算机学科的一门基础语言,而且它高效、灵活,特别适合用来编写操作硬件设备的程序,使得 C 语言在嵌入式领域有着广泛的应用。

本教材采用教、学、做一体化模式,以核心知识、能力目标、任务驱动和实践环节为单元组织本教材的体系结构。每章都由 4 个模块:核心知识、能力目标、任务驱动和实践环节所构成。在语法上严格遵守 ANSI C 标准,在程序设计思想方面强调模块化思想,在克服难点方面注重结构清晰地安排内容、循序渐进地展开知识,特别强调知识点的能力目标,通过合理的任务驱动和实践环节提高程序设计能力和综合运用知识的能力。全书分为 13 章,分别讲解了初识 C 程序,基本数据类型,运算符与表达式,分支与开关语句,循环语句,函数的结构与调用,数组,指针,指针与数组,指针与函数,处理字符串,结构体、共用体与枚举,读写文件。

本书不仅适合作为高等院校理工类学生学习 C 程序设计的教材,而且特别适合作为教、学、做一体化的教材。

图书在版编目(CIP)数据

C 程序设计教学做一体化教程/耿祥义,张跃平编著. —北京:清华大学出版社,2013.4
ISBN 978-7-302-31191-1

Ⅰ. ①C… Ⅱ. ①耿… ②张… Ⅲ. ①C 语言-程序设计-高等学校-教材 Ⅳ. ①TP312

中国版本图书馆 CIP 数据核字(2013)第 002531 号

责任编辑:田在儒
封面设计:李 丹
责任校对:袁 芳
责任印制:杨 艳

出版发行:清华大学出版社
  网 址:http://www.tup.com.cn,http://www.wqbook.com
  地 址:北京清华大学学研大厦 A 座   邮 编:100084
  社 总 机:010-62770175   邮 购:010-62786544
  投稿与读者服务:010-62776969,c-service@tup.tsinghua.edu.cn
  质量反馈:010-62772015,zhiliang@tup.tsinghua.edu.cn
  课件下载:http://www.tup.com.cn,010-62795764
印 装 者:北京密云胶印厂
经 销:全国新华书店
开 本:185mm×260mm 印 张:21   字 数:507 千字
版 次:2013 年 4 月第 1 版   印 次:2013 年 4 月第 1 次印刷
印 数:1～5000
定 价:39.00 元

产品编号:045586-01

前 言
FOREWORD

　　本教材是作者多年讲授 C 语言的结晶,按照教、学、做一体化模式,以核心知识、能力目标、任务驱动和实践环节为单元组织本教材的体系结构。核心知识体现最重要和实用的知识,是教师需要重点讲解的内容;能力目标提出学习核心知识后应具备的编程能力;任务驱动给出了教师和学生共同来完成的任务;实践环节给出了需要学生独立完成的实践活动。在语法上严格遵守 ANSI C 标准,在程序设计思想方面强调模块化思想,在克服难点方面注重结构清晰地安排内容、循序渐进地展开知识,通过合理的任务驱动提高程序设计的能力和综合运用知识的能力。全书分为 13 章,分别讲解了初识 C 程序,基本数据类型,运算符与表达式,分支与开关语句,循环语句,函数的结构与调用,数组,指针,指针与数组,指针与函数,处理字符串,结构体、共用体与枚举,读写文件。

　　每章的核心知识模块强调在编程中最重要和实用的知识点,其中的简单示例起着帮助读者理解和掌握核心知识的作用;能力目标模块强调使用核心知识进行编程的能力;任务驱动模块起着训练编程能力的作用,其中的任务小结主要总结任务中涉及的重要技巧、注意事项以及扩展知识,通过该模块的训练,读者有能力完成后续的实践环节。第 1 章主要讲解开发 C 程序的基本步骤,读者可以迅速地开发出第一个简单的 C 程序,并充分认识到 C 语言的重要地位和应用领域。第 2 章是基本数据类型,在核心知识和任务的安排方面特别注重训练初学者应当掌握和理解的重要基础知识以及知识点的能力目标。第 3 章是 C 语言的运算符与表达式,在任务安排上注重结合实际问题训练读者熟练地计算各种表达式,识别各种语句和它们的作用。第 4 章和第 5 章分别是分支语句和循环语句,为了实现能力目标特别注重选择有启发的例子和任务,以此训练读者使用所学语句解决实际问题的能力。第 6 章是本书的重点内容之一,讲述了函数的结构与调用,讲解上注重强调 ANSI C 标准,强调使用函数进行模块化设计的思想。第 7 章是数组,强调数组在解决许多实际问题中的重要性,特别安排了多个任务训练数组有关的排序算法。第 8 章、第 9 章以及第 10 章是 C 语言最重要的内容——指针,注重由简到难、逐步展开,便于读者学习和掌握这部分内容,所选择的任务都非常有利于读者理解指针以及训练在程序设计中使用指针解决问题的能力。由于字符串是 C 程序设计中经常需要处理的数据,因此在第 11 章专门讲解了和字符串有关的知识点,在任务安排上注重综合运用所学知识来解决实际问题。第 12 章讲解结构体、共用体与枚举,特别注意训练如何使用指针访问结构体中的数据。第 13 章讲解如何使用库函数读写文件,结合一些有应用价值的任务,训练在编程中对文件的读写能力。

  本教材特别注重引导学生参与课堂教学活动,适合高等院校相关专业作为教、学、做一体化的教材。

  本教材的示例和任务模块的源程序以及电子教案可以在清华大学出版社网站上免费下载,以供读者和教学使用。

编　者

2013 年 4 月

作 者 简 介

  耿祥义,1995 年中国科学技术大学博士毕业,获理学博士学位。1997 年从中山大学博士后流动站出站,现任大连交通大学教授。已编写出版《Java 2 实用教程》、《Java 面向对象程序设计》、《Java 设计模式》、《JSP 程序设计》、《XML 程序设计》、《C 程序设计实用教程》、《Java 课程设计》等 10 余部教材。

  张跃平,现任大连交通大学副教授。已编写和参编出版《Visual FoxPro 课程设计》、《Java 2 实用教程》、《JSP 实用教程》、《C 程序设计实用教程》、《Java 课程设计》等教材。

目 录
CONTENTS

初识 C 程序

主要内容

- 开发环境
- 简单的 C 程序

　　贝尔实验室是人们熟悉的著名实验室之一，C 语言就诞生于该实验室，发明人是该实验室的 Dennis Ritchie。1972 年，Dennis Ritchie 和同事 Ken Thompson 为了编写 UNIX 操作系统设计了一种新的实用语言，并使用该语言完成了 UNIX 操作系统的设计。Dennis Ritchie 在设计该语言时借鉴了同事 Ken Thompson 开发命名的 B 语言，由于 B 语言的名字来自当时的 BCPL(Basic Combined Programing Language)语言的第一个字母，为此，Dennis Ritchie 将其发明的新语言命名为 C 语言(取 BCPL 语言的第二个字母)。1978 年 Dennis Ritchie 出版了第一部 C 语言著作《The C Programming Language》。1983 年，美国国家标准化组织(ANSI)根据 Dennis Ritchie 的著作确定出了第一个 C 语言标准：C89，习惯地将 C89 称为 ANSI C。

　　C 语言高效、灵活，被广泛应用于科学计算，可以在许多软件开发中都可看到 C 语言的身影。C 语言是非常适合用于编写操作硬件设备的编程语言，特别是随着信息时代的不断进步，嵌入式系统的开发越来越流行，例如，人们使用 C 语言为汽车、飞行器、机器人、照相机、冰箱、DVD 播放机和其他许多现代化设备中的微处理器编写程序，以便控制这些设备，简而言之，嵌入式领域更加注重代码的效率，促成 C 语言在嵌入式领域独领风骚。

　　C 语言也是进一步学习其他高级语言，如 C++、Java 和 C♯(读作 see-sharp)，以及相关的课程，如数据结构、操作系统、微机原理等的基础语言。

1.1　开发环境

1.1.1　核心知识

　　学习任何一门编程语言都需要选择一种针对该语言的开发工具。开发工具的核心任务之一就是要将人们按照该语言编写的代码(称为源文件)转变成计算机能够识别执行的指令(称为机器指令)。

本书将采用 VC++ 6.0 开发环境来开发 C 程序,其主要理由是:VC++ 6.0 不仅是适合开发 C++ 程序的开发工具,同时也适合用来开发 C 程序,而且国内有关 C 语言的二级认证考试已经开始使用 VC++ 6.0,因此使用 VC++ 6.0 有利于学生更好地熟悉认证考试环境。

1.1.2 能力目标

安装、配置 VC++ 6.0,能启动 VC++ 6.0。

1.1.3 任务驱动

1. 任务的主要内容

- 安装 VC++ 6.0。
- 配置 Include files。
- 配置 Library files。

2. 任务的模板

按照下列步骤完成有关操作。

(1) 安装 VC++ 6.0

将 VC++ 6.0 安装到某个目录,如 D:\VC 6.0。选择"开始"→"程序"→"VC++ 6.0"命令启动 VC++ 6.0,出现如图 1.1 所示的开发界面。

图 1.1　VC++ 6.0 的开发界面

(2) 配置 Include files

配置 Include files(如果安装时已经由系统自动配置过,可不必重新配置)。

在图 1.1 所示的开发界面上选择"工具"菜单中的"选项"命令,弹出如图 1.2 所示的"选项"对话框。

图 1.2　"选项"对话框

在图1.2所示的"选项"对话框中打开"目录"选项卡,然后将目录列表中的Include files选项对应的"路径"更改为:

```
D:\VC6.0\VC98\INCLUDE
D:\VC6.0\VC98\MFC\INCLUDE
D:\VC6.0\VC98\ATL\INCLUDE
```

（3）配置Library files

配置Library files,如果安装时已经由系统自动配置过,可不必重新配置。在图1.2所示的"选项"对话框中打开"目录"选项卡,然后将目录列表中的Library files选项对应的"路径"更改为:

```
D:\VC6.0\VC98\LIB
D:\VC6.0\VC98\MFC\LIB
```

3. 任务小结或知识扩展

要注意学会如何配置Include files和Library files,其目的是为了能使用VC++ 6.0中的库函数。另外,尽管学习C语言可以选择任意一个成熟的开发工具,但VC++ 6.0是目前比较流行的开发工具。

1.1.4 实践环节

除了可以选择"开始"→"程序"→"VC++ 6.0"命令启动VC++ 6.0外,也可以执行MSDEV.EXE来启动VC++ 6.0,双击D:\VC6.0\COMMON\MSDEV98\BIN目录中的MSDEV.EXE文件启动VC++ 6.0。

1.2 简单的C程序

1.2.1 核心知识

无论C程序的规模大小如何,开发一个C程序须经过如下4个基本步骤。

1. 编写源代码文件

编写源代码文件,也简称为编写源文件。所谓源文件就是按照C语言的语法规则,使用文本编辑器编写的扩展名为.c的文本文件,例如first.c、second.c等,也就是说C程序的源代码存放在扩展名为.c的文本文件中。

2. 编译

计算机不能直接识别源代码文件,因此必须把源代码文件转化为计算机能够识别的机器指令。编译器将检查源代码文件中是否有语法错误;如果有语法错误,将提示有关错误;如果没有语法错误,编译器就会将源代码文件转化为一个二进制文件,该二进制文件被称为源代码文件的目标文件。目标文件的名字与源代码文件的名字相同,但扩展名为.obj。

3. 链接

目标文件是供链接器使用的文件,也就是说目标文件中含有待确定的链接信息,链接器必须把这些信息替换成真正的链接代码,形成一个完整的可执行的代码。当进行链接操作时,链接器还需要将程序使用的库函数链接进来(如 printf 函数就是库函数),并向可执行文件加入操作系统的启动代码。没有启动代码操作系统就无法运行可执行文件,该启动代码相当于程序和操作系统之间的接口。

4. 运行

产生可执行文件后,就可以把该文件交给操作系统去执行。

1.2.2 能力目标

能编写一个简单的 C 程序的源文件,并编译该源文件、链接目标文件得到可执行文件,然后运行可执行文件,即运行程序。

1.2.3 任务驱动

1. 任务的主要内容

编写一个简单程序,该程序输出两行文字:"很高兴学习 C 语言"和"We are students"。

2. 任务的模板

按照下列步骤完成有关操作。

① 创建工程。

② 向工程中添加源文件。

③ 编写源文件。

④ 编译。

⑤ 链接。

⑥ 运行。

(1) 创建名字是 myproject 的工程

VC++ 使用一个工程对应一个 C 程序,也就是说,在 VC++ 环境中,通过创建一个工程来创建一个 C 程序。

创建一个工程的步骤如下。

① 在 VC++ 开发界面上单击"文件"菜单,选择其中的"新建"菜单项,将弹出"新建"对话框,在该对话框中选择"工程"选项卡。

② 在当前对话框的左侧的选项列表中选中 Win32 Console Application(注意,不可以选择 Win32 Application)。

③ 在当前对话框的右侧的"位置"文本框中输入存放工程的位置,例如:D:\ok。

④ 在当前对话框中的"工程名称"文本框中输入工程的名称,例如:myproject。

⑤ 在弹出的"选择工程类型"对话框中选择"空工程(An empty project)"。

⑥ 在工作空间界面(VC++ 开发界面的左侧)的下方选择 FileView 视图。

(2) 向工程中添加名字是 first.c 的源文件

向工程中添加源文件的步骤如下。

① 在 VC++ 开发界面上单击"文件"菜单,选择其中的"新建"菜单项。

② 在弹出的"新建"对话框中选择"文件"选项卡。

③ 在当前对话框左侧的选项列表中选中 C++ Source File。

④ 在右侧的"文件名称"文本框中输入源文件的名称,如 first.c(必须带扩展名.c)。

⑤ 将"添加到工程"复选框选中,即把源文件添加到工程中。

(3) 编写源文件 first.c

在程序代码编辑区(VC++ 开发环境提供的一个文本编辑器)输入如下内容的源代码。

```
#include<stdio.h>
int main() {
    printf("很高兴学习 C 语言\n");         //输出"很高兴学习 C 语言",并回行
    printf("We are students\n");         //输出"We are students",并回行
    getchar();
    return 0;
}
```

(4) 编译源文件 first.c

在 VC++ 开发界面上单击"组建"(某些 VC++ 6.0 版本须单击"编译")菜单,选择其中的"编译"菜单项对源文件进行编译,如果源文件没有错误,将产生目标文件;如果有错误,编译器将提示有关错误。生成的目标文件的名字是 first.obj(因为源文件的名字是 first.c)。

(5) 链接目标文件和库函数

在 VC++ 开发界面上单击"组件"菜单,选择其中的"构件(链接)"菜单项对目标文件以及所用的库函数进行链接,生成可执行文件。VC++ 6.0 将链接操作称为链接工程,生成的可执行文件的名字是 myproject.exe(因为工程的名字是 myproject)。

(6) 运行可执行文件

在 VC++ 开发界面上单击"组建"菜单,选择其中的"运行"菜单项运行可执行文件,即运行 myproject 工程。运行效果如图 1.3 所示。

很高兴学习C语言
We are students

图 1.3 一个简单程序

3. 任务小结或知识扩展

(1) main 函数

C 程序的基本结构就是函数,有时 C 程序可以只有一个函数,比如只有 main 函数(称为主函数)。除 main 函数外,C 程序还可以有多个其他函数,main 函数可以调用这些函数,比如调用 printf 库函数。现在只需知道:一个 C 程序必须有且仅有一个 main 函数,操作系统从 main 函数开始执行 C 程序。按照 ANSI C 标准,main 函数的格式如下:

```
int main(){
    …
    return 0;
}
```

main 前面的 int 称为它的类型(要求 main 使用 return 返回一个整数值,通常返回 0 即可),main 后面的一对小括号表明这是一个函数,紧接着的一对大括号以及所包含的内容是它的函数体。

（2）printf 函数

printf 函数是库函数，其作用是可以输出数据到终端设备，比如输出一行文本，输出的文本中如果包含换行转义符：\n，那么 printf 在输出文本时将\n 输出为换行。为了使用 printf 库函数，需要在源文件中使用♯include 命令包含 stdio.h 函数库。

（3）大括号的风格

C 程序的许多地方都涉及使用一对大括号，比如 main 函数的函数体。"行尾"风格是左大括号在上一行的行尾，而右大括号独占一行。"独行"风格是左、右大括号各自独占一行。下列是行尾风格：

```
int main() {

}
```

（4）注释

编译器忽略注释内容，注释的目的是有利于代码的维护和阅读，因此给代码增加注释是一个良好的编程习惯。C 编译器支持两种格式的注释：单行注释和多行注释。

单行注释使用"//"表示单行注释的开始，即该行中从"//"开始的后续内容为注释。多行注释的使用"/＊"表示注释的开始，以"＊/"表示注释结束，例如：

```
/＊ 以下是 main 方法,操作系统首先执行该方法 ＊/
int main() {
    printf("你好");          //输出你好
    return 0;
}
```

（5）关于编译

C 语言是面向过程语言，简单地说，编程人员只需按照 C 语言的语法编写解决问题的过程，C 语言使用函数封装这样的过程（在第 6 章还会详细讲述）。过程语言的源文件的一个特点是更接近人的"自然语言"，例如，C 语言源程序中的一个函数：

```
int max(int a,int b){
    if(a>b)
        return a;
    else
        return b
}
```

该函数负责计算两个整数的最大值。使用面向过程语言，人们只需按照自己的意图来编写各个函数，语言的语法更接近人们的自然语言，所以习惯上也称过程语言是高级语言。但是，无论哪种高级语言编写的源文件，计算机都不能直接执行，因为计算机只能直接识别、执行机器指令。因此，必须把源文件转换成机器指令，然后计算机去执行相应的机器指令。所谓机器指令就是可以被计算机平台直接识别、执行的一种由 0、1 组成的序列代码。每种计算机都会形成自己独特的机器指令，例如，某种计算机可能用 8 位序列代码 1000 1111 表示一次加法操作，以 1010 0000 表示一次减法操作，而另一种计算机可能用 8 位序列代码 1010 1010 表示一次加法操作，以 1001 0011 表示一次减法操作。因此必须把源代码转化为计算机能够识别的机器指令。

编译器将检查源文件中的代码是否有语法错误,如果有语法错误,将提示有关错误;如果没有语法错误,编译器就会将源文件转化为一个二进制文件,该二进制文件被称作源文件的目标文件。目标文件的名字与源文件的名字相同,但扩展名为.obj(某些编译器得到的目标文件的扩展名为.O)。目标文件是供链接器使用的文件(不是可执行文件),也就是说目标文件中含有待确定的链接信息,链接器必须把这些信息替换成真正的链接代码,形成一个完整的可执行的代码。

1.2.4 实践环节

1. 控制回行(\n)

将任务驱动中的程序的代码:printf("很高兴学习 C 语言\n");,更改为:printf("很高兴\n学习 C 语言\n");,观察程序输出结果会是怎样?

2. 看看自己的工程

如果工程 myproject 建立在 D:\ok 目录中,那么在该目录下的 Debug 子目录中可以看到名字为 myproject.exe 的可执行文件,运行该文件(双击该文件)也称运行工程。

3. 多个源文件的工程

一个 C 程序(工程)中可以有多个源文件,这些源文件包含 C 程序所需要的函数。

(1) 建立名字为 jiafa 的空工程

在 VC++ 开发界面上单击"文件"菜单,选择其中的"新建"菜单项,将弹出"新建"对话框,在该对话框中选择"工程"选项卡,输入工程名 jiafa,如图 1.4 所示。要特别注意在当前对话框左侧的选项列表中选中 Win32 Console Application 选项,不可以选择 Win32 Application)。

选中 Win32 Console Application

图 1.4 输入工程名

(2) 向工程添加 add.c 源文件

在 VC++ 开发界面上单击"文件"菜单,选择其中的"新建"菜单项,在弹出的"新建"对话框中选择"文件"选项卡,并在当前对话框左侧的选项列表中选中"C++ Source File",在右侧的"文件名称"文本框中输入源文件的名称:add.c(注意必须带扩展名.c),并将"添加到工程"复选框选中,即将 add.c 添加到 jiafa 工程中,然后在 add.c 的编辑区输入如图 1.5

所示的内容。

（3）向工程添加 main.c 源文件

在 VC++ 开发界面上单击"文件"菜单，选择其中的"新建"菜单项，在弹出的"新建"对话框中选择"文件"选项卡，并在当前对话框左侧的选项列表中选中"C++ Source File"，在右侧的"文件名称"文本框中输入源文件的名称：main.c(注意必须带扩展名.c)，并将"添加到工程"复选框选中，即将 main.c 添加到 jiafa 工程中，然后在 main.c 的编辑区输入如图 1.6 所示的内容。

```
int add(int ,int);
int add(int a,int b) {
    return a+b;
}
```

图 1.5　编辑源文件 add.c

```
main.c
#include <stdio.h>
int add(int,int);    //主函数要使用的add函数的原型
int main() {
    int result=0;
    result=add(12,67);
    printf("%d\n",result);
    result=add(-212,30);
    printf("%d\n",result);
}
```

图 1.6　编辑源文件 main.c

（4）分别编译 add.c 和 main.c

让 add.c 的编辑区处于活动状态，然后编译 add.c；让 main.c 的编辑区处于活动状态，然后编译 main.c。如果没有语法错误，将产生名字为 add.obj 和 main.obj 的目标文件；如果有错误，编译器将提示有关错误。

（5）链接

单击"组建"菜单，选择其中的"链接"菜单项对目标文件和所用的库函数进行链接，生成可执行文件。

（6）运行

链接成功后，在 VC++ 开发界面上单击"组建"菜单，选择其中的"运行"菜单项运行可执行文件(也叫运行工程)，效果如图 1.7 所示。

创建具有多个源文件的工程的实践步骤如图 1.8 所示。

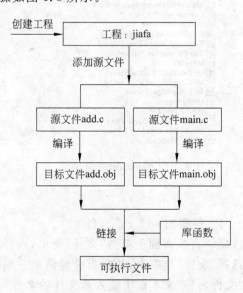

```
79
-182
```

图 1.7　程序运行效果

图 1.8　有多个源文件的工程

小　　结

- C 语言不仅是学习其他后续课程的基础,而且本身也是很强大的一门编程语言,有着自己独特的语言特性,尤其在嵌入式领域有着很重要的应用地位。
- 本章只需大致了解 C 程序的基本结构,重点掌握开发 C 程序的基本步骤:编写源文件,编译源文件,链接目标文件,运行可执行文件。
- 学会配置 VC++ 6.0,熟练使用 VC++ 6.0 创建工程,向工程添加源文件,以及使用 VC++ 6.0 进行编译、链接等操作。

习　题　1

1. C 语言的主要贡献者是谁?

2. 编译器产生的目标文件是否是可执行文件?

3. 编写一个 C 程序,要求的步骤如下。

(1) 创建一个名字为 Sun 的工程。

(2) 向工程添加名字为 earth.c 的源文件,该源文件中有一个 main 函数,main 函数负责输出三行文本。

(3) 编译源文件,链接工程,运行可执行文件。

基本数据类型

主要内容

- 整型常量与变量
- 浮点型常量与变量
- 字符常量与变量
- 输入、输出函数
- 符号常量与 const 常量

本章学习用基本类型变量来处理数据。基本类型包括整型、浮点型和字符型。

2.1 整型常量与变量

2.1.1 核心知识

1. 整型常量

在 C 语言中,整数,也被称作整型常量,比如 98、82、−9876 都是整型常量,而 10.0、6.18 就不是整型常量。

可以用最熟悉的十进制表示整数,也可以用八进制表示整数。八进制常量以固定的数字 0 开头,并由 0~7 这 8 个数字来组成,比如 01727(相当于十进制的 983),071(相当于十进制的 57)等都是整型常量,而 089 就是错误的整形常量(八进制表示中不能出现大于 7 的数字)。也可以用十六进制表示整数,十六进制常量以固定的数字 0 和字母 x:0x(0X)开头,并由 0~9 这 10 个数字和 a~f 这 6 个字母(也可以是大写字母 A~F)来组成,比如 0x123ABF(相当于十进制的 1194687),0FFF(相当于十进制的 4095)等都是整型常量,而 0X87MAB 就是错误的整形常量(十六进制表示中不能出现 A~F 之外的字母,比如字母 M)。

2. 整型变量

程序中的一个变量将与计算机中的一块内存区域相对应,也就是说,操作系统在执行程序时,会在内存中为变量分配一定数量的字节,分配的字节数量取决于变量的类型。

当程序需要处理整数时,可以使用 short、int、long 声明整型变量。

（1）int 型

使用关键字 int 来声明 int 型变量。例如，声明名字是 age 和 temperature 的 int 型变量：

```
int age;
int temperature;
```

可以一次声明多个 int 型变量（用逗号分隔所声明的变量），例如：

```
int age,temperature;
```

为了防止程序在没有为变量赋值之前就使用变量进行其他运算操作，可以在声明这个变量的时候为它指定一个初始的值，称作变量的初始化，即声明变量的同时赋给它一个初值，例如：

```
int age=1;
int temperature=0;
```

或

```
int age=1,temperature=0;
```

针对 32 位计算机的编译器会让操作系统给 int 型变量分配 4 个字节的内存空间，int 型变量的取值范围是 $-2^{31} \sim 2^{31}-1$。

（2）short 型

使用关键字 short 声明 short 型变量，针对 32 位计算机的编译器会让操作系统给 short 型变量分配 2 个字节的内存空间，short 型变量的取值范围是 $-2^{15} \sim 2^{15}-1$。

（3）long 型

使用关键字 long 声明 long 型变量，针对 32 位计算机的编译器会让操作系统给 long 型变量分配 4 个字节的内存空间，long 型变量的取值范围是 $-2^{31} \sim 2^{31}-1$。

（4）无符号型

当程序只需要处理正整数数据时，可以在 short、int、long 前增加 unsigned 关键字来声明无符号整型变量，例如：

```
unsigned short age;
```

无符号 short 型变量的取值范围是 $0 \sim 65535$，即 $0 \sim 2^{16}-1$。无符号 int 型变量和无符号 long 型变量的取值范围都是 $0 \sim 4294967295$，即 $0 \sim 2^{32}-1$。

3. 为变量赋值

变量的作用是存储数据，比如可以使用赋值语句为已经声明的 short 型变量 x、y 赋值：

```
x=7;
y=12;
```

初学者不要把"＝"读作"等于"或"相等"，"＝"不是等号的意义（应读作赋值，关于赋值运算符将在 3.1 节介绍），该运算符的作用是将符号"＝"右侧的值赋给左侧的变量，即让变量所对应的内存字节中的电子元件（bit）的信号发生变化。

执行赋值语句"x＝7"和"x＝12;"时,CPU 将变量 x 和 y 所对应的内存发生改变,以便表示数字 7 和 12(用二进制),即让变量 x 的值是 7,y 的值是 12,如图 2.1 和图 2.2 所示。

变量x对应的内存:

0000 0000	0000 0000	0000 0000	0000 0111

← ─ ─ ─ ─ ─ ─ ─ ─ ─ ─ ─ ─ ─ ─ ─ ─ ─ ─ ─

高位　　　　　　　　　　　　　　　　　　低位

图 2.1　变量 x 的值是 7

变量y对应的内存:

0000 0000	0000 0000	0000 0000	0000 1100

图 2.2　变量 y 的值是 12

如果执行:

z=x+y;

那么,CPU 将读取变量 x 和 y 所对应的内存中的数据,然后计算出 7＋12 的结果为 19,并将 19 赋值到变量 z 中,即将变量 z 对应的内存中的电子元件(bit)发生变化,以便表示数字 19,如图 2.3 所示。

变量z对应的内存:

0000 0000	0000 0000	0000 0000	0001 0011

图 2.3　变量 z 的值是 19

由于内存中的信号可根据要求发生变化,比如当进行

x=15;

操作时,CPU 将刷新 x 对应的内存中的信号,将信号更改为程序所需要的信号,以表示数字 15,也就是说 x 的值是可根据需要发生变化的,这也正是将 x 称作变量的原因。

4. 使用变量的基本原则

ANSI C 规定的一个基本语法规则是程序必须事先声明变量才能使用它。有关变量的类型、有效范围等知识将在本章以及后续章节讲述。目前主要在 main 函数的函数体中学习使用各种基本型变量,那么基本的语法要求是,main 函数在函数体中需要操作变量时,必须事先在函数体中声明所需要的变量,如下所示。

```
int main(){
    声明变量部分
    语句部分
}
```

需要特别注意是,按照 ANSI C 标准,不允许交叉出现声明变量和其他的 C 语句(有关语句的语法见第 4 章),例如,下列 main 函数无法通过编译。

```
itn main(){
    int x,y;
    x=7;
    y=3;                    //赋值语句
    int z;                  //声明变量 z 的前面出现了赋值语句
    z=x+y;
    return 0;
}
```

5. 简单示例

以下例 1 用学习过的 short 型变量编写一个简单的 C 程序,主要内容如下。

- 用 short 型变量分别存储学校的男生数目和女生数目。

- 输出男生数目和女生数目。

- 用 short 型变量存储男生数目和女生数目的差。

现在输出的男生数目是不可预测的垃圾值:576
男生数目:2678
女生数目:897
男生与女生的差:1781

- 输出男生数目和女生数目的差。

程序运行效果如图 2.4 所示。

图 2.4　使用 short 型变量存储数据

例 1

example2_1.c

```
#include<stdio.h>
int main(){
    short boyAmount;            //男生数目
    short girlAmount;           //女生数目
    int sub;                    //差
    printf("现在输出的男生数目是不可预测的垃圾值:%d\n",boyAmount);
    boyAmount=2678;
    girlAmount=897;
    printf("男生数目:%d\n",boyAmount);
    printf("女生数目:%d\n",girlAmount);
    sub=boyAmount-girlAmount;
    printf("男生与女生的差:%d\n",sub);
    return 0;
}
```

2.1.2　能力目标

声明整型变量,为声明的变量赋值,交换变量的值,输出变量的值。

2.1.3　任务驱动

交换两个 int 型变量的值,其目的是掌握变量与内存的对应关系。

1. 任务的主要内容

- 在程序的 main 方法中声明两个 int 型变量,名字分别为 one、two。

- 声明一个无符号 int 型变量,名字为 temp,初始值是 0。

- 将整数 100 和 180 分别赋值到 one、two。

- 输出 one、two 和 temp 的值。
- 将 one 赋值给 temp,将 two 赋值给 one,将 temp 赋值给 two。
- 输出 one、two 的值。

2. 任务的模板

按照任务核心内容完成模板,将【代码】替换为程序代码。程序的运行效果如图 2.5 所示。

one的值是:100
two的值是:180
temp的值是:0
one的值是:180
two的值是:100

图 2.5　交换变量的值

change. c

```c
#include<stdio.h>
int main(){
    【代码1】      //声明 int 型变量: one,two
    【代码2】      //声明 int 型变量: temp
    one=12;
    two=18;
    printf("one 的值是: %u\n",one);
    printf("two 的值是: %u\n",two);
    printf("temp 的值是: %u\n",temp);
    【代码3】    //将 one 赋值给 temp
    【代码4】    //将 two 赋值给 one
    【代码5】    //将 temp 赋值给变量 two
    printf("one 的值是: %u\n",one);
    printf("two 的值是: %u\n",two);
    return 0;
}
```

3. 任务小结或知识扩展(包括模板【代码】参考答案)

(1) 内存与变量

内存由特殊的电子元件所构成,基本单位为字节(byte)。一个字节由 8 个能显示两种状态的电子元件所组成,该电子元件被称作字节中的位(bit),即一个字节由 8 位(bit)组成,bit 有两种状态,分别用来表示 0 和 1,这样内存就可以使用二进制数来存储信息。程序中的一个变量将与计算机中的一块内存区域相对应,也就是说,操作系统在执行程序时,会在内存中为变量分配一定数量的字节,分配的字节数量取决于变量的类型,比如 32 位计算机的 C 编译器,会让操作系统给 int 型变量分配 4 个字节。

声明变量后,程序的其他部分如果使用该变量,必须要保证变量的值是用户所需要的值。例如,声明变量 x,y。

```c
int x,y=12;
```

之后编译器认为此时 x 所对应的内存中的信号是一个"垃圾"信号,即 x 的值是一个用户无法预测的值,如果贸然进行 x+1 运算,其运算结果并不是用户程序可预测的,因此在实际编写程序时,一定要保证变量的值是用户所需要的值,而不是无法预测的"垃圾"值。

(2) 关于赋值

把变量 y 的值赋给变量 x。

```c
x=y;
```

就是将 y 的值复制(copy)到 x 中,进行赋值之后,如果改变了 x 的值不会影响向它赋值的变量 y 的值;反之,改变了 y 的值也不会影响 x 的值。

(3) 输出变量的值

可以使用库函数 printf 输出各种变量的值,例如可以使用%d 输出 short 型或 int 型数据。对于:

```
int age=20;
printf("%d 增加一岁是%d",age,age+1);
```

输出结果是:

20 增加一岁是 21

在稍后的 2.4 节详细总结该函数的用法。

(4) 交换变量的值

为了交换两个变量的值,必须事先将其中一个变量的值赋值到二者之外的另一个变量中,即必须借助当前两个变量之外的另一个变量来交换这两个变量的值。

(5) 有符号与无符号变量

有符号整型变量存储正整数、零以及负整数。有符号整型变量所对应内存的最高位(左边的第一位)是符号位,用来区分正数或负数,当该位是 0,表明这是一个正整数或零;该位是 1,表明这是一个负整数。

对于正整数和零计算机使用原码表示(二进制表示),因此,int 型变量能存放的最大正整数是 2147483647($2^{31}-1$),即

$$2147483647 = 2^{31} - 1 = 1 \times 2^{30} + 1 \times 2^{29} + \cdots + 1 \times 2^1 + 1 \times 2^0$$

表示 2147483647 的内存状态如图 2.6 所示。

0111 1111	1111 1111	1111 1111	1111 1111

图 2.6 表示 2147483647 时的内存状态

对于负整数用补码表示。例如,计算机为了表示−8,就要得到−8 的补码,为了得到−8 的补码,计算机首先得到 7 的原码,然后将 7 的原码中的 0 变成 1、1 变成 0 就是−8 的补码。也就说,当整型变量对应的内存左边第一位是 1 时,就认为表示的值是某个负整数的补码。基于补码的特点,不难计算出 int 型变量能存放的最小负整数是 −2147483648(-2^{31})。表示−2147483648 的内存状态如图 2.7 所示(比较前面表示 2147483647 时的内存状态图 2.6)。

1000 0000	0000 0000	0000 0000	0000 0000

图 2.7 表示−2147483648 时的内存状态

因此,int 型变量的取值范围是:$-2^{31} \sim 2^{31}-1$。

(6) 避免越界

给整型变量赋值时,不要超出它的取值范围。如果将超出变量取值范围的整数赋值给

它,那么该变量中存储的值仍然是变量取值范围内的某个整数,但并不是用户所希望的值,比如声明:

```
int x;
```

那么 x 的取值范围是:

```
[- 2147483648,2147483647]
```

如果进行如下操作:

```
x=2147483647+1;
```

那么 x 中存储的值不是 2147483648(用户所希望的值),而是−2147483648(见图 2.6 和图 2.7,就像生活中星期 8 实际上超出了星期取值范围,那么星期 8 实际上是星期 1)。之所以会这样是因为 int 型是"有符号"变量,即内存中左面第一位是符号位,而 2147483648 的二进制表示(刚好也是 32 位,而且最左面的位上是 1):

```
1000 0000 0000 0000 0000 0000 0000 0000
```

刚好被 int 型变量认为是−2147483648 的补码(见图 2.7),即此时 int 变量 x 的值实际是−2147483648。

同样的道理,如果进行如下操作:

```
x=2147483647+2;
```

那么 x 中存储的值不是 2147483649,而是−2147483647。

如果进行如下操作:

```
x=51539607559;
```

那么 x 中存储的值不是 51539607559,而是 7,这是因为 int 变量 x 的内存空间只有 4 个字节,占 32 位,而 51539607559 的二进制表示(是 36 位,超过 32 位):

```
1100 00000000 00000000 00000000 00000111
```

一共有 36 位,因此,实际存储在内存空间中的只是 51539607559 的二进制表示的后 32 位:

```
00000000 00000000 00000000 00000111
```

即此时 int 变量 x 的值实际是 7。

(7)模板【代码】参考答案

```
【代码 1】: int one,two;
【代码 2】: int temp=0;
【代码 3】: temp=one;
【代码 4】: one=two;
【代码 5】: two=temp;
```

2.1.4 实践环节

旋转变量的值。首先向右旋转 5 个变量 m1、m2、m3、m4、m5 的值,即让 m5 的值赋值到 m1,m4 赋值到 m5,m3 赋值 m4,m2 赋值 m3,m1 赋值 m2,如下所示意。

m5→m1→m2→m3→m4→m5

输出 m1 至 m5 的值。

再向左旋转 5 个变量 m1、m2、m3、m4、m5 的值,再输出 m1 至 m5 的值。

(参考代码见附录 A)

2.2 浮点型常量与变量

2.2.1 核心知识

当需要处理带小数点的数字时,就需要使用浮点型变量。ANSI C 标准将浮点型变量分为单精度 float 型和双精度 double 型两种。

1. 浮点型常量

在一个带小数点的数后面尾加字符 F 或 f 表明这是一个 float 型常量(单精度的浮点常量),即有效数字为 6 至 7 位;不尾加字符 F 或 f 表明这是一个 double 型常量(双精度的浮点常量),即有效数字为 15 至 16 位。例如:

12.78960777F(单精度常量,加下画线的数字部分是有效位)
12.78960777787656908192(双精度常量,加下画线的数字部分是有效位)

可以使用指数表示法表示浮点常量(也称科学计数法),例如,568.98E9(表示 568.98 乘以 10 的 9 次幂),也可以用小写字母 e,例如 1.0e2 和 1.0E2 都表示 1.0 乘以 10 的 2 次幂。在指数表示法中不能省略带小数点的数,比如 E5 是不正确的,正确的写法是 1.0E5。另外,C 编译器认为 5E3 等价于 5.0E3,即 5000.0 而不是 5000。

下列都是不正确的指数表示法。

E20(缺少带小数点的数,正确写法是 1.0E20 或等价写法 1E20)。

2.7E(缺少指数幂,正确写法是 2.7E1)。

3.78E5.6(指数幂不是整数)。

2. 浮点型变量

用关键字 float 声明 float 型变量,可以一次声明多个 float 型变量(用逗号分隔所声明的变量),声明时也可以给变量指定初值,例如:

```
float x=12.56f,tom=1234.99f,ok=0.314E2F;
```

对于 float 型变量,内存分配给 4 个字节,占 32 位。取值范围是 1.175494e−038~3.402823e+038。

用关键字 double 声明 double 型变量,声明时也可以给变量指定初值,例如:

```
double x=12.56,tom=1234.99,ok=0.314E2;
```

对于 doublet 型变量,内存分配给 8 个字节,占 64 位。取值范围是 2.225074e−308~1.797693e+308。

3. 精度

float 型变量保存带小数点的数字时,保证 6～7 位有效数字。double 型变量在保存带小数点的数字时,能保证 15～16 位有效数字。例如,对于 float 型变量 x,如果执行如下操作:

```
x=126.123456789F;
```

那么 x 对应内存中实际存储的值是:126.12345886230469(加下画线的数字部分是有效数字)。对于 double 型变量 z,如果执行如下操作:

```
z=126.12345678956789;
```

那么 z 对应内存中实际存储的值是:126.1234567895679000(加下画线的数字部分是有效数字)。再比如,对于 float 型变量 y,如果执行如下操作:

```
y=0.0000000000000000123456789F;
```

那么 y 对应内存中实际存储的值是:0.000000000000000 12345678583287819。

4. 输出 float 和 double 型数据

可以在 printf 函数中使用％f 格式以小数表示法输出 float 和 double 型变量中的值或 float 和 double 型常量(最多输出 6 位小数)。可以指定需要输出的小数位数,例如:％0.20f 格式的意思是输出浮点数时,为所输出的浮点数显示 20 位小数;％20.15f 的作用是输出的数据占 20 列,小数部分占 15 列,靠右对齐;％－20.15f 的作用是输出的数据占 20 列,小数部分占 15 列,靠左对齐。可以在 printf 函数中使用％e 格式输出 float 和 double 型变量中的值或 float 和 double 型常量,该格式将以指数形式输出。对于:

```
double weight=20.12345678;
printf("%f,%0.8f ,%e",weight,weight,weight);
```

输出结果是:

```
20.123457,20.12345678 ,2.012346e+001
```

5. 简单示例

以下例 2 分别 float 变量和 double 型变量计算圆的面积(小数点保留 10 位)。运行效果如图 2.8 所示。

面积:101265136.0000000000
面积:101265142.8040051000

图 2.8　计算圆的面积

例 2

example2_2.c

```c
#include<stdio.h>
int main(){
    float areaF,r;
    double areaD,R;
    r=5678.91235f;
    R=5678.91235;
    areaF=3.14f * r * r;
```

```
    areaD=3.14*R*R;
    printf("面积: %0.10f\n",areaF);
    printf("面积: %0.10f\n",areaD);
    return 0;
}
```

2.2.2 能力目标

声明浮点型变量,为声明的浮点型变量赋值,对浮点型变量值进行加法运算,并将运算结果存放到浮点型变量中,输出浮点型变量的值。

2.2.3 任务驱动

计算水分子的质量。

1. 任务的主要内容

- 用 2 个 double 型变量 H_atomic 和 O_atomic 分别存储氢原子和氧原子的质量。
- 将 $1.6606×10^{-27}$ 赋值给 H_atomic,将 $2.657×10^{-26}$ 赋值给 O_atomic。
- 用一个 double 型变量 molecular 存储水分子的质量。
- 计算并输出水分子的质量。

2. 任务的模板

按照任务核心内容完成模板:将【代码】替换为程序代码,模板程序的运行效果如图 2.9 所示。

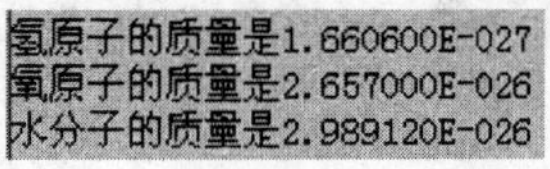

氢原子的质量是1.660600E-027
氧原子的质量是2.657000E-026
水分子的质量是2.989120E-026

图 2.9 计算水分子的质量

water. c

```
#include<stdio.h>
int main() {
    【代码 1】      //声明 double 变量 H_atomic
    【代码 2】      //声明 double 变量 O_atomic
    double molecular;              //存放分子的质量
    【代码 3】      //将氢原子的质量赋值给 H_atomic
    【代码 4】      //将氧原子的质量赋值给 O_atomic
    printf("氢原子的质量是%E\n",H_atomic);
    printf("氧原子的质量是%E\n",O_atomic);
    【代码 5】      //计算水分子的质量,并赋值给 molecular
    printf("水分子的质量是%E\n",molecular);
    return 0;
}
```

3. 任务小结或知识扩展(包括模板【代码】参考答案)

1) 注意精度问题

CPU 在计算 12.1+0.0000000000018 时,会保留 16 位有效数字,即计算的结果是:

12.10000000018000000

如果将该结果存放在 float(单精度)型变量 x 中,那么 x 中实际存储的值是:

12.10000038146972700(加下画线的数字部分是保留的有效数字)

如果将该结果存放在 double(单精度)型变量 y 中,那么 y 中实际存储的值是:

<u>12.10000000018</u>000000(加下画线的数字部分是保留的有效数字)

2) 标志符与关键字

(1) 标志符语法

C 语言中,用来标志变量名、函数名、数组名、常量名的有效字符序列称为标志符。简单地说,标志符就是一个名字。以下是 ANSI C 标准关于标志符的语法规则。

① 标志符由字母(a～z、A～Z)、下画线(_)或数字(0～9)组成,长度不可以超过 31 个字符(对于针对早期 16 位计算机的编译器,长度不可以超过 7 个字符)。

② 标志符的第一个字符不能是数字字符。

③ 标志符不能是关键字。

(2) 标志符习惯

① 一行只声明一个变量。尽管可以使用一种数据的类型,并用逗号分隔来声明若干个变量,例如:

```
double height,width;
```

但是在编码时,却不提倡这样做(本书中某些代码可能没有严格遵守这个风格,其原因是减少代码行数,降低书的成本),其原因是不利于给代码增添注释内容,提倡的风格是:

```
double  height;        //矩形的高
double  width;         //矩形的宽
```

② 变量的名字除了符合标志符规定外,名字的首单词的首字母使用小写;如果变量的名字由多个单词组成,从第 2 个单词开始的其他单词的首字母使用大写或使用下画线互相连接,例如:

```
int treeAge;
int tree_age
```

③ 变量名字见名知意,避免使用诸如 m1、n1 等作为变量的名字,尤其是名字中不要将小写的英文字母 l(大写是 L)和数字 1 相邻接,人们很难区分"l1"和"11"。

(3) 关键字

关键字就是已经被 C 语言赋予特定意义的一些单词,不可以把关键字作为标志符来使用。关键字的意义和作用在后续的章节中会陆续地讲解。

表 2.1 列出的是 ANSI C 定义的 32 个关键字。

表 2.1　C 语言的关键字

auto	break	case	char
const	continue	default	do
double	else	enum	extern
float	for	goto	if
int	long	register	return
short	signed	sizeof	static
struct	switch	typedef	union
unsigned	void	volatile	while

3）模板的参考代码

【代码1】: double H_atomic;
【代码2】: double O_atomic;
【代码3】: H_atomic=1.6606E-27;
【代码4】: O_atomic=2.657E-26;
【代码5】: molecular=2 * H_atomic+O_atomic;

2.2.4 实践环节

计算大象与蚂蚁的重量之和（C语言使用"＋"、"－"、"＊"、"/"符号进行加、减、乘、除运算）。

实践1

- 用一个 float 型变量存储一头大象的重量，两个 float 变量分别存储两只蚂蚁的重量，用一个 float 变量存储大象与两只蚂蚁的重量之和。
- 给大象赋一个较大的重量（9876.0F），给两只蚂蚁赋较小的重量（0.0000000001234123F 和 0.0000000004321123F）。
- 计算并输出两只蚂蚁的重量之和。
- 计算并输出大象与两只蚂蚁的重量之和。

特别注意程序输出的大象与两只蚂蚁的重量之和，细心观察输出的重量之和是否包含了蚂蚁的重量。

（参考代码见附录 A）

实践2

改写实践1中的代码，要求使用 double 代替 float，即用双精度变量存储大象、蚂蚁以及大象与蚂蚁的重量之和，请注意程序的输出结果的变化（观察蚂蚁的重量是否被忽略）。

2.3 字符常量与变量

2.3.1 核心知识

1. 字符常量

C语言使用 ANSI 公布的 ASCII 码表中的字符作为字符常量，也称 char 型常量。例如字母 a 就是 ASCII 码表中的第 97 个字符，C语言中的 char 型常量是用单引号括起的 ASCII 码表中的一个字符，例如：

'A','a','! ','1', '# '

都是 char 型常量。标准的 ASCII 码表一共有 128 个字符（扩展的 ASCII 码表有 256 个字符），位置索引从 0 开始，最后一个字符的位置是 127，索引第 0 个位置上的字符是一个空字符，用'\0'表示（见稍后的转义字符）。字符的索引位置也称作字符的 ASCII 码值，表 2.2 列出了 ASCII 码表中的一部分字符（全表见书后的附录 B）。

表 2.2　ASCII 码表片段

ASCII 值	字符	ASCII 值	字符	ASCII 值	字符	ASCII 值	字符
0	(null)	32	(space)	64	@	96	､
1	☺	33	!	65	A	97	a
2	●	34	"	66	B	98	b
⋮	⋮	⋮	⋮	⋮	⋮	⋮	⋮
28	∟	60	<	92	\	124	│
29	◆	61	=	93	]	125	}
30	▲	62	>	94	^	126	~
31	▼	63	?	95	—	127	DEL

有些字符(如回车符、退格)不能通过键盘输入到程序中,这时就需要使用转义字符常量,例如:\n 表示 ASCII 码表中的换行字符,\"表示 ASCII 码表中的双引号(英文)字符,因此,在 C 程序中须使用'\n'表示换行字符常量。表 2.3 列出了转义字符。

表 2.3　转义字符

转义字符	意　　义	转义字符	意　　义
\a	警报声	\\	反斜杠
\b	退格	\'	单引号
\f	换页	\\"	双引号
\n	换行	→	问号
\r	回车,将输出光标移动到本行开头	\ddd	八进制表示字符
\t	水平制表符	\xhh	十六进制表示字符
\v	垂直制表符		

2. 字符变量

使用关键字 char 来声明 char 型变量,例如:

```
char ch='A',home='\n',handsome='8';
```

对于 char 型变量,内存分配给 1 个字节,占 8 位。

3. 为变量赋值

当把一个字符赋值给 char 型变量时,实际上是把这个字符在 ASCII 码表中的索引位置(ASCII 码值)赋值给该字符变量,例如:

```
char x='a';
```

那么内存 x 中存储的是 97(97 是字符 a 在 ASCII 表中的索引位置)。因此在 C 语言中:

```
char x='a';
```

和

```
char x=97;
```

是等价的。

　　需要特别注意的是,大部分 C 编译器认为 char 型变量是有符号变量,取值范围是
−128～127,因此,如果把索引位置是 128 上的字符赋值给 char 型变量(扩展的 ASCII 码表
有 256 个字符),那么该变量中实际存储的值是−128;把索引位置是 129 上的字符赋值给
char 型变量,那么该变量中实际存储的值是−127。也就是说,对于扩展的 ASCII 码表,char 型
变量通过存储−128～−1 的值与 ASCII 码表中的索引位置是 128～255 上的字符相对应。

　　可能希望字符变量中存放的整数刚好和字符的索引位置相对应,那么就可以使用无符
号字符变量,无符号 char 型变量的取值范围是 0～255。在关键字 char 前面使用 unsigned
来声明无符号 char 型变量,例如:

```
unsigned char ch='A',home='\n',handsome='8';
```

　　对于有符号或无符号的字符变量 x,当把取值范围以外的整数赋给 x 时,x 中存储的仍
然是 x 的取值范围的某个值,但不是用户所希望的值。例如,对于有符号的字符变量 x:

```
x=128;
```

那么 x 中实际存储的值是−128。对于无符号的字符变量 x,对于:

```
x=256;
```

那么 x 中实际存储的值是 0。

4. 输出变量值

　　可以在 printf 函数中使用%c 格式输出 char 变量的值,%c 将变量的值按字符输出,即
输出变量中存储的整数所代表的字符,也可以用%d 输出变量中存储的整数。例如:

```
chat c='A';
printf("%c,%d",c,'A');
```

　　输出结果是:

```
A,65
```

　　由于 char 型变量中存放的是一个整数,该整数对应着一个字符,因此可以让 char 型变
量或字符和整型变量作运算,例如:'a'−32 的结果就是 65,'A'+'B'的结果(65+66)是 131。

5. 简单示例

　　以下例 3 输出了大写字母 A、小写字母 a 及它们的索引位置。

例 3

example2_3.c

```
#include<stdio.h>
int main(){
    char ch;
    ch='A';
    printf("%c 的索引位置:%d\n",ch,ch);          //输出结果是:A 的索引位置:65
    ch=ch+32;
    printf("%c 的索引位置:%d\n",ch,ch);          //输出结果是:a 的索引位置:97
    return 0;
}
```

2.3.2 能力目标

声明字符型变量,为声明的字符型变量赋值,按字符位置或字符输出变量的值。

2.3.3 任务驱动

对字符实施加密。一个字符和一个整数做加(减)法运算后,仍然是一个字符,比如 'A'+1是字符 B,'B'-1是字符'A'。因此,可以用加法对字符实施加密,再用减法实施解密。

1. 任务的主要内容

- 在程序的 main 方法中声明 4 个字符型变量,初始值分别是'G'、'A'、'M'、'E'。
- 按字符和整数输出 4 个字符型变量的值。
- 4 个字符型变量分别与字符'#'做加法运算,并将运算结果赋值给当前字符变量。
- 按字符输出 4 个字符型变量的值。
- 4 个字符型变量分别与字符'#'做减法运算,并将结果赋给当前字符变量。
- 按字符输出 4 个字符型变量的值。

2. 任务的模板

完成模板:将【代码】替换为程序代码,模板程序的运行效果如图 2.10 所示。

```
GAME,71,65,77,69
jdph
GAME
```

图 2.10 为字符加密

jiami. c

```c
#include<stdio.h>
int main() {
    【代码 1】      //声明 char 变量 c1,c2,c3,c4 初始值分别是'G','A','M','E'
    【代码 2】      //按字符和整数输出 c1,c2,c3,c4 个字符型变量的值
    【代码 3】      //c1 与'#'的和赋值给 c1
    c2=c2+'#';
    c3=c3+'#';
    c4=c4+'#';
    printf("%c%c%c%c\n",c1,c2,c3,c4);      //按字符输出 c1,c2,c3,c4
    【代码 4】      //c1 与'#'的差赋值给 c1
    c2=c2-'#';
    c3=c3-'#';
    c4=c4-'#';
    printf("%c%c%c%c\n",c1,c2,c3,c4);      //按字符输出 c1,c2,c3,c4
    return 0;
}
```

3. 任务小结或知识扩展(包括模板【代码】参考答案)

(1)关于转义字符

在某些时候,双引号在编程中有着特殊的作用,例如,用 printf 函数输出字符串(双引号括起的字符序列):

```c
printf("I love This Game");
```

如果字符串本身需要含有双引号这个字符,这个双引号就必须使用转义字符,例如:

```
printf("我喜欢使用双引号\" ");
```

输出的结果是：

我喜欢使用双引号"

但是，如果将 printf 语句中的字符串写成："我喜欢使用双引号" "，就是一个不正规字符串。

对于可以输入的字符，比如字符 a，也可以使用它的八进制或十六进制的转义形式，其转义格式就是斜线尾加上其索引位置的八进制或十六进制（八进制或十六进制须省略 0），例如'A'的等价写法是：\101 和\x41。

(2) 模板的参考代码

【代码 1】：char c1='G',c2='A',c3='M',c4='E';
【代码 2】：printf("%c%c%c%c,%d,%d,%d,%d\n",c1,c2,c3,c4,c1,c2,c3,c4);
【代码 3】：c1=c1+'#';
【代码 4】：c1=c1-'#';

2.3.4 实践环节

程序输出索引位置 110 和其对应的字母时，发出 1 声报警声；程序输出 119 和对应的字母时，发出 2 声报警声；程序输出 120 和对应的字母时，发出 3 声报警声。

实践 1

- 在程序的 main 方法中声明一个名字为 warning 的 char 型变量，初始值是空字符。
- 将整数 110 赋值到 warning。
- 按字符和整数输出 warning 的值。
- 输出转义字符\a(模拟 110 报警)。
- 将整数 119 赋值到 warning。
- 按字符和整数输出 warning 的值。
- 连续 2 次输出转义字符\a(模拟 119 报警)。
- 将整数 120 赋值到 warning。
- 按字符和整数输出 warning 的值。
- 连续 3 次输出转义字符\a(模拟 120 报警)。

（参考代码见附录 A）

实践 2

- 在程序的 main 方法中声明一个名字为 number 的 short 型变量，初始值是 97。
- 在程序的 main 方法中声明一个名字为 c 的 char 型变量，初始值是空字符。
- 将整数 number 赋值到 c。
- 按字符和整数输出 c 的值。
- 将 c—32 赋值给 c。
- 按字符和整数输出 c 的值。

程序完成后，反复修改 number 的初始值，观察运行效果，然后将 c 的类型更改为无符号 char 型变量,再反复修改 number 的初始值,观察运行效果。

(参考代码见附录 A)

2.4　输入、输出函数

2.4.1　核心知识

1. scanf 函数

scanf 函数的格式如下:

```
scanf(输入模式,变量地址列表);
```

例如:

```
scanf("%d#%d",&x,&y);
```

中的"输入模式"是:

```
"%d#%d"
```

"变量地址列表"是:

```
&x,&y
```

格式中的"输入模式"是一个用双引号括起的字符序列(字符串),该字符序列中的字符由格式符和普通字符所构成。"变量地址列表"是用逗号分隔的若干个变量的地址(一个变量 x 使用取地址运算符 & 来得到自己的地址:&x)。

"输入模式"中的格式符要求用户按照该格式符的要求输入数据,该数据将赋值给"地址列表"中的变量。例如,当执行:

```
scanf("%d#%d",&x,&y);
```

时,由于"输入模式"是:

```
"%d#%d"
```

那么,用户需要在键盘输入数据的顺序是:输入一个整数,输入一个♯,输入一个整数,然后按回车键(Enter),例如,输入:

```
120#390
```

用户按下回车键,就是让操作系统把输入的数据送到变量 x 和 y 中。scanf 函数的"变量地址列表",是一些变量的地址,例如:

```
&x,&y
```

& 是取地址运算符号,&x 是变量 x 的内存地址号。操作系统根据地址列表中给出的变量地址找到变量 x 和 y,并将用户从键盘输入的数据 120 和 390 分别送到该变量 x 和 y 中。初学者易犯的一个常见的错误就是把:

```
scanf("%d,%d",&x,&y);
```

错误地写成：

```
scanf("%d,%d",x,y);              //没有取变量的地址
```

那么程序在运行时,就无法将用户从键盘输入的数据送到变量中。

"输入模式"中常用的格式符有如下几种。

- %d 为 short 和 int 型变量从键盘输入十进制的整数。
- %ld 为 long 型变量从键盘输入十进制的整数(如果 long 和 int 型占用内存相同, %ld 等价%d)。
- %u 为无符号 short 和 int 型变量从键盘输入十进制的整数。
- %lu 为无符号 long 型变量从键盘输入十进制的整数。
- %f 为 float 型变量从键盘输入浮点数。
- %lf 为 double 型变量从键盘输入浮点数。
- %c 为 char 型变量从键盘输入字符。

对于数字型变量(short int long float double),提倡在"输入模式"的格式控制符之间用统一的逗号分隔或用零个或多个空格来分隔。当用逗号分隔时,用户在输入时,只需把要送给变量的数值用逗号分隔即可;当用 0 个或多个空格来分隔时,用户在输入时,只需把要送给变量的数值用一个或多个空格或回车分隔即可。

提倡单独使用%c 格式控制符为 char 型变量从键盘输入字符,"输入模式"中的多个%c格式控制符之间用逗号分隔或用 0 个或多个空格分隔。当用逗号分隔时,用户在输入时,只需把要送给变量的字符用逗号分隔即可。

例如,假设 x、y 和 z 是 char 型变量,如果执行：

```
scanf("%c,%c,%c",&x,&y,&z);              //用逗号分隔
```

那么,用户可以如下输入数据：

```
B,o,y
```

当用空格分隔时,用户在输入时,可以连续输入字符,不用任何分隔。如果执行：

```
scanf("%c %c %c",&x,&y,&z);              //用空格分隔
```

那么,用户可以如下输入数据：

```
Boy
```

2. getchar 函数

如果需要从键盘为一个 char 型变量输入字符,也可以选择使用 getchar 函数。

getchar 函数的执行机制是：从键盘缓冲区中获取一个字符(包括回车字符),如果键盘缓冲区中没有字符,就等待用户敲击键盘将字符送入键盘缓冲区(包括回车符)。

键盘缓冲区是操作系统在内存中为当前运行的 C 程序初始化的一个和键盘通信的区域,用户必须按回车键才能将从键盘输入的字符送入键盘缓冲区。

3. printf 函数

printf 函数输出程序中的有关数据。printf 函数的格式是：printf(输出模式,输出值列

表）。printf 输出的信息就是将"输出模式"中的格式符按从左到右的顺序替换为"输出值列表"对应的待输出的值,而"输出模式"中的普通字符原样输出。"输出模式"中常用的格式符有如下几种。

- %d 按十进制输出 short、int 型的整数。
- %ld 按十进制输出类型是 long 型的整数(如果 long 和 int 型占用内存相同, %ld 等价 %d)。
- %u 按十进制输出无符号 short、int 型的整数。
- %lu 按十进制输出无符号 long 型的整数。
- %f 按小数表示法输出 float 和 double 型数据,默认输出 6 位小数。
- %e 按指数表示法输出 float 和 double 型数据。
- %c 输出 char 型字符。

输出数据时可以为格式符增加输出样式的修饰,例如:

- %10d 输出的整数占 10 列,并靠右对齐。
- %-10d 输出的整数占 10 列,并靠左对齐。
- %20.15f 输出的数据占 20 列,靠右对齐,小数部分占 15 位。
- %-20.15f 输出的数据占 20 列,靠左对齐,小数部分占 15 位。

4. putchar 函数

如果需要输出一个字符也可以选择使用 putchar 函数。

putchar 函数的格式如下:

```
putchar(char 型变量或常量);
```

例如,假设 char 型变量 c 中存放着字符 A,那么

```
putchar(c);
```

执行的效果就是在输出窗口显示字符 A。

5. 简单示例

以下例 4 计算长方形的面积(用户输入长方形的长和宽)。

例 4

example2_4.c

```
#include<stdio.h>
int main(){
    double area,width,length;
    printf("输入矩形的长和宽(逗号分隔): \n");
    scanf("%lf,%lf",&length,&width);
    area=length * width;
    printf("面积: %20.8f\n",area);
    return 0;
}
```

2.4.2　能力目标

使用 scanf 函数从键盘为变量输入值,使用 printf 函数输出数据。

2.4.3　任务驱动

输入 3 个学生的三门课程的考试成绩,并输出学生的三门课程的考试成绩和总成绩。

1. 任务的主要内容

- 在 main 函数中声明用于存放考试成绩的 3 个 float 型变量:math、english 和 chinese,以及存放总成绩的 float 型变量:sum。
- 使用 scanf 函数让用户从键盘为 math、english 和 chinese 变量输入值,输入的值用空格分隔。然后程序计算出第一个学生的总成绩,并输出各科成绩和总成绩。
- 使用 scanf 函数让用户从键盘为 math、english 和 chinese 变量输入值,输入的值用逗号分隔。然后程序计算出第二个学生的总成绩,并输出各科成绩和总成绩。
- 使用 scanf 函数让用户从键盘为 math、english 和 chinese 变量输入值,输入的值用减号(一)分隔。然后程序计算出第三个学生的总成绩,并输出各科成绩和总成绩。

2. 任务的模板

按照任务核心内容完成模板:将【代码】替换为程序代码,模板程序的运行效果如图 2.11 所示。

```
输入math,english,chinese的值(用空格分隔),回车确认:
66.8  77.89  82.68
0.2f      66.80    77.89   总成绩:82.680000
输入math,english,chinese的值(用逗号分隔),回车确认:
88,77,99
88.00    77.00    99.00   总成绩:264.000000
输入math,english,chinese的值(用减号分隔),回车确认:
55-76-86
55.00    76.00    86.00   总成绩:217.000000
```

图 2.11　计算学生成绩

scoreList. c

```c
#include<stdio.h>
int main(){
    【代码 1】  //声明存放成绩的 float 型变量:math,english,chinese
    float sum=0;
    printf("输入 math,english,chinese 的值(用空格分隔),回车确认:\n");
    【代码 2】  //调用 scanf 函数从键盘为 math,english,chinese 输入值,输入的值用空格分隔
    getchar();            //废弃回车
    sum=math+english+chinese;
    printf("%0.2f\t%0.2f\t%0.2f\t 总成绩:%f\n",math,english,chinese,sum);
    printf("输入 math,english,chinese 的值(用逗号分隔),回车确认:\n");
    【代码 3】  //调用 scanf 函数从键盘为 math,english,chinese 输入值,输入的值用逗号分隔
    getchar();
    sum=math+english+chinese;
    printf("%0.2f\t%0.2f\t%0.2f\t 总成绩:%f\n",math,english,chinese,sum);
    printf("输入 math,english,chinese 的值(用减号分隔),回车确认:\n");
```

【代码 4】 //调用 scanf 函数从键盘为 math,english,chinese 输入值,输入的值用减号分隔
```
getchar();
sum=math+english+chinese;
printf("%0.2f\t%0.2f\t%0.2f\t 总成绩: %f\n",math,english,chinese,sum);
return 0;
}
```

3. 任务小结或知识扩展(包括模板【代码】参考答案)

(1) 废弃用户输入的回车符

有时候可以调用 getchar()函数废弃用户输入的回车符,例如:程序执行

```
scanf("%d",&x);
```

时,用户从键盘输入一个整数后按回车键,如果不想让这个回车键对程序中的后续代码产生影响,就可以通过在 scanf 函数调用的后面跟随一个 getchar 函数的调用来废弃用户输入的回车符,例如:

```
scanf("%d",&x);
getchar();
```

(2) 简化输入模式

简化用户的输入,并尽可能保证不出现输入错误是目前软件设计极为提倡的,因此为了简化用户的输入,提倡在 scanf 函数格式的"输入模式"中的格式控制符之间用统一的逗号分隔或用零个或多个空格来分隔。当用逗号分隔时,用户在输入时,只需把要送给变量的数值用逗号分隔即可;当用 0 个或多个空格来分隔时,用户在输入时,只需把要送给变量的数值用一个或多个空格或回车分隔即可。

除非特殊情况,不要将输入模式复杂化,比如对于 int 型变量 sun、star 和 double 型变量 moon,如果执行:

```
scanf("Please input: %d hello%d student %lf",&sun,&star,&moon);
```

用户为了把 65、123 和 0.06705 分别送到 3 个变量中,在输入数据时,输入格式是:

```
Please input: 65hello123student0.06705
```

显然,很容易导致输入错误。

(3) 模板的参考代码

```
【代码 1】: float math,english,chinese;
【代码 2】: scanf("%f %f %f",&math,&english,&chinese);
【代码 3】: scanf("%f,%f,%f",&math,&english,&chinese);
【代码 4】: scanf("%f-%f-%f",&math,&english,&chinese);
```

2.4.4 实践环节

实践 1

编写程序,使用 scanf 函数为名字是 a、b、c 的 char 型变量从键盘输入字符。使用

putchar 函数输出 a、b、c 中存储的字符。

（参考代码见附录 A）

实践 2

上机调试、运行下列程序，了解 getch()函数，该函数不从缓冲区读取字符，而是直接从键盘获取用户输入的字符(不等待按回车键)。使用 getch()可以从键盘为一个 char 型变量输入一个字符，但 getch()不回显用户输入的字符。

inputPassword. c

```
#include<stdio.h>
int main(){
    char a,b,c;
    printf("连续输入 3 个字符构成的密码,回车确认: ");
    a=getch();
    printf("*");
    b=getch();
    printf("*");
    c=getch();
    printf("*");
    getchar(); //废弃回车
    putchar(a);
    putchar(b);
    putchar(c);
    putchar('\n');
    return 0;
}
```

2.5　符号常量与 const 常量

2.5.1　核心知识

常量在程序运行期间不再发生变化。字面常量也称作直接常量，是用户编写代码时直接输入到代码中的数据，如前面学习的整型常量：100、123、67，浮点型常量：5.16、0.987、1.2E12，字符常量：'A'、'\n'、'?'等都是字面常量。

1. 符号常量

符号常量是程序用符号来表示的字面常量。C 语言通过使用预编译指令来定义符号常量，例如：

```
#define PI 3.14
#define holiday 7
```

分别定义符号常量 PI 和 holiday，其中 PI 表示常量 3.14，holiday 表示常量 7。

预处理指令是很容易理解的内容。预处理指令(用符号"♯"开始的指令)需要写在函数体的外面，其有效范围是从该预处理指令开始直至源文件结束，习惯上将预处理指令写在源文件中所有函数的前面，特点如下：

- 预处理指令和其他指令不同,不需要用分号结尾。
- 预处理指令就像它的名称一样,C 编译器编译源代码之前,执行预处理指令。

例如,如果在源文件的开头有定义符号常量的预处理指令:

```
#define PI 3.14
```

那么编译器在正式编译代码之前,执行该预处理指令,产生的效果是:把源代码中出现的所有符号 PI(除了变量名字中出现的 PI 和字符串中出现的 PI)逐个地替换为 3.14。

使用符号常量的好处就是便于代码的维护和理解,例如,如果用户要求代码中计算圆面积中的圆周率取值更准确,那么只需修改预处理指令,例如,把

```
#define PI 3.14
```

修改为

```
#define PI 3.1415926
```

而不必再修改程序中的代码。

2. const 常量

使用关键字 const 声明常量的格式如下:

```
const 类型 名字=常量值;
```

例如:

```
const int MAX=100;            //声明了一个 int 型常量
```

常量的名字习惯上大写。

尽管字面常量、符号常量以及 const 常量在程序运行期间都不允许再发生变化,但 const 声明的常量和字面常量、符号常量有一点是不同的,const 常量是一种特殊的变量,即占有内存,但内存中存储的数据在程序运行期间不允许再发生变化(只读,不可写)。也就是说,程序在运行期间给 const 声明的常量分配内存空间(但不给字面常量、符号常量分配内存空间),但不允许对该内存空间再进行任何更新操作,即内存空间中的数据在运行期间不允许再发生变化。

3. 简单示例

以下例 5 使用了符号常量。

例 5

example2_5.c

```
#include<stdio.h>
#define Hello "how are you!\n"
#define M  (a+b)
#define N  a+b
int main(){
    int a=3,b=10,c;
    printf(Hello);
```

```
c=M * M;                      //M * M 被替换为 (a+b) * (a+b)
printf("%d\n",c);            //输出 c 的值是 169
c=N * N;                      //N * N 被替换为 a+b * a+b
printf("%d\n",c);            //输出 c 的值是 43
return 0;
}
```

2.5.2　能力目标

掌握使用符号常量和 const 常量。

2.5.3　任务驱动

1. 任务的主要内容

计算圆的面积和周长,要求分别使用 const 常量、字符常量表示圆周率。

2. 任务的模板

按照任务核心内容完成模板:将【代码】替换为程
序代码。模板程序的运行效果如图 2.12 所示。

```
半径是100.12000000圆的面积:31491.36946133
半径是100.12000000圆的周长:629.07250222
半径是100.12000000圆的面积:31475.40521600
半径是100.12000000圆的周长:628.75360000
```

图 2.12　计算周长与面积

pi. c

```
#include<stdio.h>
【代码 1】           //定义名字为 PI 的符号常量,其值是圆周率的近似值
int main() {
    【代码 2】        //声明 const 常量 pi,pi 的初始值是圆周率的近似值
    double radius;
    double circleArea;
    double circleLength;
    radius=100.12;
    【代码 3】        //使用符号常量计算面积
    【代码 4】        //使用符号常量计算周长
    printf("半径是%0.8f 圆的面积:%0.8f\n",radius,circleArea);
    printf("半径是%0.8f 圆的周长:%0.8f\n",radius,circleLength);
    【代码 5】        //使用 const 常量计算面积
    【代码 6】        //使用 const 常量计算周长
    printf("半径是%0.8f 圆的面积:%0.8f\n",radius,circleArea);
    printf("半径是%0.8f 圆的周长:%0.8f\n",radius,circleLength);
    getchar();
    return 0;
}
```

3. 任务小结或知识扩展(包括模板【代码】参考答案)

(1) 常量与内存

字面常量和符号常量存在于代码中,是 CPU 可以直接处理的数据,不需要在内存中
(动态区)占有内存。程序在运行期间根据 const 声明的常量的类型分配内存空间,但不允
许对该内存空间再进行任何更新操作,即内存空间中的数据在运行期间不允许再发生变化。

(2) 模板的参考代码

【代码 1】: #define PI 3.1415926
【代码 2】: const double pi=3.14;
【代码 3】: circleArea=PI * radius * radius;
【代码 4】: circleLength=2 * PI * radius;
【代码 5】: circleArea=pi * radius * radius;
【代码 6】: circleLength=2 * pi * radius;

2.5.4 实践环节

商场每天对几种商品作统一的优惠处理,即打折销售。宣布优惠商品后,在当天的营业时间内,优惠程度不再发生变化。编写程序使用符号常量表示商品的折扣,例如,优惠程度为打 6 折,那么定义符号常量:

#define REBATE 0.6

程序使用符号常量计算出用户实际的交费:商品金额乘以 REBATE。
(参考代码见附录 A)

小　　结

- 深刻理解变量和内存的关系。程序中的一个变量将与计算中的一块内存区域相对应,也就是说,操作系统在执行程序时,会在内存中为变量分配一定数量的字节,分配的字节数量取决于变量的类型,比如 32 位计算机的 C 编译器,会让操作系统给 int 型变量分配 4 个字节。
- C 语言有 char、short、int、long、float 和 double 等基本数据类型。
- C 语言使用 printf 函数输出数据。
- C 语言使用 scanf 函数为变量从键盘赋值。

习　题　2

1. 下列哪些字符序列可以是标志符?_____。
   A. @sina.com　　　　　　B. int_long
   C. 56_java_ok　　　　　　D. Boy_Sun

2. 按照 ANSI C(C89),下列 main 函数是否能通过编译?

```
int main(){
    int x,y=9;
    x=7;
    int z;
    z=x+y;
    return 0;
}
```

3. 说下列程序的输出结果是 10 是否正确?

```
#include<stdio.h>
int main() {
    int x,y,z;
    x=10;
    z=x+y;
    printf("%d\n",z);
    return 0;
}
```

4. 下列哪些变量声明是错误的？_____。

    A. short int x；   B. Long sum；

    C. Double a＝0.23；   D. unsigned char c＝129；

5. 下列哪些是正确的常量？_____。

    A. E2；   B. 5E－2   C. 0x8AB9GF   D. 0186

6. 假设 x 和 y 是变量,下列哪些是正确的？_____。

    A. ＆x   B. ＆＆y   C. ＆(x＋y)   D. ＆5

7. 假设已声明两个 int 型变量 x 和 y,当执行

scanf("%dTiger%d",&x,&y);

时,下列哪种输入格式可以将 56 和 198 分别送到变量 x 和 y 中？_____。

    A. 56,198   B. 56 198   C. 56 198   D. 56Tiger198

8. 对于下列程序,当用户在键盘输入 Tea 后按回车键,程序的输出结果是下列 A～D 中的哪一个？_____。

```
#include<stdio.h>
int main() {
    char a,b,c,d;
    a=getchar();
    b=getchar();
    c=getchar();
    d=getchar();
    printf("%c%c%c%c",a,c,d,b);
    return 0;
}
```

    A. Tea   B. Tae   C. Ta e   D. eaT

9. 编写一个简单的 C 程序,要求如下。

- 用 int 型变量存储某日的最高气温和最低气温。
- 从键盘输入最高气温和最低气温。
- 输出最高气温和最低气温。
- 用 int 型变量存储最高气温和最低气温的差。
- 输出最高气温和最低气温的差。

运算符与表达式

本章讲解运算符、表达式,有关运算符的详细信息见附录 C。

3.1 算术运算符与赋值运算符

3.1.1 核心知识

1. 算术运算符

算术运算符:＋、－、＊、/、％(加、减、乘、除、求余)都是连接两个操作元的二目运算符。＊、/和％运算符的级别(3 级)高于＋和－(4 级)。算术运算符结合方向是从左向右。

按照 ANSI C 标准,求余(％)运算符的操作元只能是整型数据。例如,12％7 的结果是 5,即 12 除以 7 的余数是 5,－12％7 的结果是－5。但是,12.0％7 是非法的,因为其中的左操作元 12.0 不是整数。

2. 算术表达式

用算术运算符(包括括号)连接起来的符合 C 语言语法规则的式子称为算术表达式。例如,假设 x 和 y 是整型变量,那么－2＊x＋7＊y－30＋3＊(y＋15)就是一个算术表达式,而 3x＋5y 就不是算术表达式,正确的写法应当是 3＊x＋5＊y。

运算精度的规则如下。

- 如果表达式中有浮点数,则按双精度进行运算,即计算结果是 double 型数据(保留15～16 位有效数字)。
- 如果表达式中最高精度是 long 型整数,则按 long 精度进行运算,即计算结果是 long型整数。

- 如果表达式中最高精度低于 int 型整数,则按 int 精度进行运算,即计算结果是 int 型整数。例如,5/2 的结果是 2,而不是 2.5(5.0/2 的结果是 2.5)。

3. 赋值运算符

赋值运算符"="是二目运算符,赋值运算符的作用是将赋值符号"="右侧的值赋给左侧的变量,即"="左面的操作元必须是变量,不能是常量或表达式。在数学中,x=x+1 是错误的(数学中把=看做等号),但是在编程语言中"="是赋值的意思,x=x+1 就是正确的。比如变量 x 的值是 20,那么经过赋值运算 x=x+1 后,变量 x 的值就是 21 了。赋值运算符的级别在所有的运算符中是比较低的(14 级,倒数 2 级),例如,x=x+1 相当于 x=(x+1)。

4. 赋值表达式

用赋值符号(包括括号)连接起来的符合 C 语法规则的式子,称为赋值表达式。例如,假设 x 和 y 都是 int 型变量,那么 x=12 和 y=20 都是赋值表达式。

赋值表达式的值就是"="左面变量得到的值。例如,假如 a 和 b 是两个 int 型变量,那么赋值表达式 a=-10 和 b=12 的值分别是-10 和 12。

需要注意的是,"="的结合顺序是从右向左,因此表达式 a=b=100 相当于 a=(b=100),即将赋值表达式 b=100 的值赋给变量 a,因此赋值表达式 a=b=100 的值是 100。

5. 复合赋值运算符

允许在赋值运算符的前面添加一个算术运算符组合出一个复合赋值运算符,例如(假设 x 是一个变量):

```
x+=100;
```

等价于

```
x=x+100;
```

同样:

```
x *=100+x;
```

等价于

```
x=x * (100+x);
```

尽管,x+=100 和 x=x+100 的效果相同,但 x+=100 的效率较高,即编译器在生成机器码时,x+=100 产生的机器码少于 x=x+100 产生的机器码。

6. 简单示例

例 1 计算了代数表达式 9a(b+c)/d 的值。

例 1

example3_1. c

```
#include<stdio.h>
int main(){
```

```
double a,b,c,d,result;
a=10;
b=34.56;
c=20.88;
d=200.98;
result=9 * a * (b+c)/d;
printf("%f",result);
return 0;
}
```

3.1.2　能力目标

计算算术表达式的值,使用赋值运算符将算术表达式的值赋给变量。

3.1.3　任务驱动

正整数上各个位上的数字。

1. 任务的主要内容

- 在 main 函数中声明一个用于存放正整数的无符号 short 型变量 positiveInteger,以及用于存放正整数的个位、十位、百位、千位和万位上数字的 char 型变量 a1、a2、a3、a4 和 a5。
- 使用 scanf 函数让用户从键盘为 positiveInteger 输入值。
- 依次求出 positiveInteger 中个位、十位、百位、千位和万位上的数字,并将这些数字依次赋值给变量 a1、a2、a3、a4 和 a5。
- 输出 a1、a2、a3、a4、a5 以及表达式 a1+a2+a3+a4+a5 的值。
- 将表达式 a5 * 10000 + a4 * 1000 + a3 * 100 + a2 * 10 + a1 的值赋给变量 positiveInteger,并输出 positiveInteger 的值。
- 将表达式 a1 * 10000 + a2 * 1000 + a3 * 100 + a4 * 10 + a5 的值赋给变量 positiveInteger,并输出 positiveInteger 的值。

2. 任务的模板

按照任务核心内容完成模板:将【代码】替换为程序代码。模板程序的运行效果如图 3.1 所示。

```
输入5位的正整数:97062
个,十,百,千,万位上的数字依次是:2,6,0,7,9
a1+a2+a3+a4+a5=24
a1*a2*a3*a4*a5=0
97062
26079
```

图 3.1　显示各个位上的数字

number. c

```
#include<stdio.h>
int main() {
    int ticketNumber;
    char a1,a2,a3,a4,a5;
    printf("输入 5 位的正整数: ");
    scanf("%d",& positiveInteger);
    【代码 1】  //将 positiveInteger%10 的值赋给变量 a1
    【代码 2】  //将 positiveInteger/10 的值赋给变量 positiveInteger
    a2=positiveInteger%10;
    positiveInteger=positiveInteger/10;
    a3=positiveInteger%10;
```

```
positiveInteger=positiveInteger/10;
a4=positiveInteger%10;
positiveInteger=positiveInteger/10;
a5=positiveInteger%10;
printf("个,十,百,千,万位上的数字依次是：%d,%d,%d,%d,%d\n",a1,a2,a3,a4,a5);
【代码 3】　//输出 a1+a2+a3+a4+a5
【代码 4】　//输出 a1*a2*a3*a4*a5
positiveInteger=a5*10000+a4*1000+a3*100+a2*10+a1;
printf("%d\n",positiveInteger);
positiveInteger=a1*10000+a2*1000+a3*100+a4*10+a5;
printf("%d\n",positiveInteger);
return 0;
}
```

3. 任务小结或知识扩展(包括模板【代码】参考答案)

（1）求商与求余

为了计算某个整数个位上的数字，只需计算该整数和 10 求余的结果。那么为了计算十位上的数字，先计算该整数除以 10 的商，然后再计算该商和 10 的求余结果，以此类推，就可以计算出整数的各个位上的数字。

整型数据进行除法运算的结果仍然是整型数据，例如 123/10 的结果是 12，即 123 除以 10 的商是 12。123%10 的结果是 3(123 除以 10 的余数)，即 123 等于 12 乘以 10 加 3。

（2）注意乘号

初学 C 语言一定要习惯这里的乘法运算符号，初学者经常把 6 乘以 x 错误地写成 6x，正确的写法是 6 * x。

（3）输出%

如果准备在 printf 函数的"输出模式"中输出%，在编写代码时需要输入两个连续的%，例如：

```
printf("你好%%);
```

输出的结果是：

你好%

（4）模板的参考代码

【代码 1】：a1=positiveInteger%10;
【代码 2】：positiveInteger=positiveInteger/10;
【代码 3】：printf("a1+a2+a3+a4+a5=%d\n",a1+a2+a3+a4+a5);
【代码 4】：printf("a1*a2*a3*a4*a5=%d\n",a1*a2*a3*a4*a5);

3.1.4　实践环节

编写程序输出下列表达式值：

A. 1/2+3+6 * 4/6　　B. 3+6 * (4/6)　　C. 10%3 * 9　　D. 12+10%(3 * 9)

(参考代码见附录 A)

3.2　自增、自减运算符

3.2.1　核心知识

自增、自减运算符＋＋、－－是单目运算符,可以放在操作元之前,也可以放在操作元之后,＋＋、－－的操作元必须是变量。

1. 前缀自增、自减运算

当＋＋(－－)出现在变量的前面时,称自增或自减前缀运算。

当＋＋(－－)前缀运算出现在一个表达式中时,其运算作用是:先自增(自减)后使用。如果＋＋是前缀运算,就首先使变量的值增加1(即执行 x＝x+1);如果－－是前缀运算,就首先使变量的值减少1(即执行 x＝x-1),然后变量 x 的值再参与该表达式的计算。例如,假设声明了两个 int 型变量 x 和 n:

```
int x,n=10;
```

如果执行

```
x=++n+12;
```

那么,＋＋前缀运算出现在算术表达式"n＋12"中,因此变量 n 的值首先自增1变成11,然后再参与表达式的计算。

```
x=++n+12;
```

的作用等价于

```
n=n+1;
x=n+12;
```

2. 后缀自增、自减运算

当＋＋或－－出现在变量的后面时,称自增或自减后缀运算。

当后缀运算出现在一个表达式中时,其运算作用是:让变量 x 的值先参与该表达式的计算,在表达式的值被计算完毕之后,如果是＋＋后缀运算,就使变量的值增加1(即执行 x＝x+1),如果是－－后缀运算,就使变量的值减少1(即执行 x＝x-1),即所谓的先使用后自增(自减)。

3. 简单示例

例2使用了自增、自减运算符,请注意程序注释的输出结果。

例2

example3_2.c
```c
#include<stdio.h>
int main(){
    int a=16,b=10,m,n;
    m=a++-b;
```

```
    n=++a-b;
    b--;
    printf("m=%d,n=%d\n",m,n);        //输出结果是：m=6,n=8
    printf("a=%d,b=%d\n",a,b);        //输出结果是：a=18,b=9
    return 0;
}
```

3.2.2　能力目标

能简单明了地使用自增、自减运算符。

3.2.3　任务驱动

编写程序,模拟冰块溶解于水。冰块放入盛有水的容器中后,容器中物质的重量等于冰与水的重量之和,但每隔 1 分钟后,冰的重量减少一个单位,水的重量增加一个单位。冰块放入盛有水的容器 3 分钟后,输出容器所盛的物质的重量,以及容器中冰块的重量和水的重量。

1. 任务的主要内容

- 在 main 函数中声明两个无符号的 short 型变量：water 和 ice,其值分别表示水和冰块的重量。
- 在 main 函数中声明一个无符号的 short 型变量 weight,用于存储水和冰块的重量之和。
- 模拟 1 分钟后容器中冰块和水的重量之和以及冰块的重量和水的重量,即计算 water 与 ice 的和,并把结果存放到 weight 中,而且要保证计算结束后 water 的值自动增加 1、ice 的值自动减少 1。继续模拟 2 分钟、3 分钟后容器中冰块和水的重量之和以及冰块的重量和水的重量。

2. 任务的模板

按照任务核心内容完成模板：将【代码】替换为程序代码,模板程序的运行效果如图 3.2 所示。

```
容器中水和冰的重量之和:12
1分钟后,水的重量:10,冰块的重量:2
容器中水和冰的重量之和:12
2分钟后,水的重量:11,冰块的重量:1
容器中水和冰的重量之和:12
3分钟后,水的重量:12,冰块的重量:0
```

图 3.2　模拟冰块与水的溶解变化

iceAndWater. c

```
#include<stdio.h>
int main() {
    unsigned short water,ice,weight;
    water=9;
    ice=3;
    【代码 1】    //将 water 与 ice 的和赋值给 weight,并使得 water 增加 1,ice 减少 1;
    printf("容器中水和冰的重量之和：%d\n",weight);
    printf("1分钟后,水的重量：%d,冰块的重量：%d\n",water,ice);
    【代码 2】    //将 water 与 ice 的和赋值给 weight,并使得 water 增加 1,ice 减少 1;
    printf("容器中水和冰的重量之和：%d\n",weight);
    printf("2分钟后,水的重量：%d,冰块的重量：%d\n",water,ice);
    【代码 3】    //将 water 与 ice 的和赋值给 weight,并使得 water 增加 1,ice 减少 1;
    printf("容器中水和冰的重量之和：%d\n",weight);
```

```
        printf("3分钟后,水的重量：%d,冰块的重量：%d\n",water,ice);
        return 0;
    }
```

3. 任务小结或知识扩展(包括模板【代码】参考答案)

(1) 避免在表达式中出现过多的自增、自减运算符

尽管自增、自减运算符有较高的效率,但使用＋＋和－－运算符时,尽量避免过于"聪明"地使用它们,否则不利于代码的阅读。目前的软件不仅注重代码的效率,也非常注重代码的维护。例如,假设声明了变量 i 和 y：

```
int i=2,y;
```

如果执行

```
y=i++ * i;
```

那么,y 的值是 4,i 的值是 3(i 先参与计算再自增)。

显然,阅读

```
y=i++ * i;
```

的难度大于

```
y=i * i;
i=i+1;
```

尽管

```
y=i++ * i;
```

的效率更高,但是,对于目前的处理器,i＋＋＊i 带来的效率几乎可以忽略。编写 C 程序尽量避免在表达式中出现过多的自增、自减运算符,以简练、可读性强为最佳。

(2) 模板的参考代码

【代码 1】：weight=water+++ice--;
【代码 2】：weight=water+++ice--;
【代码 3】：weight=water+++ice--;

3.2.4 实践环节

编写程序,要求声明变量 i 和 y：

```
int i=2,y;
```

执行

```
y=i++ * i;
```

输出 y 和 i 的值。

(参考代码见附录 A)

3.3　关系与逻辑运算符

3.3.1　核心知识

1. 关系运算符

当程序需要比较两个数值的大小关系时,就需要使用关系运算符。关系运算符的意义如下:

- ==　相等
- !=　不等
- <　小于
- >　大于
- >=　大于或等于
- <=　小于或等于

关系运算符是使用频率非常高的一个运算符,基本信息如表 3.1 所示。

表 3.1　关系运算符

运算符号	分类	级别	结合性
==	二目	7	从左向右
!=	二目	7	从左向右
>	二目	6	从左向右
<	二目	6	从左向右
>=	二目	6	从左向右
<=	二目	6	从左向右

2. 关系表达式

用关系运算符(包括括号)连接起来的符合 C 语法规则的式子称为关系表达式。例如,假设 x 和 y 都是 int 型变量,那么 x<=12 和 y>=9 都是关系表达式。

关系表达式的值要么是 1、要么是 0,当关系表达式表达的关系成立时值为 1,否则为 0。例如,关系表达式 1<2<3 的值是 1,因为关系运算符的结合顺序是从左到右,所以 1<2<3 的计算顺序相当于(1<2)<3。关系表达式 $-3<-2<-1$ 的值是 0(注意不是 1),因为 $-3<-2<-1$ 的计算顺序相当于 $(-3<-2)<-1$。关系表达式 $-1==-1>-2$ 的结果是 0,因为"=="的级别低于">",$-1==-1>-2$ 的计算顺序相当于 $-1==(-1>-2)$,而不是 $(-1==-1)>-2$。不要将相等关系运算符"=="和赋值运算符"="相混淆,例如,假设 x 是一个 int 型变量,其值是 -10,那么关系表达式 x==1 的值是 0,而赋值表达式 x=1 的值是 1。

3. 逻辑运算符

C 语言分别使用"&&"、"||"和"!"表示逻辑代数中的"与"、"或"和"非"三种逻辑运算。C 语言用非 0 的数表示"真",用 0 表示"假"。"&&"、"||"是双目运算符,"!"是单目运算符。

逻辑运算符基本信息如表 3.2 所示。

表 3.2　逻辑运算符

运算符号	分类	级别	结合性
&&	二目	11	从左向右
||	二目	12	从左向右
!	单目	2	从右向左

4. 逻辑表达式

当两个操作元都是非零数时，&& 运算结果是 1，否则是 0。当两个操作元都是零时，|| 运算结果是 0，否则是 1。当操作元是非零时，! 运算结果是 0，否则是 1。例如：

```
-5 && 3 的结果是 1
5>4 && 9<8 的结果是 0(相当于 (5>4)&&(9<8))
7>3 && 1<2 的结果是 1(相当于 (7>3) && (1<2))
15>12 || 19<8 的结果是 1(相当于 (15>12) ||(19<8))
10<9 || 3<2 的结果是 0(相当于 (10<9) || (3<2))
!8 的结果是 0
!!8 的结果是 1(!的结合顺序是从右向左)
```

逻辑运算符"&&"和"||"也称作短路逻辑运算符。对于 op1 && op2，当 op1 的值是"假"时(值是 0)，"&&"运算符在进行运算时不再去计算 op2 的值，直接就得出 op1 && op2 的结果是 0(假)；当 op1 的值是"真"时，就需要继续计算 op2 的值，才能最后计算出 op1 && op2 的结果。对于 op1 || op2，当 op1 的值是"真"时，"||"运算符在进行运算时不再去计算 op2 的值，直接就得出 op1 || op2 的结果是 1(真)；当 op1 的值是"假"时，就需要继续计算 op2 的值，才能最后计算出 op1 || op2 的结果。

5. 简单示例

在下面的例 3 计算了几个关系和逻辑表达式的值，请注意程序注释的输出结果。

例 3

example3_3. c

```c
#include<stdio.h>
int main(){
    int a=1,b=5,c=5,x=0;
    int rusult;
    rusult=a+b>c&&b==c;
    printf("result=%d\n",rusult);  //result=1
    rusult=--a && b+c || b-c;
    printf("result=%d\n",rusult);  //result=0
    rusult=(x=10) && (x=100);
    printf("result=%d,x=%d\n",rusult,x); //result=1,x=100
    rusult=(x=-10) || (x=0);
    printf("result=%d,x=%d\n",rusult,x); //result=1,x=-10
    return 0;
}
```

3.3.2 能力目标

能使用关系运算符表达数据之间的大小关系,能使用逻辑运算符表达数据之间的逻辑关系。

3.3.3 任务驱动

1. 任务的主要内容

对于整型变量 x,用关系和逻辑表达式表达下述内容。

- x 是负数。
- x 在−10 和−20 之间。
- x 大于 100 或者 x 小于 10。
- x＞20 并且是 3 的倍数。
- x 能被 3 或 5 整除。
- x 能被 5 整除但不能被 3 整除。

输入 x 的值,程序输出上述表达式的值。

2. 任务的模板

按照任务核心内容完成模板:将【代码】替换为程序代码,模板程序的运行效果如图 3.3 所示。

condition. c

```
#include<stdio.h>
int main() {
    int x;
    printf("输入 x 的值: ");
    scanf("%d",&x);
    printf("表达式\"x<0\"的值: %d\n",x<0);
    【代码 1】    //输出 x 在-10 和-20 之间的表达式的值
    printf("表达式\"x>100||x<10\"的值: %d\n",x>100||x<10);
    【代码 2】    //输出 x>20 并且是 3 的倍数的表达式的值
    printf("表达式\"(x%%5==0)||(x%%3==0)\"的值: %d\n",(x%5==0)||(x%3==0));
    【代码 3】   //输出 x 能被 5 整除但不能被 3 整除的表达式的值
    return 0;
}
```

```
输入x的值:-15
表达式"x<0"的值:1
表达式"x>=-20&&x<=-10"的值:1
表达式"x>100||x<10"的值:1
表达式"(x>20)&&(x%3==0)"的值:0
表达式"(x%5==0)||(x%3==0)"的值:1
表达式"(x%5==0)&&!(x%3==0)"的值:0
```

图 3.3 关系与逻辑表达式

3. 任务小结或知识扩展(包括模板【代码】参考答案)

(1) 运算符的级别和结合性对于 3＞2＋2＜−1,计算过程是

3>2+2<-1→3>4<-1→0<-1

计算的最后结果是 0,即表达式 3＞2＋2＜−1 的值是 0(表达式(3＞2)＋(2＜−1)的结果是 1)。

（2）避免逻辑错误

需要注意的是，当要表达一个变量 x 的值是否在某个范围的时候，比如小于 -1 且大于 -5 时，不要使用表达式 -5<x<-1，因为，当 x 的值是 -3 的时候，表达式 -5<x<-1 的值是 0（假），应当使用表达式 -5<x && x<-1 或 x>-5 && -1>x，显然当 x 的值是 -3 时，这两个表达式的值都是 1（真）。

（3）增强代码的可读性

在表达式中尽量避免出现难以阅读的计算顺序，提倡使用小括号达到计算顺序的目的，以便增强代码的可读性。例如，对于 3+7>10-1，尽管加减的运算级别高于关系运算符，但 (3+7)>(10-1) 的可读性更好。

（4）模板的参考代码

【代码 1】：
```
printf("表达式\"x>=-20&&x<=-10\"的值: %d\n",x>=-20&&x<=-10);
```
【代码 2】：
```
printf("表达式\"(x>20)&&(x%3==0)\"的值: %d\n",(x>20)&&(x%3==0));
```
【代码 3】：
```
printf("表达式\"(x%5==0)&&!(x%3==0)\"的值: %d\n",(x%5==0)&&!(x%3==0));
```

3.3.4 实践环节

实践 1

有如图 3.4 所示的电路图。

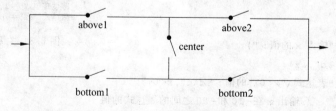

图 3.4 简单的电路

用整型变量表示一个开关的状态，当整型变量的值非 0 时表示开关是"开"，当整型变量的值是 0 时表示开关是"关"。程序使用 scanf 语句输入整型变量的值，即输入各个开关的状态。程序用逻辑表达式表示电路通，即逻辑表达式的值是 1 表示电路通。

（参考代码见附录 A）

实践 2

编写程序，在 main 函数中声明 3 个 int 型变量 x、y、z，并使用 scanf 函数为这 3 个 int 型变量输入值，然后程序计算并输出下列表达式的值：

A. x+y && z-y

B. x<y<z || x>y>z

C. x-x && y-y || z-z

D. (x-x) && y-y

（参考代码见附录 A）

3.4　类型转换运算符

3.4.1　核心知识

1. 类型转换运算符

类型转换运算符的格式是：

(类型)

类型转换运算符是单目运算符，操作元是数值型数据，例如，(float)12 的结果是 12.0（保留 6~7 位有效数字）。(int)45.98 的结果是 45。(double)(int)68.89 的结果是 68.0（保留 15~16 位有效数字）。

2. 注意事项

需要注意的是，类型转换运算符的级别是 2 级，因此，(int)15.9＋0.1 的结果是 15.1，即相当于((int)15.9)＋0.1，而(int)(15.9＋0.1)的结果才是 16。

3. 简单示例

在下面的例 4 中使用了类型转换运算符，请注意程序注释的输出结果。

例 4

example3_4. c

```
#include<stdio.h>
int main(){
    int a=11;
    double b=12.98,c,d;
    printf("%f,%d\n",(float)a,(int)b);      //输出：11.000000,12
    c=(int)b+0.5;
    printf("%f\n",c);                       //输出：12.500000
    d=(int)(b+0.5);
    printf("%f\n",d);                       //输出：13.000000
    return 0;
}
```

3.4.2　能力目标

使用类型转换运算符将一种基本类型数据转换为另一种基本类型数据。

3.4.3　任务驱动

对浮点数进行四舍五入。

1. 任务的主要内容

- 输出浮点数对第 1 位小数实施四舍五入的结果。
- 输出浮点数对第 2 位小数实施四舍五入的结果。
- 输出浮点数对第 3 位小数实施四舍五入的结果。

2. 任务的模板

按照任务核心内容完成模板：将【代码】替换为程序代码。模板程序的运行效果如图 3.5 所示。

输入浮点数umber的值:987.876
number=987.876000
对第1位小数实施四舍五入的结果:988.000000
对第2位小数实施四舍五入的结果:987.900000
对第3位小数实施四舍五入的结果:987.880000

图 3.5　四舍五入

sishewuru. c

```c
#include<stdio.h>
int main() {
    double number,result;
    printf("输入浮点数 umber 的值: ");
    scanf("%lf",&number);
    printf("number=%f\n",number);
    【代码1】      //将表达式(int)(number+0.5)的值赋给 result
    printf("对第 1 位小数实施四舍五入的结果: %f\n",result);
    【代码2】      //将表达式(int)(number * 10+0.5)的值赋给 result
    result=result/10;
    printf("对第 2 位小数实施四舍五入的结果: %f\n",result);
    【代码3】      //将表达式(int)(number * 100+0.5)的值赋给 result
    result=result/100;
    printf("对第 3 位小数实施四舍五入的结果: %f\n",result);
    return 0;
}
```

3. 任务小结或知识扩展(包括模板【代码】参考答案)

(1) 关于四舍五入

为了实现四舍五入，只需要将浮点数据加上 0.5，再将结果进行 int 型转换运算即可。但需要注意的是，类型转换运算符的级别是 2 级，因此，(int)15.9＋0.5 的结果是 15.5，即相当于((int)15.9)＋0.5，而(int)(15.9＋0.5)的结果才是 16。

(2) 关于优先级别

C 的表达式就是用运算符连接起来的符合语法规则的式子。运算符的优先级决定了表达式中运算执行的先后顺序。例如，x＜y ＆＆ !z 相当于(x＜y) ＆＆ (!z)。没有必要去记忆运算符的优先级别，在编写程序时尽量地使用括号()运算符号(级别是最高级：一级)来实现想要的运算次序，以免产生难以阅读或含糊不清的计算顺序。运算符的结合性决定了并列的相同级别运算符的先后顺序，例如，加减的结合性是从左到右，8－5＋3 相当于(8－5)＋3；逻辑非运算符!的结合性是从右到左，!!x 相当于!(!x)。

(3) 模板的参考代码

【代码1】: result=(int)(number+0.5);
【代码2】: result=(int)(number * 10+0.5);
【代码3】: (int)(number * 100+0.5);

3.4.4　实践环节

编写程序，模拟使用不同交通工具托运行李的费用。具体要求如下。

- 用火车托运行李时以千克为单位计算费用(12 元/kg)，忽略重量中的小数部分，即忽略不足 1kg 之部分。

- 用汽车托运行李时以千克为单位计算费用(22 元/kg),将重量中的小数部分的百克部分进行四舍五入,即将不足 1kg 之部分进行四舍五入。
- 用飞机托运行李时以千克为单位计算费用(132 元/kg),将重量中的小数部分的十克部分进行四舍五入,即将不足 100g 之部分进行四舍五入。

用 double 型变量 weight 存放用户的行李重量,用 charge 存放托运费用,程序使用 scanf 语句输入 weight 的值,该值被认为是以千克为单位的行李之重量,然后程序将分别计算出用火车、汽车和飞机托运行李的费用。

(参考代码见附录 A)

3.5 位 运 算 符

3.5.1 核心知识

整型数据在内存中以二进制的形式表示,比如一个 int 型变量在内存中占 4 个字节共 32 位,int 型数据 7 的二进制表示是:

```
00000000 00000000 00000000  00000111
```

左面最高位是符号位,最高位是 0 表示正数,是 1 表示负数。负数采用补码表示,比如 −8 的补码表示是:

```
111111111 111111111 1111111 11111000
```

对于一个或多个字节组成的数据,按从左向右的顺序,称左面第一位是最高位,右面第一位是最低位。为了表述上的方便,从低位到高位依次编号。在许多文献中,将最低位编号为 0,即从右向左,依次称作位 0、位 1、位 2、位 3、…。本书在叙述上也遵守这个习惯,例如,说某数据的位 0 是 1,就是指该数据的最低位的值是 1;说某数据的位 1 是 0,是指从右向左数,该数据的第二位的值是 0。当然,有时候为了简化叙述,也会按从左向右(由高到低)来叙述有关内容,例如,"数据从高至低的第二位的值是 1"也是很清楚的叙述。

1. "按位与"运算

"按位与"运算符"&"是双目运算符,对两个整型数据 a、b 按位进行"&"运算,运算结果是一个整型数据 c。运算法则是:如果 a、b 两个数据对应位都是 1,则 c 的该位是 1,否则是 0;如果 b 的精度高于 a,那么结果 c 的精度和 b 相同。

例如:

```
    a: 00000000  00000000  00000000  00000111
&   b: 10000001  10100101  11110011  10101011
    c: 00000000  00000000  00000000  00000011
```

2. "按位或"运算

"按位或"运算符"|"是双目运算符,对两个整型数据 a、b 按位进行"|"运算,运算结果是一个整型数据 c。运算法则是:如果 a、b 两个数据对应位都是 0,则 c 的该位是 0,否则是 1;如果 b 的精度高于 a,那么结果 c 的精度和 b 相同。

3. "按位非"运算

"按位非"运算符"～"是单目运算符,对一个整型数据 a 按位进行"～"运算,运算结果是一个整型数据 c。运算法则是:如果 a 对应位是 0,则 c 的该位是 1,否则是 0。

4. "按位异或"运算

"按位异或"运算符"^"是双目运算符,对两个整型数据 a、b 按位进行"^"运算,运算结果是一个整型数据 c。运算法则是:如果 a、b 两个数据对应位相同,则 c 的该位是 0,否则是 1;如果 b 的精度高于 a,那么结果 c 的精度和 b 相同。

由异或运算法则可知:

a^a=0,
a^0=a

因此,如果 a^b 结果是 c,那么 c^b 结果就是 a,也就是说,"^"的逆运算仍然是"^",即 a^b^b 等于 a。

5. 左移位运算符

左移位运算的符号为<<,是双目运算符。左移位运算符左侧的操作元称为被移位数,右侧的操作数称为移位量,操作数必须是整型类型的数据。例如,int x＝7;x 的内存表示是:

00000000 00000000 00000000 00000111

可以对整 x 进行左移位运算。例如移位量是 1:

x<<1

得到的结果是:

00000000 00000000 00000000 00001110

设 a 是一个被移位的整型数据,n 是位移量。a<<n 运算的结果是通过将 a 的所有位都左移 n 位,每左移一个位,左边的高阶位上的 0 或 1 被移出丢弃,并用 0 填充右边的低位。

6. 右移位运算符

右移位运算的符号为>>,是双目运算符。假设 a 是一个被移位的整型数据,n 是位移量。a>>n 运算的结果是通过将 a 的所有位都右移 n 位,每右移一位,右边的低阶位被移出丢弃,并用 0 或 1 填充左边的高位。a 是正数时用 0 填充,是负数时用 1 填充。

7. 简单示例

在下面的例 5 中,利用"异或"运算的性质,对几个字符进行加密并输出密文,然后再解密。

例 5

example3_5.c
```
#include<stdio.h>
int main(){
```

```
    char a1='j',a2='a',a3='v',a4='a';
    char secret='A';
    a1=(char)(a1^secret);
    a2=(char)(a2^secret);
    a3=(char)(a3^secret);
    a4=(char)(a4^secret);
    printf("密文: %c%c%c%c\n",a1,a2,a3,a4);
    a1=(char)(a1^secret);
    a2=(char)(a2^secret);
    a3=(char)(a3^secret);
    a4=(char)(a4^secret);
    printf("原文: %c%c%c%c\n",a1,a2,a3,a4);
    return 0;
}
```

3.5.2 能力目标

能使用位运算处理整型数据。

3.5.3 任务驱动

位清零。对于数据 a:

0110 01 1̲1̲

想将数据 a 的位 1(右向左数的第二位,加下画线的数字)以外的位清零,那么就可以让 a 与掩码 MASK:

0000 00 1̲0̲

做"&"运算即可,即执行:

a= a&MASK

1. 任务的主要内容

将 63、3557 的位 2 以外的位清零,然后再输出清零后的数据的值。取掩码 MASK 的位 2 是 1,其余位都是 0(掩码 MASK 是 4)(对于整数 n,如果表达式 n&MASK==MASK 为 "真",那么整数 n 的位 2 是 1)。

2. 任务的模板

仔细阅读模板代码,理解掩码 MASK 的作用。

bitZero. c

```
#include<stdio.h>
int main(){
    short a=63;
    short MASK=4;
    a=a&MASK;
    printf("%d\n",a);
    a=3557;
```

```
a=a&MASK;
printf("%d\n",a);
}
```

3. 任务小结或知识扩展(包括模板【代码】参考答案)

当需要将一个数据 a 的某些位清零时,只要取掩码 MASK 满足:对应清零的位是 0,其余位是 1,然后进行如下操作即可。

```
a=a&MASK;
```

3.5.4　实践环节

将 63、3557 的位 2 和位 0 以外的位清零,然后再输出清零后的数据的值。

(参考代码见附录 A)

小　　结

- 掌握各种运算符的格式和运算法则。
- 表达式就是用运算符连接起来的符合语法规则的式子。运算符的优先级决定了表达式中运算执行的先后顺序。例如,x<y && !z 相当于(x<y) && (!z)。
- 没有必要去记忆运算符的优先级别,在编写程序时尽量地使用括号()运算符号来实现想要的运算次序,以免产生难以阅读或含糊不清的计算顺序。
- 表达式都是有值的,当表达式的值非零时,称表达式为"真";当表达式的值是零时,称表达式为"假"。
- 自增、自减运算符能提高效率,但不可滥用,以简洁实用、可读性强为使用准则。
- 不要让表达式的值是一个不可预测的值,例如,如果已声明 int 型变量 x,如果没有为 x 指定值,那么 x 的值是一个不可预测的"垃圾"值,那么表达式 x+2、x>12 的值都是不可预测的。

习　题　3

1. 请计算下列 4 个表达式的值。

  A. 4+8*9   B. (2+3)%2*7

  C. (int)5.89/2+20   D. (float)5/2+1

2. 请说出下列 4 个表达式的值。

  A. 9876/1000   B. 9876%1000/100

  C. 9876%100/10   D. 9876%10

3. 以下哪个 C 语言表达式(假设 a、b、c 是 int 型变量)正确地表达了代数表达式 9a(b+c)/d? _____。

  A. 9a*(b+c)/d   B. 9*a*(b+c)/d

  C. 9.0(a+b)/d   D. 9.0*(a+b)/d

4. 假设 m 是 int 型变量,x 是 float 型变量,请计算下列 4 个表达式的值。

    A. m＝(int)12.92＋0.08   B. m＝12.92＋0.08

    C. x＝12＋0.08   D. x＝(float)16＋4

5. 表达式(int)((double)9/2)－9％2 的值是_____。

    A. 0   B. 3   C. 4   D. 5

6. 假设有 int x＝6;,则表达式 x ＊＝x＋x 的值是_____。

    A. 72   B. 12   C. 42   D. 0

7. 假设有 int x＝2;,以下表达式中,值不为 6 的是_____。

    A. x ＊＝ x＋1   B. x＋＋,2＊x   C. ＋＋x,2＊x   D. 2＊x,x＋＝2

8. 假设已有 char c＝'A';(字母 A 的 ASCII 码值是 65),下列哪个表达式的值为 "真"? _____。

    A. c＝＝'a'||c＝＝66||c＝＝67   B. －c＜－c＋1＜－c＋2

    C. c＜'Z' ＆＆ c＞＝ 65   D. !!c＝＝0

9. 说出下列程序的输出结果。

```c
#include<stdio.h>
int main() {
    int a=1,b=2,c=3,d=0;
    d=a==1&&b++==2;
    printf("%d,%d\n",b,d);
    d=a==1||b++==3;
    printf("%d,%d\n",b,d);
    d= (a=0)||(b=3);
    printf("%d,%d,%d\n",a,b,d);
    d= (a+=1)&&(b+=0);
    printf("%d,%d,%d\n",a,b,d);
    return 0;
}
```

10. 小写字母 c 的 ASCII 码值是 99,请说出下列程序的输出结果。

```c
#include<stdio.h>
int main() {
    int a=1,b=2,c=3,d=0;
    d=a==1&&b++==2;
    printf("%d,%d\n",b,d);
    d=a==1||b++==3;
    printf("%d,%d\n",b,d);
    d= (a=0)||(b=3);
    printf("%d,%d,%d\n",a,b,d);
    d= (a+=1)&&(b+=0);
    printf("%d,%d,%d\n",a,b,d);
    return 0;
}
```

11. 请说出下列程序的输出结果。

```c
#include<stdio.h>
```

```
int main(){
    int x=6,y=2,z;
    z=x++ * ++y;
    printf("x=%d,y=%d\n", x,y);
    printf("z=%d",z);
    return 0;
}
```

12. 请说出下列程序的输出结果。

```
#include<stdio.h>
int main(){
    char result;
    result='A';
    printf("%d\n", result&&'\0');
    return 0;
}
```

13. 编写程序输出下列代数表达式：

$$\frac{2}{3}a + \frac{5}{6}b + \frac{6}{7}c$$

的值,结果保留 3 位小数,代数表达式中的 a、b、c 取值为整数。在编写的 main 函数中包含以下所叙述的代码。

(1) 声明 3 个名字为 a、b、c 的 int 型变量。

(2) 声明一个名字为 result 的 double 型变量。

(3) 调用 scanf 函数从键盘输入 a、b、c 的值。

(4) 将算术表达式 2.0/3 * a+5.0/6 * b+6.0/7 * c 的值赋给 result。

(5) 调用 printf 函数输出 a、b、c 以及 result 的值,其中 result 的值保留 3 位小数。

分支与开关语句

主要内容

- 单条件、单分支语句
- 单条件、双分支语句
- 多条件、多分支语句
- 开关语句
- 复合语句的嵌套

控制语句分为条件分支语句、开关语句和循环语句,本章讲解分支与开关语句,第 5 章讲解循环语句。

4.1 单条件、单分支语句

4.1.1 核心知识

1. 语句概述

语句的作用是让计算机执行相应的操作,以达到程序的既定目的。

基本语句需要以分号结尾(英文输入法下的分号)。C 的语句可分为以下 6 类。

(1) 函数调用语句

例如:

```
printf("Hello");
```

(2) 表达式语句

由一个表达式构成一个语句,即表达式结尾加上分号,比如赋值语句:

```
x=23;
```

(3) 复合语句

可以用一对大括号"{"和"}"把一些语句括起来构成复合语句,例如:

```
{
    z=123+x;
    printf("How are you%d",z);
}
```

复合语句算作一条语句。例如,下列代码片中一共有两条语句,一条赋值语句和一条复合语句。

```
people=12;
{
    tiger=12;
    {
        dog=110;
        cat=17;
    }
}
```

(4) 特殊关键字构成的语句
例如:

```
return 0;        //返回值语句
break;           //中断执行语句
continue;        //继续循环语句
```

(5) 空语句
一个分号也是一条语句,称为空语句。下列代码片无法通过编译:

```
int x,y;;        //多写了一个分号
float m,n;
```

因为,按照 ANSI C(C89 非 C99)标准,不允许交叉出现变量声明和语句,上述代码片在 int 型变量声明和 float 型变量声明之间有一条空语句(空语句也是语句),因此将导致出现编译错误。

(6) 控制语句
控制语句分为条件分支语句、开关语句和循环语句。

2. if 条件语句
if 条件语句是单条件、单分支语句。语法格式如下:

```
if(条件表达式){
    若干语句          //该复合语句称为 if 操作
}
```

if 语句是一条语句,该语句的格式中包括两部分:关键字 if 后面的一对小括号中的条件表达式以及称为 if 操作的复合语句。执行流程是:当条件表达式值为"真"时(非 0),执行 if 操作;如果表达式的值为"假"(0),不执行 if 操作,if 条件语句的流程图如图 4.1 所示。在 if 语句中,其中的复合语句里,即 if 操作,如果只有一条语句,{ }可以省略不写,但为了增强程序的可读性最好不要省略(这是一个很好的编程风格)。

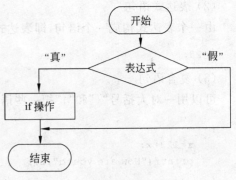

图 4.1　单条件、单分支语句

3. 简单示例

以下例 1 的程序使用 if 语句计算 a−b 的绝对值。

例 1

example4_1. c

```c
#include<stdio.h>
int main(){
    int a,b,c=0;
    printf("输入 a 和 b 的值,用逗号分隔：");
    scanf("%d,%d",&a,&b);
    if(a>b) {
        c=a-b;
    }
    if(a<b) {
        c=b-a;
    }
    printf("a-b 的绝对值：%d\n",c);
    return 0;
}
```

4.1.2　能力目标

根据问题的条件合理地使用 if 语句选择所要进行的操作。

4.1.3　任务驱动

排序 3 个数。编写程序,交换三个变量 a、b、c 中的值,保证 a、b、c 中的值是从大到小排列的。

1. 任务的主要内容

- 使用一个 if 语句,根据条件交换 a 和 b 的值,该 if 语句中的条件表达式是：b＞a 或 a＜b。执行完该 if 语句后,就保证了 a 中的值是 a 和 b 中最大的。
- 使用一个 if 语句,根据条件交换 a 和 c 的值,该 if 语句中的条件表达式是：c＞a 或 a＜c。执行完该 if 语句后,就保证了 a 中的值是 a、b、c 中最大的。
- 使用一个 if 语句,根据条件交换 b 和 c 的值,该 if 语句中的条件表达式是：c＞b 或 b＜c。执行完该 if 语句后,就保证了 a、b、c 中的值是从大到小排列的。

2. 任务的模板

按照任务核心内容完成模板：将【代码】替换为程序代码。模板程序的运行效果如图 4.2 所示。

> 输入 a, b, c 的值, 用空格或回车分隔：7 16 29
> 第 1 次排序结果：a=16, b=7, c=29
> 第 2 次排序结果：a=29, b=7, c=16
> 第 3 次排序结果：a=29, b=16, c=7

图 4.2　排序 3 个数

paixu. c

```c
#include<stdio.h>
int main(){
    int a,b,c;
    int temp;
```

```
    int count=0;
    printf("输入 a,b,c 的值,用空格或回车分隔:");
    scanf("%d%d%d",&a,&b,&c);
    if(a<b) {
        【代码 1】      //将 a 的值赋给 temp
        【代码 2】      //a=b;将 b 的值赋给 a
        【代码 3】      //将 temp 的值赋给 b
        count++;
        printf("第%d 次排序结果:a=%d,b=%d,c=%d\n",count,a,b,c);
    }
    if(a<c) {
        temp=a;
        a=c;
        c=temp;
        count++;
        printf("第%d 次排序结果:a=%d,b=%d,c=%d\n",count,a,b,c);
    }
    if(b<c) {
        temp=b;
        b=c;
        c=temp;
        count++;
        printf("第%d 次排序结果:a=%d,b=%d,c=%d\n",count,a,b,c);
    }
    if(count==0) {
        printf("a=%d,b=%d,c=%d\n",a,b,c);
    }
    return 0;
}
```

3. 任务小结或知识扩展(包括模板【代码】参考答案)

(1) 关于 if 操作

下列代码片实际上是两条语句,一条 if 语句和一条赋值语句。

```
if(x>0)
    y=10;
    z=20;
```

无论 x 是否大于 0,z=20;都会被执行(z=20;已经不属于 if 操作了)。而下列代码片是一条语句,即一条 if 语句。

```
if(x>0) {
    y=10;
    z=20;
}
```

只有 x 大于 0 时,z=20;才会被执行。

也就是说,if 操作只能是一条语句(复合语句是一条语句)。

(2) 模板的参考代码

【代码 1】: temp=a;
【代码 2】: a=b;
【代码 3】: b=temp;

4.1.4 实践环节

当驾驶员在限速路段超速行驶后,如果超过限速的 50% 不仅要被罚款 200 元,而且还要被扣 6 分;如果超速,但不超过限速的 50%,将被罚款 200 元,而且还要被扣 3 分。编写程序根据是否超速,输出罚款数额和所扣分数。在 main 函数中编写如下的代码。

- 声明用于存储速度的 int 变量 speed。
- 声明用于存储罚款金额的 int 型变量 lostMoney 和所扣分数的 int 型变量 lostScore。
- 调用 scanf 函数从键盘输入 speed 的值。
- 使用 if 语句判断是否超速,该 if 操作中包括罚款操作,以及使用 2 个 if 语句分别进行不同的扣分操作。
- 输出 speed、lostMoney 和 lostScore 的值。

(参考代码见附录 A)

4.2 单条件、双分支语句

4.2.1 核心知识

1. 语法格式

if...else 条件语句是单条件、双分支语句,语法格式:

```
if(条件表达式) {
    若干语句              //if 操作
}
else {
    若干语句              //else 操作
}
```

2. 执行流程

if...else 语句是一条语句,语句格式中包括三部分:条件表达式、if 操作和 else 操作。执行流程是:当条件表达式值为"真"时(非 0),执行 if 操作;当条件表达式的值为"假"(0),执行 else 操作。

在 if...else 语句中,其中的复合语句里,即 if 操作或 else 操作,如果只有一条语句,一对大括号{ }可以省略不写,但为了增强程序的可读性最好不要省略。if...else 条件语句的流程图如图 4.3 所示。

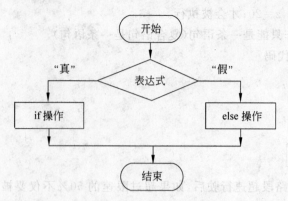

图 4.3 单条件、双分支语句

3. 简单示例

下面的例 2 判断用户输出的年份是否是闰年（如果年份能被 400 除尽或能被 4 除尽但不能被 100 除尽就是闰年）。如果用户输入的年份是正整数,程序将判断该年是否是闰年,否则提示用户输入的年份不正确。

例 2

example4_2. c

```c
#include<stdio.h>
int main(){
    int year=2016;
    int isLeapYear=0;
    printf("输入年份: ");
    scanf("%d",&year);
    if(year>=1){
        isLeapYear= (year%4==0 && year%100!=0)||(year%400==0);
        if(isLeapYear){
            printf("%d 是闰年\n",year);
        }
        else{
            printf("%d 不是闰年\n",year);
        }
    }
    else{
        printf("%d 小于 1,不合理\n",year);
    }
    return 0;
}
```

4.2.2 能力目标

根据问题的条件合理地使用 if...else 语句选择所要进行的操作。

4.2.3　任务驱动

1. 任务的主要内容

判断直角三角形。编写一个程序,用户从键盘输入表示三角形三边的 3 个正整数,程序输出这 3 个正整数是否能构成一个三角形,如果能构成三角形,程序继续判断这个三角形是否是直角三角形。

2. 任务的模板

按照任务核心内容完成模板:将【代码】替换为程序代码,模板程序的运行效果如图 4.4 所示。

```
输入 a,b,c(逗号分隔):3,4,5
是三角形
是直角三角形
```

图 4.4　判断直角三角形

triangle. c

```c
#include<stdio.h>
int main() {
    unsigned int a,b,c;
    int isTriangle=0,isRightAngle=0;
    printf("输入 a,b,c(逗号分隔):");
    scanf("%d,%d,%d",&a,&b,&c);
    【代码 1】//a,b,c 构成三角形的条件表达式的值赋给 isTriangle
    if(isTriangle) {
        printf("是三角形\n");
        【代码 2】//a,b,c 构成直角三角形的条件表达式的值赋给 isRightAngle
        if(isRightAngle) {
            printf("是直角三角形\n");
        }
        else {
            printf("不是直角三角形\n");
        }
    }
    else {
        printf("不是三角形\n");
    }
    return 0;
}
```

3. 任务小结或知识扩展(包括模板【代码】参考答案)

(1) 常见语法错误

下列是有语法错误的 if…else 语句。

```c
if(x>0)
    y=10;
    z=20;
else
    y=-100;
```

其原因是:在关键字 if 和 else 之间有 2 条语句(这是不允许的)。正确的写法是:

```c
if(x>0){
    y=10;
```

```
        z=20;
    }
    else
        y=100;
```

（2）小心 if 和 else 操作

if…else 语句中的 if 或 else 操作是一条语句，提倡把它写成复合语句。下列代码：

```
if(a>=1){
    b=10;
    c=20;
}
else
    b=88;
    c=99;
```

中一共有两条语句，一条 if…else 条件语句：

```
if(a>=1){
    b=10;
    c=20;
}
else
    b=88;
```

和一条赋值语句：

```
c=99;
```

显然赋值语句 c=99;已经不属于 if…else 语句所管辖的操作，即不属于 else 操作（b=88;属于 else 操作），也就是说，无论 if…else 语句中的条件表达式 a>=1 是"真"还是"假"，该赋值语句 c=99;都会被执行。

（3）条件运算符与 if…else 语句

条件运算符是 C 语言中的三目运算符，即需要连接 3 个操作元才可以计算出结果。该运算符的符号是：

```
?:
```

该运算符由两个标志构成，使用规则如下：

表达式 1 ? 表达式 2 : 表达式 3

三目运算符使用其中的"?"来连接表达式 1 和表达式 2；使用":"连接表达式 2 和表达式 3，即表达式 1、表达式 2 和表达式 3 是三目运算符的操作元。

运算法则如下。

- 如果表达式 1 的值为"真"（非 0），就计算表达式 2 的值（不计算表达式 3 的值），并将表达式 2 的值作为这个条件运算表达式的最后结果。
- 如果表达式 1 的值为"假"（0），就计算表达式 3 的值（不计算表达式 2 的值），并将表达式 3 的值作为最后的计算结果。

条件运算符经常用于代替 if…else 条件语句的功能，例如为了将 x、y 中的最大值存放在 z 中,可能经常如下使用 if...else 语句。

```
if(x<y) {
    z=y;
}
else {
    z=x;
}
```

可以使用条件运算符达到同样的目的。

```
z=x<y?y: x;
```

(4) 模板的参考代码

【代码 1】: isTriangle=a+b>c&&a+c>b&&b+c>a;
【代码 2】: isRightAngle=a * a+b * b==c * c||a * a+c * c==b * b|| b * b+c * c==a * a;

4.2.4 实践环节

对于方程 $ax^2+bx+c=0$,求根的法则如下。

(1) 如果系数 a、b 均为 0,不是方程。

(2) 如果系数 a 为 0,但 b 不为 0,方程是一元一次方程,只有一个根($-c/b$)。

(3) 如果系数 a 不为 0,方程是一元二次方程,当 b^2-4ac 非负时,方程有两个实根。

(4) 如果系数 a 不为 0,方程是一元二次方程,当 b^2-4ac 为负时,方程没有实根。

编写程序。用户从键盘输入方程的系数 a、b、c,程序输出方程是否有实根,如果有实根就输出方程的实根。

注意:math. h 中的库函数 sqrt(x)可以计算出 x 的平方根,例如 sqrt(2)的结果是$\sqrt{2}$。(参考代码见附录 A)

4.3 多条件、多分支语句

4.3.1 核心知识

1. 语法格式

if...else if...else 语句是根据多个条件选择执行多个分支操作中的一个分支。语法格式:

```
if(表达式 1) {
    若干语句
}
else if(表达式 2) {
    若干语句
}
⋮
else {
    若干语句
}
```

2. 执行流程

执行 if...else if...else 时,首先计算第 1 个表达式的值,如果计算结果为"真"(非 0),则执行紧跟着的复合语句;如果计算结果为"假"(0),则继续计算第 2 个表达式的值,以此类推。假设计算第 n 个表达式的值为"真",则执行紧跟着的复合语句,结束当前 if...else if...else 语句的执行,否则继续计算第 n+1 个表达式的值;如果所有表达式的值都为"假",则执行关键字 else 后面的复合语句,结束当前 if...else if...else 语句的执行。

在 if...else if...else 语句中,其中的复合语句里如果只有一条语句,一对大括号{ }可以省略不写,但为了增强程序的可读性最好不要省略。if...else 条件语句的流程图如图 4.5 所示。

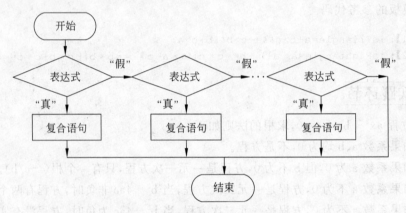

图 4.5 多条件、多分支语句

3. 简单示例

2014 年 1 月 1 号是星期三。程序输入 2014 年某月、某日,比如 5-20(5 月 20 日),程序输出该日期是星期几。

例 3

example4_3. c

```c
#include<stdio.h>
int main(){
    unsigned int month=2,day=28,daySum=0;
    printf("输入月份和日期(用-分隔,例如 10-20): ");
    scanf("%u-%u",&month,&day);
    if(month==1) {
        daySum=day;
    }
    else if(month==2){
        daySum=day+31;
    }
    else if(month==3){
        daySum=day+31+28;
    }
    else if(month==4){
        daySum=day+31+28+31;
```

```
    }
    else if(month==5){
        daySum=day+31+28+31+30;
    }
    else if(month==6){
        daySum=day+31+28+31+30+31;
    }
    else if(month==7){
        daySum=day+31+28+31+30+31+30;
    }
    else if(month==8){
        daySum=day+31+28+31+30+31+30+31;
    }
    else if(month==9){
        daySum=day+31+28+31+30+31+30+31+31;
    }
    else if(month==10){
        daySum=day+31+28+31+30+31+30+31+31+30;
    }
    else if(month==11){
        daySum=day+31+28+31+30+31+30+31+31+30+31;
    }
    else if(month==12){
        daySum=day+31+28+31+30+31+30+31+31+30+31+30;
    }
    if(daySum%7==1) {
        printf("%d-%d是星期三",month,day);        //1月1号是星期三
    }
    else if(daySum%7==2) {
        printf("%d-%d是星期四",month,day);
    }
    else if(daySum%7==3) {
        printf("%d-%d是星期五",month,day);
    }
    else if(daySum%7==4) {
        printf("%d-%d是星期六",month,day);
    }
    else if(daySum%7==5) {
        printf("%d-%d是星期日",month,day);
    }
    else if(daySum%7==6) {
        printf("%d-%d是星期一",month,day);
    }
    else if(daySum%7==0) {
        printf("%d-%d是星期二",month,day);
    }
    return 0;
}
```

4.3.2　能力目标

根据问题的条件合理地使用 if…else if…else 语句选择所要进行的操作。

4.3.3 任务驱动

1. 任务的主要内容

为了节约用电,将用户的用电量分成 3 个区间,针对不同的区间给出不同的收费标准。对于 1～90 千瓦(度)的电量,每千瓦 0.6 元;对于 91～150 千瓦的电量,每千瓦 1.1 元;对于大于 151 千瓦的电量,每千瓦 1.7 元。输入用户的用电量,程序输出电费。

2. 任务的模板

按照任务核心内容完成模板:将【代码】替换为程序代码,模板程序的运行效果如图 4.6 所示。

```
输入电量:120
电费:
87.00
```

图 4.6 计算电费

electricityCharges. c

```c
#include<stdio.h>
#define POINT1 90
#define POINT2 150
int main(){
    float amount=0;
    float price=0;
    printf("输入电量: ");
    scanf("%f",&amount);
    if(amount<=POINT1 && amount>=1){
        【代码 1】    //计算电费,并赋值给 price
    }
    else if(amount<=POINT2 && amount>POINT1){
        【代码 2】    //计算电费,并赋值给 price
    }
    else if(amount>POINT2){
        【代码 3】    //计算电费,并赋值给 price
    }
    printf("电费: \n%0.2f",price);
    return 0;
}
```

3. 任务小结或知识扩展(包括模板【代码】参考答案)

(1) else 操作是可选的

if...else if...else 语句中的 else 部分是可选项,如果没有 else 部分,当所有表达式的值都为"假"时,结束当前 if...else if...else 语句的执行(该语句什么都没有做)。

(2) 模板的参考代码

【代码 1】: price=amount * 0.6f;

【代码 2】: charge=POINT1 * 0.6f+(amount-POINT1) * 1.1f;

【代码 3】: charge=price=POINT1 * 0.6f+(POINT2-POINT1) * 1.1f+(amount-POINT2) * 1.7f;

4.3.4 实践环节

实践 1

数学上有如下描述的函数,该函数的自变量 x 不允许取正数:

$$y = \begin{cases} x^2 - 1 & (x < -10) \\ x + 109 & (-10 \leqslant x \leqslant -3) \\ 3x + 34 & (0 \geqslant x > -3) \end{cases}$$

编写的程序,用键盘输入 x 的值,然后程序输出 y 的值。

(参考代码见附录 A)

实践 2

- 某商场为了答谢顾客,在节日里优惠促销,编程计算顾客得到的优惠。
- 购买的商品的总金额 moneyAmount 小于 100 元没有优惠。
- 购买的商品的总金额 moneyAmount 大于等于 100 元、小于 200 元,优惠额度是 (moneyAmount－100)×0.9,即顾客实际支付的金额是 100＋(moneyAmount－100)×0.9。
- 购买的商品的总金额 moneyAmount 大于 200 元、小于 500 元,优惠额度是(200－100)×0.9＋(moneyAmount－200)×0.8,即顾客实际支付的金额是 100＋(200－100)×0.9＋(moneyAmount－200)×0.8。
- 购买的商品的总金额 moneyAmount 大于等于 500 元,优惠额度是(200－100)×0.9＋(500－200)×0.8＋(moneyAmount－500)×0.7,即顾客实际支付的金额是 100＋(200－100)×0.9＋(500－200)×0.8＋(moneyAmount－500)×0.7。

编写程序,输入顾客购买的商品的总金额,程序输出顾客支付以及节省的金额。

(参考代码见附录 A)

4.4 开关语句

4.4.1 核心知识

1. 语法格式

switch 语句是单条件、多分支开关语句,格式如下:

```
switch(表达式) {
    case 常量值 1:
            若干个语句
            break;
    case   常量值 2:
            若干个语句
            break;
     ⋮
    case   常量值 n:
            若干个语句
            break;
    default:
        若干语句
}
```

switch 语句中"表达式"的值可以是整型数值(包括 char 型值)或枚举型(枚举型见第 12 章的例 6)。"常量值 1"到"常量值 n"的值称作 case 的标签号,标签号要互不相同,而且应当是整型常量(包括 char 型常量或枚举常量)构成的表达式。

2. 执行流程

switch 语句首先计算表达式的值,如果表达式的值和某个 case 标签号相等,就执行该 case 里的若干个语句。如果在当前 case 的语句中包含 break 语句,那么在执行了 break 语句后,就结束当前 switch 语句的执行,否则就继续执行当前 case 之后的各个 case 中的语句(不再验证表达式的值和后续的 case 的标签号是否相等)。

3. 简单示例

在以下例 4 中,输入 month 的值(1~12 月份),程序输出该月份属于哪个季度。

例 4

example4_4. c

```
#include<stdio.h>
int main(){
    unsigned short month;
    scanf("%u",&month);
    switch(month) {
    case 12:
    case 11:
    case 10:
      printf("%d 属于四季度",month);
      break;
    case 1:
    case 2:
    case 3:
      printf("%d 属于一季度",month);
      break;
    case 6:
    case 5:
    case 4:
      printf("%d 属于二季度",month);
      break;
    case 7:
    case 8:
    case 9:
      printf("%d 属于三四季度",month);
      break;
    default :
        printf("%d 不是合理的月份",month);
    }
    return 0;
}
```

4.4.2 能力目标

根据问题的条件合理地使用 switch 语句选择所要进行的操作。

4.4.3　任务驱动

1. 任务的主要内容

从键盘输入参与运算的两个数和运算符号，输入顺序是第一个数、运算符号、第二个数，然后程序输出运算结果。当输入的运算符号与 switch 语句中某个 case 标签（该标签号是一个运算符号）相同，程序就执行该 case 里的语句，即根据标签上的运算符号完成两个数的四则运算。

2. 任务的模板

按照任务核心内容完成模板：将【代码】替换为程序代码，模板程序的运行效果如图 4.7 所示。

```
输入第一个运算数、运算符号、第二个运算数(不要有任何分隔符号):
897.87+98.66
897.870000+98.660000=996.530000
```

图 4.7　四则运算

computer. c

```c
include<stdio.h>
int main(){
    double numberOne,numberTwo=0;
    char opration='+';
    double result=0;
    printf("输入第一个运算数、运算符号、第二个运算数(不要有任何分隔符号):\n");
    scanf("%lf%c%lf",&numberOne,&opration,&numberTwo);
    switch(opration) {
        case '+' :
            【代码 1】//将 numberOne+numberTwo 赋值给 result
            printf("%lf%c%lf=%lf\n",numberOne,opration,numberTwo,result);
        break;
        case '-' :
            【代码 2】//将 numberOne-numberTwo 赋值给 result
        printf("%lf%c%lf=%lf\n",numberOne,opration,numberTwo,result);
            break;
        case '*' :
            【代码 3】//将 numberOne * numberTwo 赋值给 result
            printf("%lf%c%lf=%lf\n",numberOne,opration,numberTwo,result);
            break;
        case '/' :
            result=  numberOne/numberTwo;
            printf("%lf%c%lf=%lf\n",numberOne,opration,numberTwo,result);
            break;
        default:
            printf("%lf %c %lf 不符合要求\n",numberOne,opration,numberTwo);
    }
    return 0;
}
```

3. 任务小结或知识扩展(包括模板【代码】参考答案)

(1) 单条件多分支

if 语句、if...else 语句和 if...else if...else 语句的共同特点是根据一个条件选择执行一个分支操作,而不是选择多个分支操作。在 switch 语句中,通过合理地使用 break 语句,可以达到根据一个条件选择执行一个分支操作(一个 case)或多个分支操作(多个 case)的目的。

(2) 模板的参考代码

【代码 1】: result=numberOne+numberTwo;

【代码 2】: result=numberOne-numberTwo;

【代码 3】: result=numberOne * numberTwo;

4.4.4 实践环节

编写判断中奖号码的程序。用户输入一个号码,程序输出号码是否中奖。要求如下。

- 如果输入 59、316、875,程序输出这是一等奖的号码。
- 如果输入 27、209、596,程序输出这是二等奖的号码。
- 如果输入 9、12、131,程序输出这是三等奖的号码。

(参考代码见附录 A)

4.5 复合语句的嵌套

4.5.1 核心知识

1. 语法格式

复合语句的格式是:

```
{
    若干语句
}
```

复合语句是一条语句。if 语句、if...else 语句中的 if 操作和 else 操作都是复合语句。由于复合语句由若干条语句构成,因此在复合语句中就可以有各种语句,比如可以有 if 语句、if...else 语句(称为 if 语句的嵌套)、switch 语句等。

2. 简单示例

在例 5 中,判断用户输入的正整数是否被 3 整除,当能被 3 整除时,继续判断个位上的数字是否是数字 5 或 3。

例 5

example4_5.c

```c
#include<stdio.h>
int main(){
    unsigned int number;
    printf("输入正整数: \n");
```

```
scanf("%u",&number);
if(number%3==0) {
  printf("%d能被 3 整除",number);
  if(number%10==3) {
    printf("%d个位是 3",number);
  }
  else if(number%10==5) {
    printf("%d个位是 5",number);
  }
  else {
    printf("%d个位不是 3 也不是 5",number);
  }
}
else {
  printf("%d不能被 3 整除",number);
}
return 0;
}
```

4.5.2 能力目标

在 if…else 分支语句的 if 操作中使用 switch 语句。

4.5.3 任务驱动

1. 任务的主要内容

自动售货机为客户提供各种饮料,饮料的价格有三种:2 元、3 元和 5 元。用户投入 2 元钱,可以选择"净净矿泉水"、"甜甜矿泉水"和"美美矿泉水"之一。用户投入 3 元钱,可以选择"爽口可乐"、"清凉雪碧"和"雪山果汁"之一。用户投入 5 元钱,可以选择"草原奶茶"、"青青咖啡"和"甜美酸奶"之一。

编写程序模拟用户向自动售货机投入钱币,选择一种饮料。使用 scanf 函数模拟用户投入钱币,使用 getchar 函数模拟用户选择的饮料(输入 A、B、C 代表所选择的饮料)。

2. 任务的模板

认真阅读并调试模板代码,然后完成实践环节。模板程序的运行效果如图 4.8 所示。

machineSell. c

投入金额:2,3或5元(回车确认):5
选择草原奶茶 (A),青青咖啡 (B)和甜美酸奶 (C)之一:
输入A, B或C:C
得到甜美酸奶

图 4.8 模拟自动售货机

```
#include<stdio.h>
int main() {
    unsigned short money;
    char drinkKind;
    printf("投入金额:2,3 或 5元(回车确认):");
    scanf("%d",&money);
    getchar(); //消耗回车
    if(money==2) {
        printf("选择净净矿泉水 (A),甜甜矿泉水 (B)和美美矿泉水 (C)之一: \n");
        printf("输入 A,B 或 C:");
        drinkKind=getchar();
        switch(drinkKind) {
```

```
                    case 'A' : printf("得到净净矿泉水\n");
                        break;
                    case 'B' : printf("得到甜甜矿泉水\n");
                        break;
                    case 'C' : printf("得到美美矿泉水\n");
                        break;
                    default: printf("选择错误");
                }
            }
            else if(money==3) {
                printf("选择爽口可乐(A),清凉雪碧(B),和雪山果汁(C)之一：\n");
                printf("输入 A,B 或 C: ");
                drinkKind=getchar();
                switch(drinkKind) {
                    case 'A' : printf("得到爽口可乐\n");
                        break;
                    case 'B' : printf("得到清凉雪碧\n");
                        break;
                     case 'C' : printf("得到雪山果汁\n");
                        break;
                    default: printf("选择错误");
                }
            }
            else if(money==5) {
                printf("选择草原奶茶(A),青青咖啡(B)和甜美酸奶(C)之一：\n");
                printf("输入 A,B 或 C: ");
                drinkKind=getchar();
                switch(drinkKind) {
                    case 'A' : printf("得到草原奶茶\n");
                        break;
                    case 'B' : printf("得到青青咖啡\n");
                        break;
                    case 'C' : printf("得到甜美酸奶\n");
                        break;
                    default: printf("选择错误");
                }
            }
            else {
                printf("输入的钱币不符合要求");
            }
            return 0;
        }
```

3. 任务小结或知识扩展

消耗回车。当用户使用 scanf 语句为某个变量从键盘输入值时,需要按回车键确认,因此在某些情况下需要在 scanf 语句后面紧跟着调用 getchar 函数,以便消耗掉用户输入的回车键,以免该回车对程序的后续执行产生不良的影响。

4.5.4 实践环节

改进模板代码中的自动售货机,使得用户投入 10 元钱,可以得到"苹果汁"、"葡萄汁"和

"椰汁"之一。

（无参考代码）

小　结

- if、if...else 以及 if...else if...clsc 条件分支语句根据条件从多个分支操作中选择其中一个来执行。
- switch 开关语句根据条件从多个分支操作中选择其中一个或多个来执行，但一定要注意合理地使用 break（合理地切断分支）。
- 在某些时候，可以使用条件运算符代替 if...else 语句的功能。

习　题　4

1. 下列 if...else 语句有什么错误（假设 x 和 y 是已声明的 int 变量）？

```
if(x >=1)
    y=100;;            //多了一个分号
else
  y=200;
```

2. 请给出下列 4 个 C 程序中标注的 A、B、C 和 D 的输出结果。

A. _____　　　　　B. _____　　　　　C. _____　　　　　D. _____

```
/*第1个程序*/
#include<stdio.h>
int main() {
    int x=2,y=2;
    if(x-y==0){
        x=10;
        y=129;
    }
    printf("%d,%d",x,y);        //A
    return 0;
}
/*第2个程序*/
#include<stdio.h>                //第2个程序
int main() {
    int x=2,y=0;
    if(x<y)
        x=-10;
    y=-129;
    printf("%d,%d",x,y);        //B
    return 0;
}
/*第3个程序*/
#include<stdio.h>
int main() {
```

```
    int x=2,y=208;
    if(x=55){
        y=129;
    }
    printf("%d,%d",x,y);            //C
    return 0;
}
/*第4个程序*/
#include<stdio.h>
int main() {
    int x=2,y=101;
    if(y=0){
        x=777;
    }
    printf("%d,%d",x,y);            //D
    return 0;
}
```

3. 以下 C 程序中的 if…else 语句的书写格式没有遵守良好的编码习惯,请改写并说出程序的输出结果。

```
#include<stdio.h>
int main() {
    int x=10;
    if(x >=0)
      if(x>0)
        printf("Tiger");
      else
        printf("wolf");
    else
      printf("Dog");
    return 0;
}
```

4. 说出下列程序的输出结果。

```
#include<stdio.h>
int main() {
    int x=10, y=0,z=0;
    if(x >1){
        z=-20;
    }
    else
        y=-10;
        z=20;
    printf("%d",x+y+z);
    return 0;
}
```

5. 说出下列程序的输出结果。

```
#include<stdio.h>
```

```
int main() {
    char c='B';
    switch(c){
      case 'B':
              printf("%c",c);
              c=c-1;
              switch(c){
                  case 'B':
                      printf("%c",c);
                  case 'A':
                      printf("%c",c);
                      break;
                  case 'C':
                      printf("%c",c);
                      break;
              }
      case 'A':
              printf("%c",c);
      case 'C':
              printf("%c",c);
              break;
    }
    return 0;
}
```

6. 参看例 1,交换 4 个 int 型变量 a、b、c、d 中的值,保证 a、b、c、d 中的值是从小到大排列的,并显示每次的交换过程。

7. 将学生的考试分数(百分制)分为优、良、中、及格和不及格 5 个等级。

- 优:大于等于 90。
- 良:小于 90,大于等于 80。
- 中:小于 80,大于等于 70。
- 及格:小于 70,大于等于 60。
- 不及格:小于 60。

编写程序,输入考试分数,程序输出该分数的等级。

8. 一个正整数除以 3 的余数有三种可能的值:0、1、2。编写程序,从键盘输入一个正整数,如果正整数除以 3 的余数是 0,程序输出单词 Tiger;如果正整数除以 3 的余数是 1,程序输出单词 Dog;如果正整数除以 3 的余数是 2,程序输出单词 Cat。

9. 为了节约用水,将用户的用水总量分成如下 3 个区间,并给出不同的收费标准。

- 第 1 吨至第 5 吨,每吨 2.3 元。
- 第 6 吨至第 12 吨,每吨 5 元。
- 第 13 吨之后的每吨 6 元。

编写程序,输入用户的用水量(正整数),程序输出水费。

循 环 语 句

主要内容

- while 循环语句
- do...while 循环语句
- for 循环语句
- break 和 continue 语句

当程序需要根据条件来决定是否反复执行某些操作时,就需要使用循环语句,通俗地讲,循环语句就是根据条件,要求程序反复执行某些"操作",直到程序"满意"为止。本章讲解 while 循环语句、do...while 循环语句和 for 循环语句。

5.1 while 循环语句

  核心知识

1. 语法格式

while 语句的语法格式:

```
while (条件表达式) {
    若干语句
}
```

while 语句包含以下三部分。

- while 关键字。
- while 后面一对小括号中的表达式,称为循环条件表达式(注意:小括号后面不要有分号)。
- 一条复合语句,称作循环体。循环体只有一条语句时,大括号{}可以省略,但最好不要省略,以便增强程序的可读性。

2. 执行流程

while 语句的执行流程是:计算循环条件表达式的值,如果值非 0(真),就执行循环体,然后再计算循环条件表达式的值,如果值非 0,就再次执行循环体,如此反复,直到循环条件表达式的值是 0(假),结束 while 语句的执行。while 语句执行流程如图 5.1 所示。

3. 简单示例

如果让程序输出 50 句"hello",显然输入 50 条调用 printf
函数的语句是不可取的:

```
printf("hello");
printf("hello");
      ⋮
printf("hello");
```

再比如,如果让程序不断地向变量 sum 累加 1、2、3、4、
5、…,一直累加到 100,显然输入 100 条赋值语句也是不可
取的:

```
sum=sum+1;
sum=sum+2;
      ⋮
sum=sum+100;
```

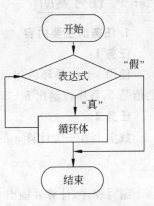

图 5.1 while 循环语句

显然上述操作都是有规律的重复操作。以下例 1 分别使用 while 循环语句输出 50 句
hello、$1+2+3+\cdots+m+\cdots$ 的前 100 项和(结果是 5050)以及 6 的阶乘(结果是 720)。

例 1

example5_1. c

```
#include<stdio.h>
int main(){
    int i=1,sum=0,jiecheng=1;
    while(i<=50){
      printf("第%d个 hello\n",i);
      i++;
    }
    i=1;
    while(i<=100){
      sum=sum+i;
      i++;
    }
    printf("sum=%d\n",sum);
    i=1;
    while(i<=6){
      jiecheng=jiecheng*i;
      i++;
    }
    printf("jiecheng=%d\n",jiecheng);
    return 0;
}
```

5.1.2 能力目标

能使用 while 循环计算连续和,能使用 while 循环计算连续乘积。

5.1.3 任务驱动

1. 任务的主要内容

任务 1:

使用 while 循环语句,计算数列 a+aa+aaa+… 的前 N 项和,N 为符号常量。例如,a 的值是 5,程序将输出 5+55+555+… 的前 N 项和。

任务 2:

数学上有一个计算 π 的公式:

$$\frac{\pi}{4} = 1 - \frac{1}{3} + \frac{1}{5} + \frac{1}{7} + \frac{1}{9} + \cdots$$

编写程序,计算并输出 π 的近似值,小数点保留 8 位。

2. 任务的模板

按照任务核心内容完成模板:将【代码】替换为程序代码。

(1) 任务 1 的模板

sum. c

```c
#include<stdio.h>
#define N 8
int main(){
    int a=2;          //累加项中的关键数字
    int i=1;          //控制循环次数
    int item=0;       //需要累加的值
    long sum=0;       //用于累加的变量
    item=a;           //第一次需要累加的值是 a
    while(i<=N) {
       【代码1】       //sum 累加 item:将 sun+item 赋值给 sum
       【代码2】       //i 自增
       【代码3】       //计算下一次需要累加的 item:将 item*10+a 赋值给 item
    }
    printf("\n 当前 i 的值是%d,sum 的值是%ld\n",i,sum);
    return 0;
}
```

(2) 任务 2 的模板

PI. c

```c
#include<stdio.h>
#define N 80000
int main(){
    int n=1,fuhao=1;    //存放累加项中的关键数字的变量和表示正负的变量
    int i=1;            //控制循环次数的变量
    double item=0;      //需要累加的值
    double sum=0;       //用于累加的变量
    item=1.0/n;         //第一次需要累加的值
    while(i<=N) {
       【代码1】         //向 sum 累加 fuhao*item
       【代码2】         //改变 n 的值
```

```
    【代码 3】              //改变 fuhao 的值
    i++;
    item=1.0/n;           //计算出下一次需要累加的 item
  }
  printf("\n 圆周率的近似值：%0.8lf",4 * sum);
  return 0;
}
```

3. 任务小结或知识扩展(包括模板【代码】参考答案)

(1) 寻找规律

在计算连续和时,如果连续累加的两项之间有某种规律,就可以使用循环语句计算连续和。在用 while 循环语句计算连续和时,while 语句在第 n 次执行循环体时,通常会有如下步骤。

① 把需要的累加项(item)累加到累加器中(sum),例如：

sum= sum+item

② 改变变量的值,以便最终改变循环条件表达式的值,如任务 1 模板中的【代码 2】：

i++;

③ 计算出下一次循环时累加项的值(找出上一项和下一项之间的规律关系),如任务 1 模板中的【代码 3】：

item=item * 10+a;

如果累加项的值不依赖于用来改变循环条件的变量值,第②和第③步骤可以互换。

(2) 不要忘记初始化

在计算连续和时,所需要的变量一定要有用户所希望的初始值,例如任务 2 中的 n 和 fuhao 都必须要有初始值。

(3) 模板的参考代码

任务 1：

【代码 1】: sum=sum+item;
【代码 2】: i++;
【代码 3】: item=item * 10+a;

任务 2：

【代码 1】: sum=sum+fuhao * item;
【代码 2】: n=n+2;
【代码 3】: fuhao=-fuhao;

5.1.4　实践环节

实践 1

计算连续积,就是不断累乘一个变量,例如：

multiply=multiply * item;

使用 while 循环语计算 $1\times3\times5\times\cdots\times9$。

（参考代码见附录 A）

实践 2

使用 while 循环语句计算 $2/1-3/2+5/3-8/5+13/8-\cdots$ 的前 N 项和，N 是符号常量。

（参考代码见附录 A）

实践 3

输入正整数，程序输出正整数中的各位上的数字之和，比如输入 123，程序输出 6。

（参考代码见附录 A）

实践 4

使用 while 循环语句计算 2 的 N 次幂（N 是符号常量）。

（参考代码见附录 A）

5.2 do...while 循环语句

5.2.1 核心知识

1. 语法格式

do...while 语句的语法格式：

```
do {
    若干语句
} while(条件表达式);
```

while 语句包含如下三部分。

* do 关键字。
* do 之后的一条复合语句，称作 do...while 语句的循环体。循环体只有一条语句时，大括号{}可以省略，但最好不要省略，以便增强程序的可读性。
* while 后面一对小括号中的表达式，称为 while 语句的循环条件（注意，小括号后面有分号）。

2. 执行流程

执行流程是：首先执行循环体，然后计算 while 关键字后面一对小括号中的条件表达式的值，如果值非 0，就再执行循环体，然后继续计算条件表达式的值，如果值非 0，就再次执行循环体，如此反复，直到条件表达式的值是 0，结束 do...while 语句的执行。

3. 简单示例

以下例 2 中，用 do...while 循环计算 $1+2!+3!+\cdots$ 的前 10 项和。

例 2

example5_2.c

```
#include<stdio.h>
```

```
#define N 10
int main(){
    long i=1, item=1, sum=0;
    do{
        sum=sum+item;
        i++;
        item=i*item;
    } while(i<=N);
    printf("sum=%ld\n",sum);
    return 0;
}
```

5.2.2 能力目标

在 do...while 语句中嵌套条件分支语句。

5.2.3 任务驱动

1. 任务的主要内容

对于 5 位数字 $a_5a_4a_3a_2a_1$，将 $a_5a_4a_3a_2a_1$ 向右转动一次后的数字是 $a_1a_5a_4a_3a_2$。比如对于 5 位数字 54321，将 54321 向右转动一次后的数字是 15432，15432 向右转动一次后的数字是 21543，即 54321 向右转动二次后的数字是 21543。

编写程序，将用户输入的 5 位数字向右转动 5 次，输出每次转动后得到的数字。

2. 任务的模板

按照任务核心内容完成模板：将【代码】替换为程序代码。模板程序运行效果如图 5.2 所示。

```
输入一个正整数:98765
98765转动1次是:59876
98765转动2次是:65987
98765转动3次是:76598
98765转动4次是:87659
98765转动5次是:98765
```

图 5.2 转动数字

turnDigit.c

```
#include<stdio.h>
int main(){
    unsigned int number;
    unsigned int remainder,i,temp,save,count=1;
    unsigned short a5,a4,a3,a2,a1;          //number 上从高位到低位上的数字
    printf("输入一个正整数：");
    scanf("%d",&number);
    save=number;
    if(number>99999||number<9999){
        printf("输入的数字不符合要求\n");
        exit(0);
    }
    i=1;
    while(count<=5){
        do {
            【代码 1】     //将 number%10 赋值给 remainder
            switch(i) {
                case 1 : a1=remainder;
                        break;
                case 2 : a2=remainder;
                        break;
                case 3 : a3=remainder;
```

```
                          break;
          case 4 : a4=remainder;
                          break;
          case 5 : a5=remainder;
                          break;
       }
     【代码 2】              //将 number/10 赋值给 number
     i++;
  } while(【代码 3】);       //循环条件表达式
  temp=a1;
  a1=a2;
  a2=a3;
  a3=a4;
  a4=a5;
  a5=temp;
  number=a5 * 10000+a4 * 1000+a3 * 100+a2 * 10+a1;
  printf("%u 转动%u 次是：%u\n",save,count,number);
  count++;
  }
  return 0;
}
```

3. 任务小结或知识扩展(包括模板【代码】参考答案)

(1) while 与 do...while 循环语句的区别

do...while 循环语句的循环体至少被执行一次,而 while 语句的循环体有可能一次都不被执行。尽管 while 循环、do...while 循环和 for 循环语句的流程不同,但解决问题的能力相同,即借助一种循环语句能解决的问题,那么借助另一种循环语句也可以解决(整个程序的代码会有细微的差别)。

(2) 为了转动整数,使用 do...while 循环语句求出整数各个位上的数字,并求出转动后的整数。

(3) 模板的参考代码

【代码 1】: remainder=number%10;
【代码 2】: number=number/10;
【代码 3】: remainder!=0;

5.2.4　实践环节

参考本次任务模板,编写将正整数向左转动 5 次的程序。

(无参考代码)

5.3　猜测数字

5.3.1　核心知识

1. 反复执行

如果程序要求用户必须把某件事情作正确后(满足程序所要求的),才可以继续后续的事情,那么就可以使用循环语句来达到此目的,例如,要求用户输入正确的密码,猜测出正确的数字等。

2. 随机数

为了获得一个随机数,首先要确定随机数种子,然后才能模拟得到一个随机数(涉及一些数学知识,不必深入了解)。

C 语言可以使用 srand()函数(srand()函数在 stidlib. h 库中,time()函数在 time. h 库中),并将当前机器的时间设置为随机数种子。

```
srand(time(NULL));
```

然后调用 rand 函数(rand 函数在 stidlib. h 库中)得到一个大于等于 0 的随机数,例如,为了得到 1~100 之间的随机数 number,可以进行如下操作。

```
number=rand()%100+1;
```

3. 简单示例

以下例 3 中,用 while 循环输出了 20 个随机数。

例 3

example5_3. c

```
#include<stdio.h>
#include<time.h>
#include<stdlib.h>
#define N 20
int main(){
    int i=1,randomNumber;
    srand(time(NULL));           //用当前时间做随机种子
    while(i<=N){
        randomNumber=rand();         //一个随机数
        printf("%d ",randomNumber);
        i++;
    }
    return 0;
}
```

5.3.2 能力目标

使用循环语句实现猜数字游戏,能使程序反复执行某些"操作"(用户输入猜测),直到程序"满意"为止(猜对为止)。

5.3.3 任务驱动

1. 任务的主要内容

猜数字游戏是我们很熟悉的一个小游戏,程序随机给出一个 1~100 之间的数,让用户猜测这个数。当用户给出的猜测大于程序给出的数时,程序提示用户"猜大了",要求用户继续猜测;当用户给出的猜测小于程序给出的数时,程序提示用户"猜小了",要求用户继续猜测;当用户给出的猜测等于程序给出的数时,程序提示用户"猜对了",不再要求用户继续猜测。

2. 任务的模板

完成模板:将【代码】替换为程序代码。模板程序的运行效果如图 5.3 所示。

guess. c

```
#include<stdio.h>
#include<time.h>
#include<stdlib.h>
int main(){
    int randomNumber;
    int guess;
    srand(time(NULL));
    printf("给你一个 1 至 100 之间的数,请猜测:");
    scanf("%d",&guess);        //输入猜测
    【代码 1】                  //获取 1~100 之间的一个随机数并赋值给 randomNumber
    while(【代码 2】) {         //循环条件:没有猜测对的条件
       if(guess >randomNumber)
           printf("猜大了,请再猜:");
       else if(guess<randomNumber)
           printf("猜小了,请再猜:");
       【代码 3】              //从键盘为 guess 赋值,即再次输入猜测
    }
    printf("\n 您猜对了,这个数就是:%d\n",randomNumber);
    return 0;
}
```

给你一个1至100之间的数,请猜测:50
猜小了,请再猜:75
猜大了,请再猜:60
猜小了,请再猜:67
猜大了,请再猜:62

图 5.3 猜数字

3. 任务小结或知识扩展(包括模板【代码】参考答案)

(1) 强迫用户反复进行某种操作

循环的特点是根据条件反复执行某个操作,本任务中,只要用户没有猜对,就要求用户执行猜测操作。

(2) 模板的参考代码

【代码 1】: randomNumber=rand()%100+1;
【代码 2】: guess !=randomNumber
【代码 3】: scanf("%d",&guess);

5.3.4 实践环节

编写程序,用 do...while 语句实现猜数字游戏。

(参考代码见附录 A)

5.4 for 循环语句

5.4.1 核心知识

1. 语法格式

for 语句的语法格式：

```
for (表达式 1; 表达式 2; 表达式 3) {
    若干语句
}
```

2. 执行流程

for 语句执行流程如下(流程图如图 5.4 所示)。

(1) 计算"表达式 1"，完成必要的初始化工作。

(2) 计算"表达式 2"，若"表达式 2"的值为"真"，进行(3)，否则进行(4)。

(3) 执行循环体，然后计算"表达式 3"，以便改变"表达式 2"的值，然后进行(2)。

(4) 结束 for 语句的执行。

3. 简单示例

循环体是一个复合语句，这样一来就可以在循环体中再包含循环语句。当一个循环语句的循环体中包含循环语句时，称出现了循环嵌套。以下例 4 使用 for 循环嵌套输出九九乘法表。程序运行效果如图 5.5 所示。

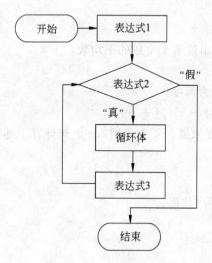

图 5.4 for 循环语句

```
1×1=1
1×2=2   2×2=4
1×3=3   2×3=6   3×3=9
1×4=4   2×4=8   3×4=12  4×4=16
1×5=5   2×5=10  3×5=15  4×5=20  5×5=25
1×6=6   2×6=12  3×6=18  4×6=24  5×6=30  6×6=36
1×7=7   2×7=14  3×7=21  4×7=28  5×7=35  6×7=42  7×7=49
1×8=8   2×8=16  3×8=24  4×8=32  5×8=40  6×8=48  7×8=56  8×8=64
1×9=9   2×9=18  3×9=27  4×9=36  5×9=45  6×9=54  7×9=63  8×9=72  9×9=81
```

图 5.5 输出九九乘法表

例 4

example5_4.c

```c
#include<stdio.h>
int main(){
```

```
    int i,j;
    for(i=1;i<=9;i++){
        for(j=1;j<=i;j++){
          printf("%d×%d=%-3d",j,i,(j*i));
        }
        printf("\n");
    }
    return 0;
}
```

5.4.2 能力目标

使用 for 语句计算连续和,使用 for 语句计算平均数,使用 for 语句遍历数据。

5.4.3 任务驱动

1. 任务的主要内容

任务 1:

输出 Fibonacci 数列。

Fibonacci 数列 $a_1, a_2, \cdots, a_n, a_{n+1}$ 是一个二次递归序列,递归如下:

$$a_n = \begin{cases} 1 & (n-1, n=2) \\ a_{n-1} + a_{n-2} & (n \geqslant 3) \end{cases}$$

例如,Fibonacci 数列的前 8 项是:$1,1,2,3,5,8,13,21$。Fibonacci 数列中蕴涵着许多数学性质,例如当 n 很大时,$\dfrac{a_n}{a_{n+1}}$ 的值接近黄金分割(0.618)。

任务 2:

使用循环语句让用户依次输入若干个数,程序输出这若干个数的平均数。

任务 3:

数学上使用下列数列计算 sin(x),其中 x 的单位为弧度。

$$\sin(x) = x/1 - x^3/3! + x^5/5! - x^7/7! + \cdots$$

编写程序,用户输入 x 的值,程序输出 sin(x) 的近似值。要求使用 for 语句计算上述数列的若干项的和。

2. 任务的模板

按照任务核心内容完成模板:将【代码】替换为程序代码。

(1) 任务 1 的模板

fibonacci. c

```
#include<stdio.h>
#define N 1200
int main(){
    long f1,f2;              //序列的前 2 项
    int i;                   //控制循环的变量
    for(i=1,f1=1,f2=1;i<=20;i++){
        printf("%-10ld%-10ld",f1,f2);
        【代码 1】              //将 f1+f2 赋值给 f1
```

```
        【代码 2】            //将 f2+f1 赋值给 f2
        if(i%4==0)          //打印 4 次,即打印 8 个数后输出一个回行
           printf("\n");
    }
    printf("\n 黄金分割的近似值:%0.12f\n",(double)f1/f2);
    return 0;
}
```

(2) 任务 2 的模板

aver. c

```
#include<stdio.h>
int main(){
    double sum=0;          //存放数的和
    double aver=1;         //存放平均数
    double x=0;            //存放输入的数
    int count=0;           //存放输入的数的个数
    int m=1;
    printf("输入数据,回车确认(输入 no 结束输入过程):\n");
    m=scanf("%lf",&x);
    while(m!=0){
      count++;
      【代码 1】                //将 x 累加到 sum
      printf("输入下一个数据,回车确认(输入 no 结束输入过程):\n");
      【代码 2】                //再次为 x 输入数据,并将 scanf 返回的信息赋值给 m
    }
    aver=sum/count;
    printf("所输入数的和%f\n",sum);
    printf("所输入数的平均数%f\n",aver);
    return 0
}
```

(3) 任务 3 的模板

sin. c

```
#include<stdio.h>
#include<math.h>
int main(){
    unsigned short i;
    unsigned long n=1,jiecheng=1;
    short fuhao=1;
    double sum=0,x=1,item=x/jiecheng;
    double t=x*x,temp=x;
    printf("输入 x 的值(在 0~π/2 之间即可):");
    scanf("%lf",&x);
    item=x/jiecheng;
    t=x*x;
    temp=x;
    for(;item>=1E-5;){
        sum=sum+fuhao*item;
        fuhao=-fuhao;
        【代码 1】    //将 t*x 赋值给 x
        【代码 2】    //将 n+2 赋值给 n
```

```
for(i=1,jiecheng=1;i<=n;i++){
    jiecheng=jiecheng*i;
}
【代码 3】    //将 x/jiecheng 赋值给 item
}
printf("for 语句计算结果是: \n%11.10lf\n",sum);
printf("库函数计算结果是: \n%11.10lf\n",sin(temp));
}
```

3. 任务小结或知识扩展(包括模板【代码】参考答案)

(1) 简化的 for 语句

ANSI C 允许在 for 语句中省略"表达式 1"或"表达式 3",但不允许省略表达式之间的分号分隔符。例如,下列 for 语句格式都是正确的简化形式。

- 省略表达式 1

```
for (; 表达式 2; 表达式 3) { }
```

- 省略表达式 3

```
for (表达式 1; 表达式 2;) { }
```

- 省略表达式 1 和表达式 3

```
for (; 表达式 2;) {}
```

for 语句中的表达式 1 通常是一个逗号表达式。

逗号运算符常用于连续计算几个表达式的值。逗号","运算符是二目运算符,即连接两个操作元的运算符。例如:

```
x=23,y=100
```

是逗号表达式。逗号表达式中的表达式仍然可以是逗号表达式,例如:

```
i=1,sum=0,t=9
```

(2) 库函数

math.h 头文件包含许多常用的数学函数的原型,通过预处理指令包含<math.h>头文件后,可以使用系统提供的库函数方便地进行常用的数学计算,例如计算 x 的余弦 cos(x),计算 x 的 n 次幂 pow(x,n)等。读者可以用文本编译器打开 math.h 头文件查看其中的函数原型(也可以参看教材的附录 D)。

(3) scanf 语句返回的信息

在使用 scanf 函数输入变量的值时,如果 scanf 函数无法将一个值送到变量中,该函数将返回数字 0 来表示这种失败(如果成功,则该函数将返回数字 1),例如,对于 int 型变量 x、m,当程序执行:

```
m=scanf("%d",&x); // 用户从键盘给变量 x 赋值
```

如果用户没有按 scanf 规定的输入模式输入数据,那么 scanf 函数就返回数字 0 表示无法将一个值送到变量 x 中,此时将 scanf 函数返回的数字给 m,那么 m 值就是 0。需要注意的是,如果输入 12.98,那么 scanf 函数将 12(不是 12.98)送到变量 x 中,这时,scanf 函数返

回数字 1 来表示将一个值送到了变量 x 中(但不是用户希望的值 12.98)。在编写循环时,用 m!=0,即输入成功作为循环条件。

(4) 模板的参考代码

任务 1:

【代码 1】: f1=f1+f2;
【代码 2】: f2=f2+f1;

任务 2:

【代码 1】: sum=sum+x;
【代码 2】: m=scanf("%lf",&x);

任务 3:

【代码 1】: x=t * x;
【代码 2】: n=n+2;
【代码 3】: item=x/jiecheng;

5.4.4　实践环节

实践 1

编写程序,使得不仅能输出用户输入的若干个数的平均数,还能输出这若干个数中去掉一个最大数和一个最小数后的平均数。

(参考代码见附录 A)

实践 2

计算机的智能无法与人的大脑相比,但计算机的快速计算能力是人无法比拟的,因此对于某些问题,可以充分发挥计算机在计算速度上的优势。为了寻找满足一定条件的数据,可以使用循环语句对所有的数据进行验证,找出满足条件的数据,即遍历数据,找出符合条件的数据。如果一个 3 位数等于其个位、十位和百位上三个数字的立方和,则称它为水仙数。编写程序,使用 for 循环嵌套遍历出 1000 内的全部完数。

(参考代码见附录 A)

实践 3

一个数如果恰好等于它的因子之和,这个数就称为"完数",如 6=1+2+3。使用 for 循环嵌套遍历出 1000 内的全部完数。

(参考代码见附录 A)

实践 4

数学上有一个计算 e 的公式:

$$e-1 = 1 + \frac{1}{2!} + \frac{1}{3!} + \cdots + \frac{1}{n!} + \cdots$$

使用 for 语句计算 e 的近似值。

（参考代码见附录 A）

5.5　记 忆 测 试

5.5.1　核心知识

1. 延时执行

利用循环可以让程序延时执行下一条语句，例如，让循环语句的循环体是空语句，那么该循环语句循环 2000 次需要一定的时间，这样就起到了延时执行循环语句之后的语句的作用。为了能实现比较准确的延时，比如延时 1000 毫秒，可以在循环语句中使用 clock() 函数。

clock() 函数返回程序从开始运行至执行该 clock 函数所消耗的时间（所用单位是毫秒）。比如程序执行若干语句后所消耗的时间是 100 毫秒，此时调用 clock() 函数返回的值就是 100。为了延时 1000 毫秒，可以在循环语句之前首先调用 clock() 函数返回一个值，将该值存放到一个 long 型变量中，比如 time 中，然后在 while 语句中如下调用 clock() 函数就可以达到延时 1000 毫秒（1 秒）的效果，代码如下：

```
long time;
time=clock();
while(clock()-time<=1000){
}
```

2. 简单示例

以下例 5 中，用 clock() 函数进行延时，每隔 1 秒钟输出一个整数。

例 5

example5_5. c

```
#include<stdio.h>
#include<time.h>
#define N 20
int main(){
    long time;
    int i;
    for(i=1;i<=20;i++){
        printf("%d\n",i);
        time=clock();
        while(clock()-time<=1000){        //延时 1 秒;
        }
    }
    return 0;
}
```

5.5.2　能力目标

能根据程序的需要，恰当地使用 clock() 函数进行延时。

5.5.3 任务驱动

1. 任务的主要内容

编写测试用户记忆数字能力的程序,要求如下。

(1)程序随机显示 1~999999 之间的数。

(2)延时 5000 毫秒,程序擦除显示的数字。

(3)程序提示用户输入所看到的数字,如果输入正确就给用户增加一个分值。

(4)程序询问用户是否继续测试自己的记忆力。

2. 任务的模板

完成模板:将【代码】替换为程序代码。模板程序的运行效果如图 5.6 所示。

guess. c

```
#include<stdio.h>
#include<stdlib.h>
#include<time.h>
int main(){
    long now;
    unsigned short score=0,i;
    char temp,ok='y';
    long showNumber,inputNumber;
    srand(time(NULL));
    while(ok=='y'||ok=='Y') {
        ok='n';
        showNumber=rand()%999999+1;
        printf("%d",showNumber);
        【代码 1】      //使用 clock 函数返回程序运行所用的时间,并赋值给 now
        【代码 2】      //延时 5 秒
        printf("\r");               //将输出光标移动到本行开头(不回行)
        for(i=1;i<=6;i++)           //输出 6 个 * ,以便擦除曾显示的数字
          printf(" * ");
        printf("输入刚才显示的数字(回车确认):\n");
        scanf("%ld",&inputNumber);
        temp=getchar();            //消耗掉用户确认输入时所输入的回车符
        if(temp!='\n') {
            printf("输入非法,程序退出!");
            exit(0);
        }
        if(showNumber==inputNumber) {
          score++;
          printf("恭喜,记忆力不错!\n");
        }
        else {
          printf("遗憾,记得不准确\n");
        }
        printf("目前得分%u: \n",score);
        printf("继续测试吗?输入 y 或 n(回车确认): ");
        ok=getchar();
```

******输入刚才显示的数字(回车确认):
13218
恭喜,记忆力不错!
目前得分1:
继续测试吗?输入y或n(回车确认):y

图 5.6   记忆测试

```
        getchar();
    }
}
```

3. 任务小结或知识扩展(包括模板【代码】参考答案)

（1）及时获得当前用时

一定要在延时之前用 clock 函数获得程序运行的用时，即不可以在延时开始和 clock 函数之间再有其他的语句，否则延时就不够准确，甚至无法延时。

（2）模板的参考代码

【代码 1】：now=clock();
【代码 2】：while(clock()-now<=5000) {; }

5.5.4 实践环节

程序随机显示长度为 6 的字符串，延时 5000 毫米后，程序擦除显示的字符串。程序提示用户输入所看到的字符串，如果输入正确就给用户增加一个分值。程序询问用户是否继续测试自己的记忆力。

（参考代码见附录 A)

5.6 continue 与 break 语句

5.6.1 核心知识

1. 语法格式

break 和 continue 语句是用关键字 break 或 continue 加上分号构成的语句，例如：

```
break;
```

2. 语句的作用

在循环体中可以使用 break 语句和 continue 语句。在一个循环中，比如循环 50 次的循环语句中，如果在某次循环中执行了 break 语句，那么整个循环语句就结束。如果在某次循环中执行了 continue 语句，那么本次循环就结束，即不再执行本次循环的循环体中 continue 语句后面的语句，而转入进行下一次循环。

3. 简单示例

下面的例 6 使用 continue 语句输出了英文字母表中除了字母 a、m 和 z 的全部字母，在 while 语句中使用 break 语句计算了满足 $1+2+\cdots+n<=2012$ 的最大整数 n。

例 6

example5_6.c

```
#include<stdio.h>
#define MAX 2012
int main(){
```

```
       char c;
       long sum=0,i=1,maxInteger;
       for(c='a';c<='z';c++) {
           switch(c) {
               case 'a' :
               case 'z' :
               case 'm' : continue;
           }
           printf("%-3c",c);
       }
       printf("\n");
       while(1) {                //循环条件总是"真"
           sum=sum+i;
           if(sum>MAX) {
               maxInteger=i-1;
               break;            //结束循环语句的执行
           }
           i++;
       }
       printf("满足 1+2+…+n<=%d 的最大整数为%ld\n",MAX,maxInteger);
       return 0;
   }
```

5.6.2　能力目标

能针对问题的需要,使用 break 语句结束循环语句;使用 continue 语句结束当前循环体的执行,直接进入下一次循环。

5.6.3　任务驱动

1. 任务的主要内容

某一个数如果只能被 1 和它本身除尽,这样的数就被称作素数,如 1、2、3、7、11、13、19 等都是素数。使用 for 循环嵌套遍历出 100 内的全部素数,在使用 for 语句遍历整数时,需嵌套一个 for 语句(称为内循环)寻找当前数字的因子,如果找到因子,立刻使用 break 语句结束内循环。

2. 任务的模板

按照任务核心内容完成模板:将【代码】替换为程序代码。

sushu. c

```
#include<stdio.h>
int main(){
    int i,j;
    int isPrimNumber=1;           //记录 i 是否是素数的变量
    int count=0;                  //存放素数的个数
    for(i=1;i<=100;i++){
        for(j=2,isPrimNumber=1;j<=i/2;j++){      //该循环语句负责寻找 i 的因子
            if(【代码 1】){                        //判断 j 是 i 的因子
                isPrimNumber=0;      //一旦找到因子,就记录 i 不是素数
```

```
        【代码 2】                    //结束内循环(没必要找到多个因子)
        }
    }
    if(isPrimNumber){
        count++;
        printf("%4d",i);
        if(count%6==0)               //打印 6 个素数之后输出一个回行
            printf("\n");
    }
}
return 0;
}
```

3. 任务小结或知识扩展(包括模板【代码】参考答案)

（1）关于 break

循环体是一个复合语句,这样一来就可以在循环体中再包含循环语句。当一个循语句的循环体中包含循环语句时,称出现了循环嵌套。借助循环嵌套可以解决更加复杂的"循环"操作。如果出现循环嵌套,break 语句只能结束包含它的最内层的循环语句。

（2）模板的参考代码

【代码 1】: i%j==0
【代码 2】: break;

5.6.4 实践环节

验证密码。假设密码是 abcde,使用循环语句让用户输入密码,如果输入了正确的密码就结束循环语句;但是如果 3 次未能输入正确的密码,也要结束循环语句。

（参考代码见附录 A）

小 结

- 循环语句让程序反复执行某段代码来达到某种目的。
- 尽管 while 循环、do…while 循环和 for 循环的流程不同,但解决问题的能力相同,即借助一种循环能解决的问题,那么借助另一种循环也可以解决(整个程序的代码会有细微的差别)。实际应用中,可以选择一种自己习惯的循环语句来使用。
- break 语句可以结束当前循环语句的执行,而 continue 语句可以结束当前循环体的执行。

习 题 5

1. 下列程序的输出结果是_____。

```
#include<stdio.h>
int main(){
```

```
        int sum=0,i=1;
        while(i<=10){
            sum=sum+i;
            i+=2;
        }
        printf("sum=%d,i=%d",sum,i);
        return 0;
}
```

2. 下列程序的输出结果是_____。

```
#include<stdio.h>
int main(){
    int a=1,b=2,c=2,t;
    while(a<b<c){
        t=a;
        a=b;
        b=t;
        c--;
    }
    printf("%d,%d,%d",a,b,c);
    return 0;
}
```

3. 下列程序的输出结果是_____。

```
#include<stdio.h>
int main(){
    int a=1,b=2,c=2,t;
    while(a<b<c){
        t=a;
        a=b;
        b=t;
        c--;
    }
    printf("%d,%d,%d",a,b,c);
    return 0;
}
```

4. 下列程序的输出结果是_____。

```
#include<stdio.h>
int main(){
    int sum=0,i=3;
    while(i-->=0 ){
        sum=sum+i;
    }
    printf("%d",sum);
    return 0;
}
```

5. 下列程序的输出结果是_____。

```c
#include<stdio.h>
int main(){
    int sum=0,i=3;
    while(i-->=0 ){
        sum=sum+i;
    }
    printf("%d",sum);
    return 0;
}
```

6. 下列程序的输出结果是_____。

```c
#include<stdio.h>
int main(){
    int sum=0,i=0;
    for(i=1;i<=10;i++){
        if(i%2==0)
            continue;
        sum=sum+i;
    }
    printf("%d",sum);
    return 0;
}
```

7. 下列程序的输出结果是_____。

```c
#include<stdio.h>
int main(){
    int sum=0,i=3;
    for(i=3;i>=1;i--){
        sum=sum*10+i;
    }
    printf("sum=%d\n",sum);
}
```

8. 下列程序的输出结果是_____。

```c
#include<stdio.h>
int main(){
    int sum=0,a=8,N=5;
    for(;N--;){
        sum=sum*10+a;
    }
    printf("sum=%d\n",sum);
}
```

9. 下列程序的输出结果是_____。

```c
#include<stdio.h>
int main(){
    int number=321;
```

```
   int m;
   while(number!=0){
      m=number%10;
      number=number/10;
      printf("%d",m);
   }
   return 0;
}
```

10. 下列程序运行时,从键盘输入 shoping,然后按回车键,程序输出的结果是_____。

```
#include<stdio.h>
int main(){
   char c;
   while((c=getchar())!='i'){
      putchar(c);
   }
   return 0;
}
```

11. 下列程序运行时,从键盘输入 girl,然后按回车键,程序输出的结果是_____。

```
#include<stdio.h>
int main(){
   char c;
   while((c=getchar())!='\n'){
      switch(c){
         case 'g' :
         case 'f' :    putchar(c);
                       break;
         case 'i' :    putchar(c);
         case 'r' :    putchar(c);
                       break;
         default :     putchar('$ ');
      }
   }
   return 0;
}
```

12. 张三有 1020 个西瓜,第一天卖一半多两个,以后每天卖剩下的一半多两个,程序将
输出需几天能卖完全部西瓜。那么下列程序 while 循环中的【表达式】应当是_____。

　　A. number!＝0　　　　　　　B. number＞＝1020

　　C. number＜＝1020　　　　　　D. number＝＝0

```
#include<stdio.h>
int main(){
   int day=0,number=1020;
   while(【表达式】){
      number=number/2-2;
      day++;
   }
```

```
        printf("%d",day);
        return 0;
}
```

13. 编写一个程序,程序运行时用户输入一行字符,按回车键,程序统计出该行字符中含有的字母个数,例如,用户输入 How are you,按回车键,程序输出 9。

14. 编程分别输出下列数列的前 100 项之和:

(1) $-4,-2,0,2,4,6,\cdots$

(2) $1,5,9,13,17,21,\cdots$

(3) $1,3,9,27,81,243,\cdots$

(4) $1,1+2,1+2+3,1+2+3+4,\cdots$

15. 编程输出等差数列的前 n 项和,其中等差数列的首项、公差和求和项数 n 的值从键盘输入。

16. 编写程序输出 1～100 之间不能被 2 除尽或不能被 3 除尽的数,并计算输出它们的和。

17. 编写程序输出如下排列格式的字符。

```
A
BB
CCC
DDDD
EEEEE
```

18. 编写程序,输出 100 内具有 10 个以上(含 10 个)因子的整数,并输出它的全部因子(例如,60 一共有 1,2,3,4,5,6,10,12,15,20,30,60 十二个因子)。

函数的结构与调用

主要内容

- C 程序与函数
- 函数的类型与 return 语句
- 参数传值
- 非主函数之间的调用
- void 型函数
- 函数的递归调用
- 局部变量与全局变量
- 变量的存储方式
- 使用库函数

　　C 程序由若干个函数所构成，只有掌握怎样编写一个函数，才能掌握如何编写 C 程序。本章详细讲解函数的基本结构和函数的调用。

6.1　C 程序与函数

6.1.1　核心知识

1. C 程序的结构

　　一个 C 程序(VC++ 6.0 中称为一个工程)是由若干个函数所构成的，这些函数可以在一个源文件中，也可以分布在若干个源文件中，如图 6.1 所示。

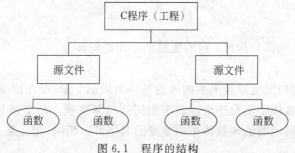

图 6.1　程序的结构

C程序必须有且仅有一个 main 函数,操作系统从 main 函数开始执行 C 程序,因此,C程序的各个源文件中有且仅有一个源文件包含 main 函数。main 函数可以调用 C 程序中的其他函数来完成程序的任务,其他函数也可以互相调用,但其他函数(非 main 函数)不能调用 main 函数。

2. 函数的定义

当在一个源文件中定义一个函数时,该源文件应当包含该函数的原型声明,同时必须按照该函数的原型给出函数的定义,也称为按照函数原型实现函数。函数定义(函数实现)包括两部分:函数头和函数体。函数头只有函数的类型、名称和名称之后的一对小括号以及其中的参数列表(无参数函数没有参数列表),如图 6.2、图 6.3 所示。

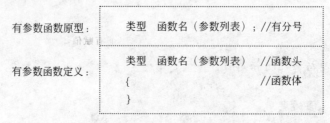

图 6.2 有参数函数的原型与定义

图 6.3 无参数函数的原型与定义

函数的原型声明中允许省略参数的名字,比如,下列都是 add 函数的原型声明。

```
int add(int,int);
int add(int a,int b);
```

对于有参数的函数,函数定义时不允许省略参数的名字,例如:

```
int add(int a,int b){
    return a+b;
}
```

函数的函数体由两部分构成:声明变量部分和语句部分。

(1)局部变量

在函数体中声明的变量以及函数的参数被称为局部变量,仅在该函数内有效,需要特别注意的是,函数的函数体中不允许出现名字相同的局部变量。每个函数的函数体都各自封装着自己的变量,不同函数的函数体中的变量的名字可以相同,相互独立,互不干扰。

(2)语句

函数体中的语句可以操作局部变量形成解决问题的算法。需要注意的是,函数中局部

变量的有效范围和声明的位置有关(函数的参数在整个函数内有效),例如:

```
int dog(){
    int a=y;              //错误,因为 y 还没有生效
    int x=1,y=10;         //声明变量 x,y 并指定初始值(正确)
    int z=x;              //声明变量 z 并指定初始值是变量 x 的值(正确)
    return  123;
}
```

(3) 禁止交叉

ANSI C 不允许声明变量和语句之间出现交叉,例如下列 bird 函数是无法通过编译的:

```
void bird(){
    int x;
    x=23;
    int y;                //声明变量 y 的前面有赋值语句
}
```

3. 函数的有效性

当一个源文件想使用其他源文件中的函数时,必须包含该函数的原型声明(函数头尾加上分号),那么当前源文件中的函数就可以调用这个函数。简单地说,通过声明函数的原型(在源文件的预处理指令的后面、函数定义之前)可以让该函数在当前源文件中有效。

4. 函数封装代码的思想

C 程序由若干个函数所构成,每个函数负责完成一定的任务,而且一个 C 程序可以将它使用的各个函数存放在一个源文件中,也可以将它使用的各个函数分别存放在不同的源文件中,当程序需要修改某个函数时,只需要重新编译该函数所在的源文件即可,不必重新编译其他函数所在的源文件,因此,用函数封装解决某一问题的过程便于程序的模块化管理,有利于系统的维护。由于一个源文件中的函数可以被多个 C 程序链接使用,这非常有利于代码的复用,比如,如果某个程序员想计算圆和梯形的面积,那么这个程序员无须知道计算圆面积的算法和计算梯形面积的算法,只要在他编写的 main 函数中调用(链接)circle.c 和lader.c 中的函数即可,也就是说 circle.c 和 lader.c 中的函数就是可复用的代码(见例 1 中的代码)。

5. 简单示例

例 1 中的 C 程序有 main、getCircleArea 和 getLaderArea 三个函数,main 函数、getLaderArea 这两个函数在 computer.c 源文件中,getCircleArea 在 main.c 源文件中。主函数 main 负责调用 getCircleArea 和 getLaderArea 函数得到圆和梯形的面积。例 1 的工程图如图 6.4 所示。

在 VC++ 6.0 开发界面上单击"文件"菜单,选择其中的"新建"菜单项,将弹出"新建"对话框,在该对话框中选择"工程"选项卡,然后按下列步骤创建工程。

- 在当前对话框左侧的选项列表中选中 Win32 Console Application。
- 在当前对话框的"工程(名称)"文本框中输入工程名称,例如:good。
- 在当前对话框右侧的"C 位置"文本框中输入工程的存放位置,例如:C:\ch6。

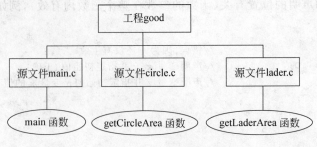

图 6.4　C 程序的工程图

- 在工作空间界面（VC++ 6.0 开发界面的左侧）的下方选择 FileView 视图。
- 将例 1 中的源文件 main.c、circle.c 和 lader.c 分别添加到 good 工程（在 VC++ 6.0 开发界面上单击"文件"菜单，选择其中的"新建"菜单项，在弹出的"新建"对话框中选择"文件"选项卡，并在当前对话框左侧的选项列表中选中 C++ Source File，然后将右侧的"添加到工程"复选框选中，并在右侧的"文件名称"文本框中输入源文件的名称）。

例 1 的程序运行效果如图 6.5 所示。

圆的面积31.400001
梯形的面积269.699993

图 6.5　调用函数计算面积

例 1

main. c

```c
#include<stdio.h>
float getCircleArea(float);                 //函数原型
float getLaderArea(float,float,float);      //函数原型
int main() {
    float area;
    area=getCircleArea(10);                 //调用函数
    printf("圆的面积%f\n",area);
    area=getLaderArea(10,20,8.99f);
    printf("梯形的面积%f\n",area);          //调用函数
    return 0;
}
```

circle. c

```c
float getCircleArea(float);                 //函数原型
float getCircleArea(float radius) {         //函数定义
    float result;
    result=3.14f * radius;
    return result;
}
```

lader. c

```c
float getLaderArea(float,float,float);      // 函数原型
float getLaderArea(float above,float bottom ,float height) {   //函数定义
    float result;
    result=(above+bottom) * height;
```

```
    return result;
}
```

6.1.2　能力目标

在 main 函数中调用其他函数。

6.1.3　任务驱动

1. 任务的主要内容

有两种类型的粮仓：正圆柱体和正圆锥体。编写程序计算正圆柱体和正圆锥体的体积。
在名字是 circle.c 的源文件中定义一个函数，该函数返回圆的面积，该函数的原型是

```
double getCircleArea(double);
```

在名字是 computer.c 的源文件中包含主函数（main 函数）。主函数（main）中让用户输入圆的半径、正圆柱体或正圆锥体的高，然后调用 circle.c 的源文件中的 getCircleArea 函数返回圆的面积，并使用该面积计算出正圆柱体和正圆锥体的体积。

2. 任务的模板

按照任务核心内容完成模板：将【代码】替换为程序代码。

computer.c

```
#include<stdio.h>
double getCircleArea(double);//函数原型(该源文件中就可以调用 getCircleArea 函数了)
int main() {
    double radius,height;
    double volume;
    printf("输入柱体的底圆半径和高(逗号分隔):\n");
    scanf("%lf,%lf",&radius,&height);
    【代码 1】    // 将 getCircleArea(radius) * height 赋值给 volume;
    getchar();
    printf("柱体的体积:%lf\n",volume);
    printf("输入锥体的底圆半径和高(逗号分隔):\n");
scanf("%lf,%lf",&radius,&height);
getchar();
    【代码 2】    // 将 getCircleArea(radius) * height/3 赋值给 volume;
printf("锥体的体积:%lf\n",volume);
getchar();
    return 0;
}
```

circle.c

```
#include<stdio.h>
double getCircleArea(double);                //函数原型
double getCircleArea(double radius) {    //函数定义
    double area=radius * radius * 3.1415926;
    return area;
}
```

3. 任务小结或知识扩展(包括模板【代码】参考答案)

(1) 函数原型的重要性

函数原型的声明是函数头尾加上分号,没有函数体。例如:

```
int add(int,int);                //函数原型
```

按照 ANSI C 标准,除 main 函数外,源文件至少要有当前源文件所定义的函数的原型声明,其作用是要求源文件必须按照所规定的格式实现该函数,也便于函数的阅读和使用。

如果源文件需要链接其他源文件中的函数,那么该源文件在函数原型声明部分应当包含所要链接的函数原型声明。

(2) "黑盒"式调用

函数的函数体中封装着变量和具体的算法,函数对外公开的是函数的类型(算法的效果)、函数的名字(算法的文本描述)和函数的参数(所需要的消息)。

调用者通过在源文件声明函数原型就可以调用该函数,但不清楚函数的算法的细节,只是知道算法的效果(返回值)和执行该算法时需要向其传递的消息(参数)。

(3) 建立源文件的其他途径

建立新的源文件的通常方法是:在 VC++ 6.0 开发界面上单击"文件"菜单,选择其中的"新建"菜单项,在弹出的"新建"对话框中选择"文件"选项卡,并在当前对话框左侧的选项列表中选中 C++ Source File,然后将右侧的"添加到工程"复选框选中,并在右侧的"文件名称"文本框中输入源文件的名称(注意必须带扩展名.c)。

也可以用其他文本编辑器(不用 VC++ 6.0 开发界面提供的编辑器),编写、保存源文件,然后在 VC++ 6.0 开发界面上单击"工程"菜单,选择"添加到工程"→"文件(Files)"命令,将源文件添加到工程中。

(4) 模板的参考代码

```
【代码 1】: volume=getCircleArea (radius) * height;
【代码 2】: volume=getCircleArea (radius) * height/3;
```

6.1.4 实践环节

实践 1

给任务模板的代码再增加一个求矩形面积的函数(将该函数保存在 rect.c 源文件中),使得主函数可以计算具有矩形底的正柱体、正锥体的体积。

(参考代码见附录 A)

实践 2

一个 C 程序是由若干个函数所构成的,这些函数可以在一个源文件中,也可以分布在若干源文件中(如例 1)。下面的 C 程序的函数都在一个名字为 main.c 的源文件中(注意和例 1 的不同),上机调试下列代码:

main. c

```
#include<stdio.h>
float getCircleArea(float);                 //函数原型
float getLaderArea(float,float,float);      //函数原型
int main() {
    float area;
    area=getCircleArea(10);                 //调用函数
    printf("圆的面积%f\n",area);
    area=getLaderArea(10,20,8.99f);         //调用函数
    printf("梯形的面积%f\n",area);
    return 0;
}
float getCircleArea(float radius) {         //函数定义
    float result;
    result=3.14f * radius;
    return result;
}
float getLaderArea(float above,float bottom ,float height) {     //函数定义
    float result;
    result= (above+bottom) * height;
    return result;
}
```

6.2　函数的类型与 return 语句

函数的类型可以是 C 语言中的基本类型、void 型以及以后学习的指针类型(见第9章)。

本节讲解函数类型是基本型和 void 型的情况,对于函数类型是指针类型的情况将在第 10 章讲解。

6.2.1　核心知识

1. 函数的类型与 return 语句

函数类型是基本类型(char、short、int、long、float 或 double)时就决定了函数需要返回一个基本类型的数据,即调用这样的函数不仅能执行函数体中的代码,而且还可以得到函数的返回值。

当函数是基本类型时,在函数定义时,函数体中必须包含 return 语句(return 语句是由关键字构成的语句)。

return 语句的语法格式如下:

return 表达式;

return 语句有两个作用:返回一个值给函数的调用者,同时结束当前函数的执行。

基于 return 语句的上述特点,return 语句通常是函数体中的最后一条语句(因为 return 语句之后的语句是没有机会被执行的),但这不是必需的,程序可根据问题的需要,让函数在恰当的位置执行 return 语句返回一个值,同时结束函数的执行。

2. 返回值的精度

当 return 语句返回的值的级别低于函数的类型的级别时,系统将 return 语句返回的值进行类型转换运算,提升为函数类型所指定的级别,即提高返回值的精度。当 return 语句返回的值的级别高于函数的类型的级别时,系统将 return 语句返回的值进行类型转换运算,降低为函数类型所指定的级别,即降低返回值的精度。

3. 简单示例

以下例 2 中,compute 函数负责计算 n 的阶乘,并返回计算出的结果给该函数的调用者,例 1 中的主函数负责调用 compute 函数。main 函数在 example6_2.c 源文件中,compute 函数在 compute.c 源文件中。

例 2

example6_2.c

```
#include<stdio.h>
long compute(int);              //要调用的函数的原型
int main(){
    long result;
    result=compute(3);
    printf("%ld\n",result);
    result=compute(6);
    printf("%ld\n",result);
    getchar();
    return C;
}
```

compute.c

```
long compute(int);              //有参函数的原型
long compute(int n){            //函数定义的开始
    int jiecheng=1,i=1;         //声明局部变量
    while(i<=n){
        jiecheng*=i;
        i++;
    }
    return jiecheng;            //返回 jiecheng 的值
}
```

6.2.2 能力目标

掌握在函数体中使用 return 语句,以及 return 语句返回的值的精度依赖函数的类型。

6.2.3 任务驱动

1. 任务的主要内容

相同的重量,不同的收费。对于相同的行李,当用汽车托运时,收取的费用是重量乘以 1.89(每千克 1.89 元);用火车托运时,收取的费用是重量乘以 1.89(每千克 1.89 元)后,去

掉费用中的小数部分(不收取费用中不足一元的费用)。使用一个函数返回汽车托运行李的费用,使用一个函数返回火车托运行李的费用。

2. 任务的模板

按照任务核心内容完成模板:将【代码】替换为程序代码。运行效果如图 6.6 所示。

money. c

```
double car(double );          //函数原型
int train(double);            //函数原型
double car(double weight) {
    double price;
    price=weight * 1.89;
    【代码 1】                  //返回 price
}
int train(double weight) {
    double price;
    price=weight * 1.89;
    【代码 2】                  //返回 price;
}
```

用汽车托运200.78kg的费用:
379.47
用火车托运200.78kg的费用:
379

图 6.6　计算运费

main. c

```
#include<stdio.h>
double car(double);           //要调用的函数的原型
int train(double);            //要调用的函数的原型
int main(){
    printf("用汽车托运 200.78kg 的费用: \n");
    printf("%0.2f\n",car(200.78));
    printf("用火车托运 200.78kg 的费用: \n");
    printf("%d\n",train(200.78));
    getchar();
    return 0;
}
```

3. 任务小结或知识扩展(包括模板【代码】参考答案)

(1) 注意精度警告

当 return 返回的值的级别高于函数的类型的级别时,有些编译器会给出警告提示,警告实际返回的值可能有精度上的损失。比如,return 语句准备返回

1.23456789123456789(加下画线数字是有效数字)

但函数的类型是 float 类型,那么实际返回的值是

1.23456788063049320

(2) 模板的参考代码

【代码 1】: return price;
【代码 2】: return price;

6.2.4 实践环节

商厦按实价收取用户购买的全部商品的总额,而亲民小店不收取总额中的小数部分,即不收取角和分。例如,如果用户在商厦购买的全部商品的总额是 99 956.87 元,那么商厦将收取 99 956.87 元,但是,如果用户在亲民小店购买的全部商品的总额是 99 956.87 元,那么亲民小店仅收取 99 956 元。编写程序,使用函数模拟商厦以及亲民小店的收费方式。

在 largeShop.c 中定义一个函数,该函数的原型是

```
double expensiveComputer();
```

当执行该函数时,要求依次输入购买商品的价格,然后函数将返回全部商品的价格总和。

在 smallShop.c 中定义一个函数,该函数的原型是

```
int cheapnessComputer();
```

当执行该函数时,要求依次输入购买商品的价格,然后函数将返回全部商品的价格总和。

在源文件 buy.c 中,让 main 函数调用 expensiveComputer() 和 cheapnessComputer() 函数。

(参考代码见附录 A)

6.3 参 数 传 值

6.3.1 核心知识

1. 形参与实参

函数的参数也称为形式参数,简称形参。形参有如下特点。

(1) 名字不必和原型声明中的一致。

(2) 形参一定是变量,不能是表达式。

(3) 在函数体中编写代码时,默认形参是有值的,即调用者传递的值。因此,除非特别需要,函数体一般不对形参进行重新赋值。

(4) 形参的名字要互不相同,而且不能和函数体中声明的变量同名。

以上的第(1)点和第(3)点也是把函数的参数称为形式参数的原因。

实参是负责向形参传递值的一个表达式,即调用函数时将实参的值传递给形参。

实参可以是一个复杂的表达式,也可以是一个变量或一个由常量构成的简单表达式。例如,对于 getSquare(int m) 的函数(返回参数值的平方),假设 x 是一个值为 3 的 int 变量,那么 getSquare(x * x+1) 将表达式 x * x+1 的值 10 传递给形参 m,即将实参 x * x+1 的值传递给参数 m,那么 getSquare(x * x+1) 返回的值是 100。将表达式 x 的值 3 传递给形参 m,即将实参 x 的值传递给参数 m,那么 getSquare(x) 返回的值是 9。

2. 传值原则

调用函数时,对于函数中的参数,需要将某个实参的值传递给参数。传递的特点是"复

制"机制,也就是说,函数中参数变量的值是调用者指定的值的复制件(相当于对参数变量实施了一次赋值操作)。例如,如果向函数的 int 型参数 x 传递一个 int 型变量 m 中的值,那么参数 x 得到的值是 m 的值的复制件。因此,如果函数在函数体中改变参数变量 x 的值,则不会影响向参数传递值的变量 m 的值,反之亦然。

　　参数得到的值类似生活中的"原件"的"复印件",那么改变"复印件"不影响"原件",反之亦然。

3. 调用格式

有参数函数的调用格式是

函数名(实参列表)

例如,假设有 int t＝20;对于定义的函数:

```
int add(int a,int b){
    return a+b;
}
```

下列调用格式都是正确的:

```
add(12+t,34);
add(t,t/5);
add(1,t * t);
```

4. 简单示例

在下面的例 3 中,int sum(int start,int end)负责返回从 start 至 end 的整数之和。

例 3

example6_3. c

```
#include<stdio.h>
int sum(int,int);                //要调用的函数原型
int main(){
    int a,b,result;
    a=10;
    b=100;
    result=sum(a,b);             //将实参 a,b 的值传递给 sum 函数的形参
    printf("%d\n",result);
    result=sum(-100,101);        //将-100 和 101 传递给 sum 函数的形参
    printf("%d\n",result);
    getchar();
}
```

sum. c

```
int sum(int,int);                //函数原型
int sum(int start,int end) {     //函数定义
    int sum=0;
    int i;
    for(i=start;i<=end;i++).
```

```
        sum=sum+i;
    return sum;
}
```

6.3.2 能力目标

能将实参的值传递给函数的形参。

6.3.3 任务驱动

1. 任务的主要内容

int f(int,int,int)函数负责计算等差数列的和,int g(int,int,int)负责计算等比数列的和,主函数负责调用两个函数,并负责向函数的参数传递值,比如将等差数列的首项的值、公差以及求和项数传递给所调用的函数。主函数在 main.c 源文件中,函数 f 在 f.c 源文件中,函数 g 在 g.c 源文件中。

2. 任务的模板

按照任务核心内容完成模板:将【代码】替换为程序代码。

main.c

```
#include<stdio.h>
int f(int,int,int);             //要调用的函数原型
int g(int,int,int);             //要调用的函数原型
int main(){
    int startItem;              //首项
    int d;                      //公差或公比
    int n;                      //项数
    int result;
    startItem=1;
    d=1;
    n=100;
    【代码 1】    //调用 f(int ,int,int)函数,将实参 startItem,d,n 的值传递给形参,将返
                 回值赋给 result
    printf("首项是%d,公差是%d 的等差数列前%d 项和是: \n",startItem,d,n);
    printf("%d\n",result);
    startItem=2;
    d=3;
    n=6;
    【代码 2】    //调用 g(int ,int,int)函数,将实参 startItem,d,n 的值传递给形参,将返
                 回值赋给 result
    printf("首项是%d,公比是%d 的等比数列前%d 项和是: \n",startItem,d,n);
    printf("%d\n",result);
    return 0;
}
```

f.c

```
int f(int,int,int);             //函数原型
int f(int start,int d,int n) {  //函数定义
    int sum,i;
```

```
    for(i=1,sum=0;i<=n;i++){
        sum=sum+start;
      start=start+d;
    }
    return sum;
}
```

g. c

```
int g(int,int,int);              //函数原型
int g(int start,int d,int n) {   //函数定义
    int sum,i;
    for(i=1,sum=0;i<=n;i++){
        sum=sum+start;
        start=start * d;
    }
    return sum;
}
```

3. 任务小结或知识扩展(包括模板【代码】参考答案)

（1）模块化

C 程序提倡让每个函数负责完成一定的任务,大家共同完成程序的目标,这不仅便于程序的模块化管理,也有利于系统的维护。

（2）模板的参考代码

【代码 1】：result=f(startItem,d,n);
【代码 2】：result=g(startItem,d,n);

6.3.4　实践环节

使用函数进行分数的加法运算,即得到“分数之和”的分数表示形式。

分数也称为有理数,是我们很熟悉的一种数。编写程序能输出分数相加的分数表示,例如能输出 1/4＋1/4 的结果是 1/2。编写一个函数,该函数的原型是

```
double add(int b,int a,int n,int m);
```

该函数输出分数 b/a 与 n/m 相加的分数表示,并返回 b/a 与 n/m 相加的结果的浮点表示(小数表示)。例如,执行

```
y=add(1,4,1,4);
```

程序输出 1/2,并且 y 的值是 0.5。

编写一个函数,该函数的原型是

```
double muti (int b,int a,int n,int m);
```

该函数输出分数 b/a 与 n/m 相乘的分数表示,并返回 b/a 与 n/m 的乘积。例如,执行

```
y=muti(1,4,1,4);
```

程序输出 1/16,并且 y 的值是 0.0625。

在主函数中调用 add(int b,int a,int n,int m)和 muti（int b,int a,int n,int m）。
（参考代码见附录 A）

6.4 非主函数之间的调用

6.4.1 核心知识

1. 函数的调用原则

操作系统通过执行 main 函数开始运行一个 C 程序。main 函数可以调用 C 程序中的其他函数来完成程序的任务，其他函数也可以互相调用，但其他函数（非 main 函数）不能调用 main 函数（main 函数只能由操作系统来调用）。

2. 简单示例

在例 4 中，函数 int gongYue(int,int)负责返回两个参数指定的正整数的最大公约数，函数 int gongBei(int,int)负责返回两个参数指定的正整数的最小公倍数，函数 int gongBei(int,int)调用了函数 int gongYue(int,int)。例 4 中函数的调用关系如图 6.7 所示。

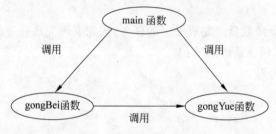

图 6.7 函数调用示意图

例 4 中的主函数在 example6_4.c 源文件中，gongBei 函数在 gongBei.c 源文件中，gongYue 函数在 gongYue.c 源文件中。程序运行效果如图 6.8 所示。

例 4

18,12的最大公约数:6
18,12的最小公倍数:36

example6_4.c

图 6.8 求公约数、公倍数

```
#include<stdio.h>
int gongYue(int,int);          //要调用的函数的原型
int gongBei(int,int);          //要调用的函数的原型
int main(){
    int m=18,n=12;
    printf("%d,%d 的最大公约数：%d\n",m,n,gongYue(m,n));
    printf("%d,%d 的最小公倍数：%d\n",m,n,gongBei(m,n));
    return 0;
}
```

gongYue.c

```
int gongYue(int,int);          //函数原型
int gongYue(int m,int n) {      //函数定义
    int r;
```

```
    int t;
    if(m<n){
        t=m;
        m=n;
        n=t;
    }
    r=m%n;
    while(r!=0){                    //使用辗转相除法计算最大公约数
        m=n;
        n=r;
        r=m%n;
    }
    return n;
}
```

gongBei. c

```
int gongBei(int,int);               //函数原型
int gongYue(int,int);               //函数原型
int gongBei(int m,int n) {          //函数定义
    int p,result;
    p=gongYue(m,n);                 //调用 gongYue 函数
    result=(m*n)/p;
    return result;
}
```

6.4.2　能力目标

在非 main 函数中调用其他函数。

6.4.3　任务驱动

1. 任务的主要内容

如果知道了某年某月的 1 日是星期几(1600/01/01 是星期六),那么就可以计算出若干年后的某年某月某日是星期几。

1600/01/01 与 1600/01/08 相差 7 天,7%7 的值是 0,1600/01/08 是星期六。

1600/01/01 与 1600/01/09 相差 8 天,8%7 的值是 1,1600/01/09 是星期日。

也就是说,如果 yyyy/mm/dd 与 1600/01/01 相差的天数用 7 求余数的结果是 r,那么计算 yyyy/mm/dd 是星期几的算法如下(变量 weekDay 取值 1,2,3,4,5,6,7 分别表示星期一至星期日):

```
switch(r) {
    case 0 : weekDay=6;             //星期六
             break;
    case 1 : weekDay=7;             //星期日
             break;
    case 2 : weekDay=1;             //星期一
             break;
    case 3 : weekDay=2;             //星期二
```

```
                break;
    case 4 : weekDay=3;            //星期三
                break;
    case 5 : weekDay=4;            //星期四
                break;
    case 6 : weekDay=5;            //星期五
                break;
}
```

- 在 leap.c 中定义一个函数,该函数的原型是

```
int isLeapYear(int year);
```

当参数 year 指定的年是闰年时,函数返回 1;否则返回 0。

- 在 weekDay.c 中定义一个函数,该函数的原型是

```
unsigned int getWeekDay(unsigned int year,unsigned int month,unsigned int
                          day);
```

该函数可以返回参数 year、month、day 指定的日期是星期几。返回 1 表示星期一,
返回 2 表示星期二,返回 3 表示星期三,返回 4 表示星期四,返回 5 表示星期五,返
回 6 表示星期六,返回 7 表示星期日。getWeekDay 函数需调用 isLeap 函数来判断
闰年。

- main 函数在源文件 calendar.c 中,让 main 函数调用 getWeekDay 函数返回 year-
month-day 是星期几。

2. 任务的模板

仔细阅读、调试模板程序。模板程序的运行效果如图 6.9 所示。

```
输入:年-月-日(-分隔):
2012-12-12
2012-12-12是星期3
2012-12-12是星期三
```

图 6.9　输出星期

calendar.c

```c
#include<stdio.h>
unsigned int getWeekDay(unsigned int,unsigned int,unsigned int );
int main() {
    unsigned int year,month,day;
    unsigned int weekDay;
    printf("输入:年-月-日(-分隔):\n");
    scanf("%u-%u-%u",&year,&month,&day);
    weekDay=getWeekDay(year,month,day);
    printf("%u-%u-%u是星期%d\n",year,month,day,weekDay);
    switch(weekDay) {
        case 7 : printf("%u-%u-%u是%s\n",year,month,day,"星期日");
                break;
        case 1 : printf("%u-%u-%u是%s\n",year,month,day,"星期一");
                break;
        case 2 : printf("%u-%u-%u是%s\n",year,month,day,"星期二");
                break;
        case 3 : printf("%u-%u-%u是%s\n",year,month,day,"星期三");
                break;
        case 4 : printf("%u-%u-%u是%s\n",year,month,day,"星期四");
                break;
```

```
        case 5 : printf("%u-%u-%u 是%s\n",year,month,day,"星期五");
                break;
        case 6 : printf("%u-%u-%u 是%s\n",year,month,day,"星期六");
                break;
    }
    getchar();
    return 0;
}
```

leap. c

```
int isLeapYear(int);
int isLeapYear(int year) {
    int leap=0;
    leap=(year%4==0 && year%100!=0)||(year%400==0);
    return leap;
}
```

weekDay. c

```
#define StartYear 1600      //1600 年的 1 月 1 日是星期六
int isLeapYear(int);        //本源文件需要调用的函数的原型
unsigned int getWeekDay(unsigned int,unsigned int,unsigned int); //本源文件定义的函
                                                                  数的原型
unsigned int getWeekDay (unsigned int year, unsigned int month, unsigned int
dayNumber)
{
    unsigned int i,daySum=0;
    unsigned int weekDay;
    for(i=StartYear;i<=year-1;i++) {
        if(isLeapYear(i))
          daySum=daySum+366;
        else
          daySum=daySum+365;
    }
    for(i=1;i<=month-1;i++) {
        if(i==1||i==3||i==5||i==7||i==8||i==10||i==12)
          daySum=daySum+31;
        else if(i==4||i==6||i==9||i==11)
          daySum=daySum+30;
        else if(i==2) {
          if(isLeapYear(year))
              daySum=daySum+29;
          else
              daySum=daySum+28;
        }
    }
    daySum=daySum+dayNumber-1; //daySum 是 year/month/dayNumber 与 1600/01/01 相
                                差的天数
    switch(daySum%7) {          //1600 年的 1 月 1 日是星期六
        case 0 : weekDay=6;      //星期六
                break;
```

```
        case 1 : weekDay=7;        //星期日
                break;
        case 2 : weekDay=1;        //星期一
                break;
        case 3 : weekDay=2;        //星期二
                break;
        case 4 : weekDay=3;        //星期三
                break;
        case 5 : weekDay=4;        //星期四
                break;
        case 6 : weekDay=5;        //星期五
                break;
    }
    return weekDay;
}
```

3. 任务小结或知识扩展

可以在 printf 函数中使用 %s 格式符输出字符串,例如:

```
printf("%s\n","How are you");
```

可以使用位置控制符规定输出的字符串所占用的列,例如,%20s,字符串占 20 列,靠右对齐;%−20s,字符串占 20 列,靠左对齐。

6.4.4 实践环节

编写一个函数 long jieCheng(int n),该函数返回 n 的阶乘。

编写一个函数 long f(int n),该函数返回 1!+2!+3!+…的前 n 项和,要求函数 f 借助函数 jiecheng 计算 1!+2!+3!+…的前 n 项和。

在 main 函数中调用 long f(int n)。

(参考代码见附录 A)

6.5 void 型函数

6.5.1 核心知识

1. void 型函数与 return 语句

对于 void 型函数,在函数定义时,函数体中的最后一条语句不必是 return 语句。当函数被调用执行时,在执行完函数体中最后一个语句后,就自然结束了函数的执行。如果非要写上 return 语句,那么,return 语句应当是最后一条语句,并且不返回任何数据。

2. 简单示例

在下面的例 5 中,outGraph 函数输出 A、B、C、D、E 字母组成的图案,reverseNumber 函数负责倒置一个正整数,比如,将 123 倒置为 321。例 5 中的主函数在 example6_5.c 源文件中,outGraph 函数在 out.c 源文件中,reverseNumber 函数在 reverse.c 源文件中。程序运行效果如图 6.10 所示。

例 5

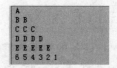

图 6.10 void 类型函数

example6_5. c

```c
#include<stdio.h>
void inputGraph();                    //函数原型
void reverseNumber(int number);       //函数原型
int main(){
    inputGraph();                     //调用函数
    reverseNumber(123456);            //调用函数
    return 0;
}
```

out. c

```c
#include<stdio.h>
void inputGraph();                    //函数原型
void inputGraph() {                    //函数定义
    char c;
    int i=1,number=0;
    for(c='A';c<='E';c++){
        number++;
        for(i=1;i<=number;i++){
            printf("%2c",c);
        }
        printf("\n");
    }
}
```

reverse. c

```c
#include<stdio.h>
void reverseNumber(int);              //函数原型
void reverseNumber(int number) {      //函数定义
    int m;
    if(number<10)
        return;                       //立刻结束执行
    if(number >=10){
        while(number!=0){
            m=number%10;
            number=number/10;
            printf("%2d",m);
        }
    }
}
```

6.5.2 能力目标

根据程序的需要,将某些代码的执行封装在一个 void 函数中。调用 void 函数,不需要
返回值。

6.5.3 任务驱动

1. 任务的主要内容

- 在 diamond.c 源文件编写原型为 void printDiamond(int position, int size)的函数, 该函数根据参数 position 的值指定的位置以及参数 size 的值指定的大小, 输出钻石图案。
- 在 main 函数中调用 printDiamond 函数输出几种样式的钻石。

2. 任务的模板

按照任务核心内容完成模板: 将【代码】替换为程序代码。模板程序的运行效果如图 6.11 所示。

diamond. c

```c
#include<stdio.h>
void printDiamond(int,int);
void printDiamond(int position,int size) {
    int i,j,number;
    number=2 * size-1;
    for(i=1;i<=size;i++) {
      for(j=1;j<=size-i+position;j++)
      printf("%2s"," ");
      for(j=1;j<=i;j++)
      printf("%4s","*");
      printf("\n");
    }
    for(i=size+1;i<=number;i++) {
      for(j=1;j<=i-size+position;j++)
      printf("%2s"," ");
      for(j=number-i;j>=0;j--)
      printf("%4s","*");
      printf("\n");
    }
}
```

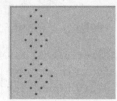

图 6.11　生成钻石图案

look. c

```c
#include<stdio.h>
void printDiamond(int,int);
int main() {
    printDiamond(2,2);【代码 1】  //调用 printDiamond 函数,将实参 2 和 2 传递给形参
    printDiamond(1,3);【代码 2】  //调用 printDiamond 函数,将实参 1 和 3 传递给形参
    printDiamond(0,4);【代码 3】  //调用 printDiamond 函数,将实参 0 和 4 传递给形参
    getchar();
    return 0;
}
```

3. 任务小结或知识扩展(包括模板【代码】参考答案)

(1) 让代码具有可复用性

不提倡在 main 方法中编写全部的代码, 这样做, 不仅代码凌乱不堪、可读性差(优点是

代码执行速度快一点),而且编写的代码不具备复用性,因为 main 函数不能被其他函数调用。比如,如果某个程序员想输出钻石图案,那么这个程序员无须知道怎样编写输出图案的算法,只要在他编写的 main 函数中调用(链接)diamond. c 中的函数即可(将 diamond. c 添加到他的工程中),也就是说 diamond. c 中的函数就是可复用的代码。

(2) 模板的参考代码

【代码 1】: printDiamond(2,2);
【代码 2】: printDiamond(1,3);
【代码 3】: printDiamond(0,4);

6.5.4　实践环节

编写一个函数 void primnumber(int n),该函数输出不超过 n 的全部素数。

编写一个函数 void wanshumnumber(int n),该函数输出不超过 n 的全部完数。

在 main 函数中调用上述 2 个函数。

(参考代码见附录 A)

6.6　函数的递归调用

6.6.1　核心知识

1. 递归调用

除主函数外,其他函数可以互相调用,那么就允许一个函数间接或直接调用自身。间接递归是一个函数调用了另外一个函数,而后者又调用了前者。直接递归是指一个函数直接调用了自身,即一个函数在执行函数体的代码中包含调用自身的代码。本节主要讨论直接递归。

如果函数调用了自身(如图 6.12 所示),那么一旦程序调用该函数,将出现不断地调用该函数的执行流程,即出现了函数的递归调用。在实际应用中,需要在适当的条件下结束这种递归过程,否则程序将进入一个“死”循环过程,即进入一个无法结束的执行流程。

当某个问题呈现递归特征时,就可以使用函数递归调用来解决。

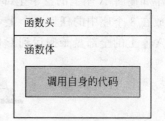

图 6.12　函数调用自身

2. 简单示例

Fibonacci 数列 $a_1, a_2, \cdots, a_n, a_{n+1}, \cdots$ 是一个二次递归序列,递归如下:

$$a_n = \begin{cases} 1 & (n=1, n=2) \\ a_{n-1} + a_{n-2} & (n \geqslant 3) \end{cases}$$

例如:Fibonacci 数列的前 8 项是 1,1,2,3,5,8,13,21。下面的例 6 使用函数递归输出了 Fibonacci 数列第 25 项。

例 6

example6_6.c

```c
#include<stdio.h>
long fibonacci(int);                     //函数原型
int main(){
    int n;
    long item;
    n=25;
    item=fibonacci(n);                   //调用函数 fibonacci
    printf("第%d项是：%ld\n",n,item);
    return 0;
}
long fibonacci(int n){
    long result;
    if(n==1||n==2)
        result=1;
    else if(n >=3)
        result=fibonacci(n-1)+fibonacci(n-2);    //递归调用
    return result;
}
```

6.6.2 能力目标

使用函数的递归调用解决递归问题。

6.6.3 任务驱动

Hannoi 塔中有三个座(如图 6.13 所示)，名字分别是 A、B 和 C。初始状态是 A 座上有 3 个大小不等的盘子，这些盘子从座底到座顶按照大小顺序依次摆放在 A 座上。老僧要求 小和尚将 A 座上的盘子全部搬运到 C 座上，每天搬运一个盘子，在搬运过程中可以将盘子 放在 3 个座中的任何一个上，但不允许把大盘放置在小盘的上面，小和尚最终要完成的是把 A 座上的全部盘子搬运到 C 座上。

图 6.13　Hannoi 塔图示

如果 Hannoi 塔中的 A 座只有一个盘子，那么小和尚只需一天即可将盘子搬运到 C 座; 如果 Hannoi 塔中的 A 座只有两个盘子，那么小和尚第一天将 A 座上的小盘搬运到 B 座、 第二天将 A 座上的大盘搬运到 C 座、第三天将 B 座上的小盘搬运到 C 座，即花费 3 天时间 完成任务(搬运过程如图 6.14(a)、(b)和(c)所示)。

1. 任务的主要内容

搬运过程可用递归来描述，即要想把 A 座上的 n 个盘子全部搬运到 C 座上，等价依次

A座　B座　C座	A座　B座　C座	A座　B座　C座
(a) 第1天	(b) 第2天	(c) 第3天

图 6.14　搬运过程

完成如下三步。

(1) 把 A 座上的最大盘子上面的 n−1 个盘子全部搬运到 B 座上。

(2) 把 A 座上的最大盘子搬运到 C 座上。

(3) 把 B 座上的 n−1 个盘子全部搬运到 C 座上。

显然上面的(1)和(3)都导致再次进行上述三个步骤,只不过盘子的数目减少一个,最终目的座不同而已,即出现了操作步骤的递归调用。编写程序,用函数的递归调用模拟小和尚搬运盘子的过程,并输出小和尚完成任务所用的天数。

2. 任务的模板

仔细阅读、调试模板代码,然后完成实践环节。模板程序的运行效果如图 6.15 所示。

tower. c

```
#include<stdio.h>
unsigned short move(int ,char,char,char);
unsigned short move(int n,char one,char two,char three) {
    static unsigned short count=0;
    count++;
    if(n==1) {
        printf("from %c to %c\n",one ,three);
    }
    else if(n>=2) {
        count=move(n-1,one,three,two);      //递归调用
        printf("from %c to %c\n",one ,three);
        count=move(n-1,two,one ,three);     //递归调用
    }
    return count;
}
int main() {
    unsigned short m1,m2=0;
    printf("\nA 座有 2 个盘子的情况: \n");
    m1=move(2,'A','B','C');
    printf("小和尚共花费了%u 天.\n",m1);
    printf("\nA 座有 3 个盘子的情况: \n");
    m2=move(3,'A','B','C');
    printf("小和尚共花费了%u 天.\n",m2-m1);
    return 0;
}
```

```
A-座有2个盘子的情况:
from A to B
from A to C
from B to C
小和尚共花费了3天.

A-座有3个盘子的情况:
from A to C
from A to B
from C to B
from A to C
from B to A
from B to C
from A to C
小和尚共花费了7天.
```

图 6.15　Hannoi 塔程序
　　　　　运行效果

3. 任务小结或知识扩展

(1) 递归的描述

假设调用函数 f 时,实参的值是 m,那么想得到 f(m)的返回值,就必须再调用函数 f,而

且这次调用函数时,实参的值是 $m-1$,即程序想得到 $f(m)$ 的返回值就必须先得到 $f(m-1)$ 的返回值,这样一来就出现函数的递归调用,而且假设调用函数 f 时,如果实参是 1,函数的返回值是已知的,那么递归过程就可以结束。

（2）代码特点的描述

具有上述特点的函数的代码如下:

```
int f(int m){
    int result;
    if(m==1)
        result=1;
    else if(m >1)
        result=f(m-1)+3;            //递归调用
    return result;
}
```

6.6.4 实践环节

代数中的数列:

$$a_n = \begin{cases} 1 & (n = 1) \\ a_{n-1} + 3 & (n \geqslant 2) \end{cases}$$

是一个递归数列。编写一个递归调用的函数,在主函数中调用该函数计算数列的第 99 项。

（参考代码见附录 A）

6.7　局部变量与全局变量

6.7.1　核心知识

1. 局部变量

（1）函数体和参数列表中的局部变量

局部变量也称内部变量,在函数体中声明的变量以及函数参数列表中的参数都是局部变量。局部变量的作用域,即有效范围是当前函数的函数体,但是,参数在整个函数体内有效,函数体中声明的变量,仅从声明位置开始有效。

函数体中以及参数列表中的局部变量的名字必须互不相同。按照 ANSI C（C89）标准,在函数体中,声明变量和语句之间不能出现交叉。

（2）复合语句中的局部变量

函数体中可能出现复合语句,即用一对大括号括起的若干语句,例如,分支语句的分支体、循环语句的循环体通常都是复合语句。ANSI C 允许在复合语句中声明变量,称为复合语句中的局部变量,其作用域仅仅在当前复合语句（从其声明的位置开始有效）。同样,在复合语句中,声明变量和语句之间不能出现交叉。

（3）局部变量的隐藏

实际上,函数体以及复合语句都是用一对大括号括起的若干语句,即俗称的代码块。复合语句一定在函数体中,而复合语句中又可以出现复合语句,也就是说代码块可能出现嵌套。当出现代码块嵌套时,把最外一层代码块称为第 1 层(函数体),然后依次是第 2 层、第 3 层等。ANSI C 允许第 n 层中局部变量的名字与第 n-1 层中的局部变量的名字相同,这时,第 n-1 层同名的变量在第 n 层中暂时失效,即被隐藏了,回到第 n-1 层,再恢复其有效性。

2. 全局变量

ANSI C 允许在函数定义的外面声明变量,这样的变量称为全局变量,也称为外部变量。全局变量的有效范围是当前源文件,有效范围的起始位置是声明变量时的位置。全局变量的目的是让其声明位置之后的所有函数都可以使用它。

需要注意的是,和局部变量不同,在声明全局变量时如果没有为其指定初始值,则系统会自动为其指定一个默认的初始值,例如,对于数值型全局变量,指定的默认初始值是 0。

一个源文件中的全局变量在其他的源文件中是无效的。如果要在全局变量的有效范围之外的地方使用全局变量,比如,在全局变量的当前源文件以外的其他源文件中使用这个全局变量,那么需使用关键字 extern 声明引用这个全局变量。使用 extern 的语法格式是

extern 全局变量的类型　全局变量的名字;

使用 extern 声明引用了全局变量,那么从 extern 声明之后就可以使用所引用的全局变量。extern 不是用来声明新的变量,它的作用仅仅是引用已存在的全局变量。声明引用全局变量的同时,也可以更改全局变量的值,例如:

extern 全局变量的类型　全局变量的名字=值;

3. 简单示例

下面的例 7 中有两个源文件:first.c 和 second.c,其中 first.c 中有全局变量,该全局变量在 first.c 中有效,但在 second.c 中无效。second.c 可以使用 extern 来引用 first.c 中的全局变量。程序运行效果如图 6.16 所示。

```
目前账上有1000元
处长支取了600元
目前账上有400元
科长支取了200元
目前账上有200元
```

图 6.16　引用全局变量

例 7

example6_7.c

first.c

```c
#include<stdio.h>
void first(int);                //函数原型
void second(int);               //函数原型
int moneyInBank;                //全局变量
int main(){
    moneyInBank=1000;
    printf("目前账上有%d元\n",moneyInBank);
    first(600);
    printf("目前账上有%d元\n",moneyInBank);
    second(200);
    printf("目前账上有%d元\n",moneyInBank);
}
void first(int amount){
```

```
        moneyInBank=moneyInBank-amount;   //moneyInBank 全局变量在这里是有效的
        printf("处长支取了%d元\n",amount);
}
```

second. c

```
#include<stdio.h>
void second(int);                    //函数原型
extern int moneyInBank;              //引用 first.c 中的全局变量 moneyInBank
void second(int amount){
    moneyInBank=moneyInBank-amount;
    printf("科长支取了%d元\n",amount);
}
```

6.7.2 能力目标

使用全局变量实现共享。

6.7.3 任务驱动

1. 任务的主要内容

用一个全局变量模拟村庄中的储水池,主函数好比村委会,其他函数好比村民家,大家共用储水池。

在一个源文件 Village. c 中声明一个名字为 tank 的全局变量(模拟村庄中的储水池),Village. c 中有 main 函数和 void kongHome(int)、void mengHome(int)函数。三个函数都将操作 tank 变量(减小 tank 的值),分别模拟村委会、孔家、孟家使用储水池中的水。

2. 任务的模板

按照任务核心内容完成模板:将【代码】替换为程序代码。模板程序的运行效果如图 6.17 所示。

```
储水池有200升水
村委会取水20升水
储水池现在有180升水
孔家取水50升水
储水池现在有130升水
孟家取水35升水
储水池现在有95升水
```

图 6.17 使用全局变量

tankWater. c

```
#include<stdio.h>
void kongHome(int);         //函数原型
void mengHome(int);         //函数原型
【代码 1】        //声明名字为 tank 的全局变量(模拟储水池),初始值是 200
int main(){
    int amount=20;
    printf("储水池有%d升水\n",tank);
    【代码 2】   //将 tank-amount 赋值给 tank,模拟村委会取水 20
    printf("村委会取水%d升水\n",amount);
    printf("储水池现在有%d升水\n",tank);
    【代码 3】   //调用 kongHome(int amount)函数,模拟孔家取水 50 升
    printf("储水池现在有%d升水\n",tank);
    【代码 4】   //调用 mengHome(int amount)函数,模拟孟家取水 35 升
    printf("储水池现在有%d升水\n",tank);
}
void kongHome(int amount){
    tank=tank-amount;
```

```
        printf("孔家取水%d升水\n",amount);
}
void mengHome(int amount){
        tank=tank-amount;
        printf("孟家取水%d升水\n",amount);
}
```

3. 任务小结或知识扩展(包括模板【代码】参考答案)

(1) 谨慎使用全局变量

全局变量增加维护的难度。全局变量可以被多个源文件中的函数直接使用,或间接地通过 extern 来使用。这就增加了系统的维护难度,因为程序必须跟踪任何函数对全局变量的修改,以确保不出现错误。

全局变量降低了代码的复用性。如果一个函数的函数体中使用了全局变量,那么我们说这个函数就和函数之外的数据形成了耦合,破坏了数据的封装性。当其他源文件要使用该函数时,仅仅通过声明它的原型是不够的,还必须使用 extern 引用该函数所使用的全局变量。

(2) 模板的参考代码

【代码 1】: int tank=200;
【代码 2】: kongHome(50);
【代码 3】: mengHome(35);

6.7.4 实践环节

改动任务模板中的代码,将 kongHome、mengHome 函数存放在源文件 otherVillage. c 中,即模拟孔家和孟家不与村委会在同一个村庄。要求在 otherVillage. c 中使用 extern 引用 main 函数所在源文件(Village. c)中的全局变量。

(参考代码见附录 A)

6.8 变量的存储方式

6.8.1 核心知识

变量的最大特点就是占用内存,即计算机需要给变量分配存储空间,按计算机给变量分配存储空间的方式可将变量分成以下三类。

- auto(自动)变量: 按动态方式分配内存,其特点是每次分配给同一变量的内存地址可能是变化的。
- static(静态)变量: 按静态方式分配内存,其特点是每次分配给同一变量的内存地址是不变的。
- register(寄存器)变量: 不给变量分配内存,而是把 CPU 的寄存器分配给变量。

1. auto 局部变量

局部变量默认是 auto 变量,操作系统以动态方式为其分配内存。也就是说声明局部变量时默认地有关键字 auto 修饰,即下列声明局部变量是等价的。

```
auto int x;
int x;
```

当函数被调用执行时,操作系统为函数体中以及参数中的局部变量分配内存空间,函数体执行完毕,操作系统即刻释放分配给局部变量的内存。当函数再次被调用时,操作系统重新给函数体中以及参数中的局部变量分配内存空间,该内存空间的位置不一定和上一次被调用时分配的内存空间的位置相同,这正是动态分配内存的特点。

2. static 局部变量

在声明局部变量时可以使用 static 关键字给予修饰,例如:

```
static int x;
static float y;
```

声明了两个 static 局部变量。static 局部变量特点如下。

可以把 static 理解为:在程序运行期间,操作系统为 static 局部变量分配了一个固定的、不再改动的内存区域。当函数调用执行完毕,操作系统不释放为 static 局部变量分配的内存空间(这一点和 auto 局部变量不同),函数调用结束时会保留当前 static 变量的值。也就是说,函数被再次调用时,操作系统不再为 static 局部变量分配的内存初始化。因此,static 变量的初始值是上次函数调用保留下来的值。

3. 全局部变量

操作系统总是以静态方式为全局变量分配内存空间。全局变量的内存空间,一直到程序结束才释放所占用的内存。如果不希望在全局变量有效范围之外的地方使用关键字 extern 引用全局变量,就可以使用 static 修饰该全局变量,例如:

```
static int number;
```

但需要特别注意的是,对于全局变量,操作系统总是以静态方式分配给内存空间,当程序显式地用 static 修饰全局变量时,static 关键字的意义和作用不是在内存分配方式上,而是在有效范围内,意思是有效范围固定不动了,其作用就是不允许在有效范围外使用 extern 引用它。

4. register 局部变量

如果在声明局部变量时使用 register 关键字给予修饰,那么该局部变量属于 register 变量,例如:

```
register int x;
```

CPU 从它的寄存器中读取数据要快于从内存中读取数据,因此当 CPU 经常需要反复读取、操作一个变量中的数据时,就可以考虑将该变量声明为 register 变量。但需要特别注意的是,CPU 所拥有的寄存器资源是非常有限和宝贵的,如果操作系统认为不可以给我们的 C 程序中的 register 变量分配寄存器,那么就会在内存中为 register 变量分配内存,使得 register 变量实际上还是一个 auto 局部变量。

5. 简单示例

下面的例 8 演示了 auto 局部变量和 static 局部变量的区别,请注意程序的运行效果(见

图 6.18)。

b=1, c=4
b=1, c=5

例 8

图 6.18 auto 与 static 局部变量

example6_8.c

```
#include<stdio.h>
void caution();                //函数原型
  int main(){
    caution();                 //第 1 次调用 caution 函数
    caution();                 //第 2 次调用 caution 函数
    return 0;
}
void caution() {
    int b=0;                   //auto 局部变量
    static int c=3;            //static 局部变量
    b=b+1;                     //每次调用 caution(),b 的值都是 1
    c=c+1;                     //第 1 次被调用时 c 的值是 4,第 2 次被调用时 c 的值是 5
    printf("b=%d,c=%d\n",b,c);
}
```

6.8.2 能力目标

巧用 static 局部变量。

6.8.3 任务驱动

1. 任务的主要内容

利用 static 局部变量的特点,反复调用一个函数来计算 10!。

- 定义一个函数,该函数原型是 long muti(int n),muti(int n)中有一个 static 的 long 型变量 chengji,初始值是 1。muti 函数将参数 n 与 chengji 的乘积再次存放到 chengji 中,并返回 chengji 的值。
- 在 main 函数中调用 muti 函数 10 次,得到 10!。

2. 任务的模板

按照任务核心内容完成模板:将【代码】替换为程序代码。

muti.c

```
#include<stdio.h>
long muti(int n);   //函数原型
int main(){
    long i=1,result;
    for(i=1;i<=10;i++){
      result=muti(i);
      printf("%ld\n",result);
    }
}
long muti(int n) {
    【代码 1】     //声明 static 局部变量 muti,初始值是 1
```

【代码 2】   //将 chengji * n 赋值给 chengji
return chengji;
}

3. 任务小结或知识扩展(包括模板【代码】参考答案)

（1）分配内存

当操作系统将 C 程序的可执行代码(可执行文件)读入内存时,就为函数中的 static 局部变量分配好了内存空间(即使该函数还没有被调用执行),而且一直到程序结束才释放所分配的内存。因此可以把 static 理解为:在程序运行期间,操作系统为 static 变量分配了一个固定的、不再改动的内存区域。因此,函数调用结束时会保留当前 static 变量的值,当函数被再次调用时,static 变量的初始值是上次函数调用后保留下来的值。

（2）模板的参考代码

【代码 1】: static int chengji=1;
【代码 2】: chengji=chengji * n;

6.8.4　实践环节

利用 static 局部变量的特点,反复调用一个函数来计算 $1+2+\cdots+n$ 的值。定义一个函数,该函数原型是 long add(int n),add 中有一个 static 的 long 型变量 sum,初始值是 0。add 函数将参数 n 的与 sum 的和再次存放到 sum 中,并返回 sum 的值。在 main 函数中调用 add 函数 100 次,得到 $1+2+\cdots+100$ 的值。

（参考代码见附录 A）

6.9　使用库函数

6.9.1　核心知识

1. 头文件的作用

C 编译器提供了许多头文件,例如 stdio. h、math. h、time. h 等,这些头文件均存放在编译器指定的

D:\VC6.0\VC98\INCLUDE

目录中。比如,如果想使用编译器提供的库函数 double fabs(double)计算某个数的绝对值,那么只需使用 #include 预处理指令包含头文件 math. h 即可。math. h 头文件(见附录 D)包含许多常用的数学函数的原型声明。C 编译器在编译之前将 #include 预处理指令指定的文件复制到源文件中,这样一来我们的源文件中就有了库函数的原型声明。

2. 简单示例

下面的例 9 中,example6_9. c 源文件使用 #include 指令包含 math. h 头文件,计算了 8.68 的正弦值、5.6 的 3.7 次幂以及 e 的 10.8 次方。程序运行效果如图 6.19 所示。

```
sin(8.68)=0.67781
5.60的3.70次幂:586.537387
e的10.80次方:49020.801136
```

图 6.19　包含 math. h 头文件

例 9

example6_9. c

```c
#include<stdio.h>
#include<math.h>
int main(){
    double x,y,result;
    x=8.68;
    result=sin(x);
    printf("sin(%0.2f)=%0.5f\n",x,result);
    x=5.6,y=3.7;
    result=pow(x,y);
    printf("%0.2f 的%0.2f 次幂：%0.6f\n",x,y,result);
    x=10.8;
    result=exp(x);
    printf("e 的%0.2f 次方：%0.6f\n",x,result);
    return 0;
}
```

6.9.2　能力目标

使用库函数打开浏览器。

6.9.3　任务驱动

使用预处理指令包含<stdlib. h>头文件，该头文件中包含 system 函数的原型。使用 system 函数可以打开本地机的可执行文件或执行一个操作，例如，为了执行一个操作系统命令：dir，列出当前目录中的全部子目录以及文件，可如下调用 system 函数。

```c
system("dir");
```

1. 任务的主要内容

在 main 函数中调用 system 函数列出文件、复制文件、更改文件的名字。

2. 任务的模板

仔细阅读、调试模板代码，完成实践环节。

sys. c

```c
#include<stdio.h>
#include<stdlib.h>
int main() {
    system("dir d: \\aa");
    system("rename d: \\aa\\test.java ccc.java");    //将 test.java 的名字更改为
                                                      //  ccc.java
    system("copy d: \\1000\\E.java d: \\aa");         //复制 E.java 到 D: \aa 文件夹
    system("dir d: \\aa");
    getchar();
    return 0;
}
```

3. 任务小结或知识扩展

需要注意的是,在 system 函数指定的操作执行完毕之前或打开的程序结束之前,当前 C 程序中断执行,要一直等到 system 函数指定的操作执行完毕或打开的程序结束运行之后,再继续执行。

6.9.4 实践环节

在 main 函数中调用 system 函数打开记事本程序,并列出 D 盘 1000 目录中的全部子目录和文件。

(参考代码见附录 A)

小 结

- 认识到在源文件中声明函数原型的重要性,这也是 ANSI C 非常强调的标准之一。
- 深刻理解函数封装代码的思想。
- 了解函数的递归调用。
- 熟悉全局变量的缺点,应当谨慎使用。
- 熟悉局部变量的有效范围,以及局部变量在采用 auto 存储方式和 static 存储方式时的区别。

习 题 6

1. 下列函数原型声明正确的是_____。
   A. void f(int x,y);   B. void f(int,int,int);
   C. void f(x,y);   D. void f(x,int y);
2. 下列函数定义的函数头正确的是_____。
   A. void add(int,int){   B. void add(int a,int){
      }   }
   C. void add(int x,int y){   D. void add(a,b){
      }   }
3. 如果一个函数类型是 int 型,函数体中 return 37.98 返回的实际值是多少?
4. 如果一个函数的形参是 int 型,负责向形参传递值的实参值是 10.87,那么传递给形参的值是多少?
5. 下列程序的输出结果是_____。

```c
#include<stdio.h>
char change(char);
int main(){
    char c='a';
    c=change(c);
    printf("%c\n",c);
}
```

```
char change(char c){
    return (char)(c-32);
}
```

6. 下列程序的输出结果是_____。

```
#include<stdio.h>
int f(int,int);
int main(){
    int m,n;
    m=f(1,4);
    n=f(5,6);
    printf("%d,%d\n",m,n);
}
int f(int i,int n){
    int sum=0;
    while(++i<=n ){
        sum=sum+i;
    }
    return sum;
}
```

7. 下列程序的输出结果是_____。

```
#include<stdio.h>
int f(int);
int main(){
    int number=f(3);
    printf("%d\n",number);
    return 0;
}
int f(int m){
    int result;
    if(m==1)
        result=1;
    else if(m >1)
        result=f(m-1)+3;
    return result;
}
```

8. 下列程序的输出结果是_____。

```
#include<stdio.h>
int f(int);
int main(){
    int result1,result2;
    result1=f(3);
    result2=f(3);
    printf("%d,%d\n",result1,result2);
    return 0;
}
int f(int n){
```

```
static int sum=0;
int i;
for(i=1;i<=n;i++)
    sum=sum+i;
return sum;
}
```

9. 下列程序的输出结果是_____。

```
#include<stdio.h>
int f(int);
int main(){
    int result1,result2;
    result1=f(3);
    result2=f(3);
    printf("%d,%d\n",result1,result2);
    return 0;
}
int f(int n){
    static int sum=0;
    static int i=1;
    while(i<=3){
        sum=sum+i;
        i++;
    }
    return sum;
}
```

10. 下列程序的输出结果是_____。

```
#include<stdio.h>
long time;
void f(int);
int main(){
    time=120;
    f(290);
    printf("%d\n",time);
    return 0;
}
void f(int n){
    time=n;
}
```

11. 编写一个函数,函数的原型是 float tringle(float,float,float);,该函数能返回三角形的面积,然后在主函数中调用该函数得到返回的面积,主函数在调用该函数时,将三角形的三个边传递给该函数的参数。

提示,如果三角形的三边为 a、b、c,那么面积 s 的计算公式是:

$$s = \sqrt{p \cdot (p-a) \cdot (p-b) \cdot (p-c)}$$

其中,p=(a+b+c)/2。另外,math.h 库中的 double sqrt(double)函数返回参数值的平方根,例如 sqrt(25)返回的值是 5.0。

12. 编写一个函数,函数的原型是 void f(int n);,该函数可以输出 1 至 n 之间的全部素数,在主函数中调用该函数,输出 1 至 200 之间的全部素数(有关求素数的算法参考 5.6.3 小节中的任务模板)。

13. 编写一个函数,函数的原型是 void g(int n);,该函数可以输出 1 至 n 之间的全部完数,在主函数中调用该函数,输出 1 至 2000 之间的全部完数(一个数如果恰好等于它的因子之和,这个数就称为"完数",如 6＝1＋2＋3)。

14. 编写一个函数,函数的原型是 double pi(int n);,该函数可以返回圆周率 π 的近似值,近似值的近似程度依赖参数 n 的值。在主函数中调用该函数,分别得到 pi(200) 和 pi(10000) 的返回值,并输出得到的返回值。

提示,数学上有一个计算 π 的公式:$\frac{\pi}{4}=1-\frac{1}{3}+\frac{1}{5}-\frac{1}{7}+\frac{1}{9}-\cdots$

15. 编写程序,用函数的递归调用输出下列数列的第 100 项。

$$a_n=\begin{cases}10 & (n=1)\\ 3a_{n-1}+1 & (n\geqslant 2)\end{cases}$$

数 组

主要内容

- 一维数组
- 数组名做参数
- 数组排序
- 二维数组

如果需要若干个类型相同的变量,那么就可以考虑使用数组。数组是相同类型的变量按顺序组成的一种复合数据类型。

7.1 一维数组

7.1.1 核心知识

如果函数中需要若干个类型相同的变量,比如需要 10 个 int 型变量,声明 10 个 int 型变量

```
int xOne,xTwo,xThree,xFour,xFive,xSix,xSeven,xEight,xNine,xTen;
```

是不可取的。

1. 定义数组

可定义一个 int 型的数组:

```
int a[10];
```

操作系统将为数组 a 分配 10 个元素,即 10 个变量,其类型都是 int 型,每个元素占 4 字节(因为 int 型变量占 4 字节)。数组名使用下标运算访问它的元素,下标索引从 0 开始。即 a[0],a[1],…,a[9]依次是数组 a 中的 10 个元素(10 个 int 型变量)。

定义一维数组的格式如下:

数组类型 数组名[字面常量或符号常量或常量表达式];

定义数组中的字面常量或常量表达式的值确定了数组元素的个数,也称为数组的长度。

一维数组的元素在内存中是按顺序存储的,例如,对于如下定义的一维数组:

```
int a[5];
```

那么 a 一共有 5 个元素,每个元素占 4 字节。如果元素 a[0],即变量 a[0] 的地址是 1001,那么元素 a[1] 的地址就是 1005,依次类推,a[2] 的地址是 1009,a[3] 的地址就是 1013,a[4] 的地址就是 1017(见图 7.1),也就是说,数组的首元素(a[0])的地址最小,末元素 (a[4])的地址最大(变量所占内存中的首字节的地址号为变量的地址)。

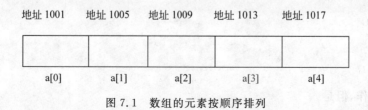

图 7.1　数组的元素按顺序排列

2. 初始化

定义数组后,数组的元素的内存还没有被初始化,因此数组元素的值是一个"垃圾值", 这时应避免让数组的元素参与任何计算。

如果希望定义数组时就同时初始化数组,即让数组元素的值是程序可以预知的值,可以 把大括号括起的、用逗号分隔的若干个值指定为数组元素的初始值,即让数组元素依次取大 括号中的值。

(1) 大括号括起的若干个值的数量等于数组的长度。例如:

```
int a[3]={1,2,3};
```

(2) 大括号括起的若干个值的数量小于数组的长度。那么,在大括号中没有对应值的 数组元素的值默认被初始化为 0。例如:

```
int a[6]={1,2,3};
```

(3) 初始化时省略数组的长度。例如:

```
int a[]={1,2,3};
```

等价于

```
int a[3]={1,2,3};
```

需要注意的是,大括号括起若干个值的数量不能大于数组的长度,例如:

```
int a[3]={1,2,3,4};
```

是错误的。

3. 关于数组名

数组名是只读变量。分配给数组元素(变量)的内存地址是按顺序排列的,因此只要找 到数组的第一个元素,就可以依次找到数组的全部元素。为了能使用数组名加下标运算找 到数组的元素,当数组名不是函数的参数时,操作系统认为数组名是一个变量的名字,但认 为这个变量是一个只读变量(数组名做参数的情况将在 7.2 节讨论),并让这个只读变量存放数组的第一个元素的地址。这样一来,数组名使用下标运算就可以依次找到数组的元素了,即 a[0],a[1],a[2],a[3],a[4]依次是数组 a 中的 5 个元素。

C 语言将数组名看做是一个只读变量,即一旦存放了数组的第一个元素的地址后,就再也不能改变这个只读变量中的地址,只可以读取其中的地址。程序可以对数组中的元素进行赋值操作,数组中的元素才是真正的变量,例如:

```
a[0]=12;
a[1]=100;
a[2]=98;
a[3]=-65;
a[4]=-657;
```

都是合法的操作,但是

```
a=1008;            //非法,因为 a 是数组名,是只读变量的名字
```

就是非法的。

许多教材都把数组名称为常量,实际上准确的叫法应当是只读变量,即数组名是一个变量的名字,该变量的类型是数组类型(操作系统为数组型变量分配了内存,但其中的值在运行期间不能再改变)。

当定义数组

```
int a[5];
```

后,完整的内存模型如图 7.2 所示,示意图中的箭头示意数组可以通过下标运算访问它的元素,左面用深色填充的区域表示的是只读变量 a 的内存,右面是数组 a 的元素:a[0]至 a[4]的内存。

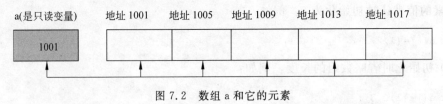

图 7.2　数组 a 和它的元素

注意:在函数体中定义一个一维数组相当于声明了一个只读变量和若干类型相同的变量。

4. 简单示例

在下面的例 1 中,将 Fibonacci 数列

$$a_n = \begin{cases} 1 & (n=1, n=2) \\ a_{n-1} + a_{n-2} & (n \geqslant 3) \end{cases}$$

的前 20 项存放在一个一维数组中,然后输出数组的元素的值以及数组名表示的地址。运行效果如图 7.3 所示。

例 1

example7_1. c

```
#include<stdio.h>
```

数组名 a 的值(十六进制):240ff10
数组a的各个元素的值:
1	1	2	3	5
8	13	21	34	55
89	144	233	377	610
987	1597	2584	4181	6765

图 7.3　使用数组存放 Fibonacci 数列

```
#define size 20
int main(){
    int a[size];
    int i;
    a[0]=a[1]=1;
    for(i=2;i<=size-1;i++){
        a[i]=a[i-1]+a[i-2];
    }
    printf("数组名 a 的值(十六进制): %x\n",a);
    printf("数组 a 的各个元素的值: \n");
    for(i=0;i<size;i++){
        if(i%5==0&&i!=0)
        printf("\n");
        printf("%-7d",a[i]);
    }
    getchar();
    return 0;
}
```

7.1.2　能力目标

使用一维数组存放数据,并处理所存放的数据。

7.1.3　任务驱动

1. 任务的主要内容

有 20 人参加数学考试。编写程序,用数组存储这 20 人的考试成绩(百分制),并对成绩进行评估。

- 在 main 函数中声明类型是 double、名字为 score、长度为 20 的一维数组。
- 使用循环语句让用户输入 20 人的成绩。
- 计算 20 人的成绩的平均值。
- 输出一个最高成绩、一个最低成绩。
- 输出考试不及格的(60 分以下)人数。

2. 任务的模板

按照任务核心内容完成模板:将【代码】替换为程序代码,模板代码运行效果如图 7.4 所示。

```
输入20人的成绩(空隔或回车分隔):
98 88 67 56 78 99 100 99 87 77
76 45 50 87 79 90 87 76 67 88
平均成绩:79.700000
其中一个最高成绩:100.000000
其中一个最低成绩:45.000000
不及格人数:3
```

图 7.4　评定成绩

evaluate. c.

```
#include<stdio.h>
#define N 20
int main() {
    double max,min;         //存放最高、最低成绩
    double sum=0,aver;      //存放成绩的和、平均成绩
    int count=0,i;
    【代码 1】                //声明类型是 double、名字是 score、长度为 N 的一维数组
    printf("输入%d 人的成绩(空格或回车分隔): \n",N);
    for(i=0,sum=0;i<N;i++) {
```

```
        scanf("%lf",&score[i]);
    }
    for(i=0;i<N;i++) {
        【代码 2】                //将 sum+score[i]赋值给 sum
    }
        【代码 3】                //将 sum/N 赋值给 aver
    max=min=score[0];
    for(i=0,sum=0,count=0;i<N;i++) {
        if(score[i]>max)
            max=score[i];
        if(score[i]<min)
            min=score[i];
        if(score[i]<60)
            count++;
    }
    printf("平均成绩: %lf\n",aver);
    printf("其中一个最高成绩: %lf\n",max);
    printf("其中一个最低成绩: %lf\n",min);
    printf("不及格人数: %d\n",count);
    return 0;
}
```

3. 任务小结或知识扩展(包括模板【代码】参考答案)

(1) 避免下标越界

定义数组之后,数组名通过下标运算访问数组中的元素,下标运算从 0 开始,最大的下标是数组长度减 1。必须小心下标越界问题,例如,对于

```
int a[3];
```

假设 a[0]的地址是 1001,那么 a[1]的地址就是 1003,a[2]的地址就是 1005,那么变量a[2]之后的内存的第一字节的地址号就是 1007。从地址 1007 号之后的若干字节已经不是数组的元素,这些内存也许是空闲内存,也许是其他应用程序正在使用的内存,如果贸然进行

```
a[3]=90;
```

操作(下标越界),就是将数据 90 放入了地址是 1007 开始的连续 2 字节中,显然蕴含着危险(除非这部分内存是空闲的)。由于 C 编译器不对下标运算越界给出检查,所以一旦越界,当程序运行时就蕴含着破坏性的危险。

(2) 注意事项

数组包含的元素的个数称为数组的长度。可以用字面常量、符号常量或常量表达式定义数组中元素的个数,即数组的长度。需要特别注意的是,不可以使用含有变量的表达式的值指定数组元素的个数,例如,"假设有 int x=5;,那么 double a[x];"是一个错误的数组定义。另外需要注意的是,在数组定义中也不可以使用 const 常量(const 常量是只读变量)来指定数组的大小,例如,"假设有 const int m=12;,那么 float b[m];"是一个错误的数组定义(有关常量的知识点见 2.5 节)。

(3) 怎样获得数组的长度

通过前面的学习我们知道,数组包含的元素的个数称为数组的长度或大小。可以用字

面常量、符号常量或常量表达式定义数组中元素的个数，即数组的长度。

那么怎样计算出一个数组的长度呢？

C 语言提供了一个关键字 sizeof，使用该关键字可以得到某种类型变量所占内存空间的字节数，用法如下：

```
sizeof(类型)
```

使用 sizeof 关键字也可以获得一个具体变量占内存空间的字节数。sizeof 的用法如下：

```
sizeof(变量)
```

比如，如果系统为 int 型变量分配 4 字节的内存空间，假设 x 是一个 int 型变量，那么 sizeof(int) 和 sizeof(x) 的值都是 4。

使用该关键字 sizeof 也可以获取一个数组 a 全部元素所占用的内存大小（单位是字节），比如，假设有：

```
int a[5];
```

如果 int 型变量占 4 字节，那么数组 a 一共有 5 个元素，因此 a 全部元素所占用的内存是 20 字节。因此如果已经知道数组 a 类型，那么

```
sizeof(a)/sizeof(类型)
```

就是数组的大小（数组元素的个数）。

（4）模板的参考代码

```
【代码 1】: double score[N];
【代码 2】: sum=sum+score[i];
【代码 3】: aver=sum/N;
```

7.1.4 实践环节

假设某个月份的 1 日是星期四，该月有 30 天，编写程序输出该月的日历，日历的每个星期的第一天是星期日（欧美日历风格）。使用 int 型数组 a 的元素存放日期，规则是，a 的前 4 个元素的值是'*'，第 5 个元素开始，值依次是 1,2,3,…,30（因为 1 日是星期四）。在输出数组时，每隔 7 个元素输出一个回行。对于数组的前 4 个元素（没有日期）按字符输出即可。

（参考代码见附录 A）

7.2 数组名做参数

函数的参数类型可以是 C 语言中的基本类型、数组，以及以后学习的指针类型。本节学习函数参数类型是数组的情形。

7.2.1 核心知识

数组名字本质上是一个变量，它的值只能是地址，即该变量中只能存放地址。当在函数体中定义数组时，数组名是只读变量，该变量只可以存放地址，但不可以再更改。但是，当数

组名是函数的参数时,数组名就是一个变量(既可读也可写)。

1. 一个重要的结论

在讲解数组名作参数之前,介绍如下的结论。

如果类型相同的两个数组的数组名的值相同,那么这两个数组的元素就完全相同。

原因是,数组名本质上是一个变量,该变量中存放着数组的首元素的地址,即数组名的值是首元素的地址,这样一来,数组名进行下标运算就可以依次访问数组中的元素。当两个数组的数组名的值相同时,蕴含着二者访问的元素一定是相同的。

2. 形参与数组

C 语言允许函数的参数是数组类型,例如,下列是一个形参为数组类型的函数原型:

```
void f(int a[]);
```

也可以等价地写成:

```
void f(int []);          //省略数组的名字
```

如果一个函数定义中形参是数组名,那么这个数组名就是一个变量的名字,该变量专门用来存放数组的首元素的地址。那么负责给形参传递值的实参的值也必须是一个地址,比如实参是其他的数组名。

当实参是数组名,那么把实参传递给形参后,该形参的元素就与实参的元素完全相同。形参对数组元素的操作就等同对实参数组元素的操作(见前面给出的重要结论)。

3. 简单示例

下面的例 2 中,主函数中将数组名 a 作为实参,传递给函数 large(int b[],int n)的形参 b,那么数组 a、数组 b 的元素就是完全相同的。因此 large 函数中如果改变了数组 b 的元素的值,则主函数中的数组 a 的元素的值将发生同样的改变。运行效果如图 7.5 所示。

图 7.5　形参是数组

例 2

example7_2. c

```
#include<stdio.h>
void large(int [],int); //函数原型
int main(){
    int a[]={1,2,3,4,5};
    int i,length;
    length=sizeof(a)/sizeof(int);
    printf("调用函数 large 之前数组 a 的各个元素的值: \n");
    for(i=0;i<length;i++){
        printf("%6d",a[i]);
    }
    printf("\n");
    large(a,length);              //调用函数 large,实参是 a
    printf("调用函数 large 之后数组 a 的各个元素的值: \n");
    for(i=0;i<length;i++){
```

```
        printf("%6d",a[i]);
    }
}
void large(int b[],int n) {          //函数定义
    int i;
    for(i=0;i<n;i++){
        b[i]=100;                    //更改了元素的值
    }
}
```

7.2.2　能力目标

调用参数是数组的函数。

7.2.3　任务驱动

1. 任务的主要内容

对于一维数组,向左旋转的操作是:数组元素的值依次移动到前一个元素中,首元素的值移动到最后一个元素中。向右旋转的操作是:数组元素的值依次移动到后一个元素中,最后元素的值移动到首元素中。

- 定义一个函数,该函数的原型是 rotateLeft (int b[],int size);,该函数负责将参数指定的数组向左旋转。
- 在主函数 main 中定义一个数组,该数组中正整数 1、2、3、4、5 依次代表一等奖至五等奖,其余正整数代表未中奖。主函数 main 中调用 rotateLeft (int b[],int size)函数随机旋转数组 a,此时数组 a 的首元素代表用户的中奖信息。

图 7.6　显示中奖信息

2. 任务的模板

仔细阅读、调试模板代码,完成实践环节。模板代码运行效果如图 7.6 所示。

main. c

```
#include<stdio.h>
#include<time.h>
#include<stdlib.h>
void rotateLeft(int [],int);              //负责旋转数组的函数的原型
int main() {
    int i=1,length,randomNumber;
    int a[]={98,1,10,2,66,3,4,5,16,7,28,9,10,11};
    char c;
    length=sizeof(a)/sizeof(int);
    srand(time(NULL));                    //用当前时间做随机种子
    printf("输入 y 看是否中奖(输入 n 放弃): ");
    c=getchar();
    getchar();                            //消耗回车字符
    while(c=='y'||c=='Y') {
        i=1;
```

```
        randomNumber=rand();                    //一个随机数
        randomNumber=randomNumber%20;
        while(i<=randomNumber) {                //旋转数组 randomNumber 次
          rotateLeft(a,length);
          i++;
        }
        switch(a[0]) {
          case 1: printf("中一等奖\n");
                  break;
          case 2: printf("中二等奖\n");
                  break;
          case 3: printf("中三等奖\n");
                  break;
          case 4: printf("中四等奖\n");
                  break;
          case 5: printf("中五等奖\n");
                  break;
          default: printf("没有中奖\n");
        }
        printf("输入 y 看是否中奖 (输入 n 放弃): ");
        c=getchar();
        getchar();                              //消耗回车字符
      }
      return 0;
    }
```

rotate. c

```
void rotateLeft(int [],int );
void rotateLeft(int b[],int size){             //负责旋转数组的函数
    int i=1;
    int t=b[0];
    while(i<size){
        b[i-1]=b[i];
        i++;
    }
    b[size-1]=t;
}
```

3. 任务小结或知识扩展

当数组名是函数的参数时,数组名就是一个变量,因此可以将某个数组的数组名传递给参数数组,函数可以改变数组的元素的值。

7.2.4　实践环节

"围圈留 1"问题:若干个人围成一圈,从某个人开始顺时针数到第 3 个人,该人从圈中退出,然后继续顺时针数到第 3 个人,该人从圈中退出,依次类推,程序输出圈中最后剩下的人。

实际上,"围圈留 1"问题可以简化旋转数组,例如用数组 a 的元素依次存放 m 个代表圈

中人的号码的正整数 1、2、……、m。开始时,数组旋转 2 次即可确定出第一个退出圈中的人,此时数组首元素中的号码就应该是要退出圈中的人,将此时的首元素的值变为 −1。以后数组每旋转 1 次,如果此时首元素不是 −1,此次旋转就是一次有效的旋转(向后点了一次名),那么经过 3 次有效的旋转就可以确定出下一出圈的人,再将此时的首元素的值变为 −1,就可以依次确定出圈的人。

共有 11 个人参加"围圈留 1"的游戏,在主函数中调用任务模板的 rotate. c 中的 void rotateLeft(int [ ],int)函数显示人出圈的过程。

(参考代码见附录 A)

7.3　数组排序

数组排序是最重要的算法之一,本节介绍起泡法和选择法。

1. 起泡法

起泡法是数组排序的一种常用方法,算法被形象地比喻为石头沉入水底的同时也向上冒起泡泡。假设 int 数组 a 中有 5 个元素,值依次是 5、4、3、2、1。现在希望排序数组,让数组中元素的值依次从小到大排序。为了形象起见,将数组 a 的示意图竖起来,最上面的元素是数组的首元素,最下面的元素是末元素。

(1) 第 1 次下沉起泡

要做的第一件事就是把最大的数放到数组的最后(让最重的石头沉入水底)。要做到这一点不难,只要从 a[0]开始,依次让相邻的元素做比较,而且每次比较相邻两个元素所做的操作是:如果上面的元素的值大于下面的元素的值,就交换两个元素中的数据(下沉且起泡),否则不交换。即执行图 7.7 所示的文本框中的循环语句,其中 t 和 i 是整型变量。

图 7.7 所示的文本框中的 for 循环语句对数组所产生的操作流程如图 7.8 所示。

图 7.7 所示的文本框中的 for 循环语句结束后,最大的数在数组的最后一个元素中(最重的石头沉入水底)。

```
for (i=0; i<4; i++){
    if(a[i]> a[i+1]){
        t= a [i+1]
        a= [i+1]= a[i];
        a [i]= t;
    }
}
```

图 7.7　循环语句(1)

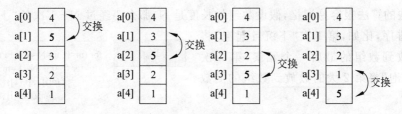

图 7.8　循环 i＝0 至 i＝3

(2) 第 2 次下沉起泡

由于最大的数已经在数组的最后一个元素中,那么只要对数组除最后一个元素外,再实施上述同样的操作,就可以把第二大的数放入数组的倒数第二个元素中,依次类推,就可以把数组从小到大排序。执行图 7.9 所示的文本框中的循环语句,对数组所产生的操作流程如图 7.10 所示。

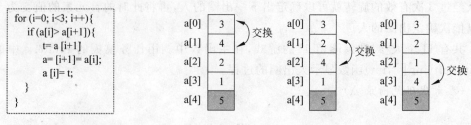

```
for (i=0; i<3; i++){
    if (a[i]> a[i+1]){
        t= a [i+1]
        a= [i+1]= a[i];
        a [i]= t;
    }
}
```

图 7.9　循环语句(2)

图 7.10　循环 i＝0 至 i＝2

(3) 第 3 次下沉起泡

执行图 7.11 所示的文本框中的循环语句,对数组所产生的操作流程如图 7.12 所示。

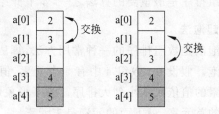

```
for (i=0; i<2; i++){
    if (a[i]> a[i+1]){
        t= a [i+1]
        a= [i+1]= a[i];
        a [i]= t;
    }
}
```

图 7.11　循环语句(3)

图 7.12　循环 i＝0 至 i＝1

(4) 第 4 次下沉起泡

执行图 7.13 所示的文本框中的循环语句,对数组所产生的操作流程如图 7.14 所示。

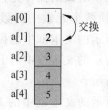

```
for (i=0; i<1; i++){
    if (a[i]> a[i+1]){
        t= a [i+1]
        a= [i+1]= a[i];
        a [i]= t;
    }
}
```

图 7.13　循环语句(4)

图 7.14　循环 i＝0 至 i＝0

起泡法的算法很容易记忆,假设数组的长度是 N,那么要经过 N－1 次的"下沉起泡"才能把数组排序,比如,第 1 次"下沉且起泡"将最大的数放到数组的最后一个元素,第 2 次"下沉且起泡"将第 2 大的数放到数组的倒数第 2 个元素。

气泡法(见图 7.15)的算法的外循环需要循环 N－1 次(N－1 次下沉起泡),每次内循环都是"下沉起泡"过程。读者应当熟练掌握总结在图 7.15 所示的文本框中的起泡法。

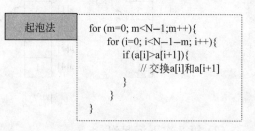

```
起泡法    for (m=0; m<N-1;m++){
            for (i=0; i<N-1-m; i++){
                if (a[i]>a[i+1]){
                    // 交换a[i]和a[i+1]
                }
            }
        }
```

图 7.15　起泡法

2. 选择法

选择法的特点类似体育比赛中的名次争夺战,比如有

```
int a[6]={6,5,4,3,2,1};
```

为了将数组从小到大排序,那么首先把最小的数排到数组的首元素中(争夺冠军),为了做到这一点,让数组的每个元素 a[i] 都和 a[0] 做一下大小对比,每次对比进行的操作就是,如果 a[i] 小于 a[0],就交换 a[i] 和 a[0],即进行如下的循环语句:

```
for(j=1;j<N-1;j++){
    if(a[j]<a[0]){
        t=a[0];
        a[0]=a[j];
        a[j]=t;
    }
}
```

经过上述循环语句后,最小的数就放入了数组的 a[0] 中(冠军诞生)。那么执行类似的循环语句,可以把第 2 小的数放入 a[1] (亚军诞生),以此类推,就可以将数组从小到大排序。读者应当熟练掌握我们总结在图 7.16 所示的文本框中的选择法。

3. 简单示例

在例 3 中,为了体现用函数封装代码的思想,我们编写了 sortQipao 和 sortChoice 两个函数,sortQipao 函数负责用起泡法对数组排序,sortChoice 函数负责用选择法对数组排序。两个函数在排序数组时,都展示了排序的过程。程序效果如图 7.17 所示。

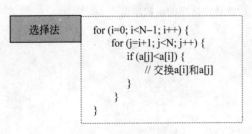

图 7.16　选择法

图 7.17　数组排序过程

例 3

example7_3. c

```
#include<stdio.h>
void sortQipao(int [],int);          //起泡法函数原型
void sortChoice(int [],int);         //选择法函数原型
int main(){
    int a[6]={6,5,4,3,2,1};
    int b[6]={6,5,4,3,2,1};
    printf("用起泡法排序数组的过程:\n");
    sortQipao(a,6);
```

```
        printf("用选择法排序数组的过程: \n");
        sortChoice(b,6);
        return 0;
    }
```

qipao. c

```
#include<stdio.h>
void sortQipao(int[],int);          //起泡法排序的函数原型
void sortQipao(int a[],int N){
    int m,i,t,k;
    for(m=0; m<N-1;m++) {
      for(i=0;i<N-1-m;i++){
        if(a[i]>a[i+1]){
            t=a[i+1];
            a[i+1]=a[i];
            a[i]=t;
        }
      }
      for(k=0; k<N;k++) {
        printf("%4d",a[k]);
      }
      printf("\n");
    }
}
```

choice. c

```
#include<stdio.h>
void sortChoice(int[],int);          //选择法排序的函数原型
void sortChoice(int a[],int N){
    int i,j,t,k;
    for(i=0; i<N-1;i++) {
      for(j=i+1;j<N;j++){
        if(a[j]<a[i]){
            t=a[i];
            a[i]=a[j];
            a[j]=t;
        }
      }
      for(k=0; k<N;k++) {
          printf("%4d",a[k]);
      }
      printf("\n");
    }
}
```

7.3.2 能力目标

通过排序来处理数据。

7.3.3　任务驱动

1. 任务的主要内容

有 10 位裁判为体操选手打分,打分办法是去掉一个最高分、一个最低分,然后计算平均分。编写程序,模拟裁判给选手打分。

- 在 sort.c 源文件中编写原型为 void sortQipao(double a[],int N)的函数,该函数将参数指定的数组从小到大排序。
- 在 giveScore.c 源文件中编写原型为 double giveScore(double a[],int n)的函数,该函数首先调用 sort.c 中的函数 sort 对参数指定的数组排序,然后计算数组元素中除首元素和末元素的平均值,并返回这个平均值。
- 在 main 函数中声明一个长度为 10、名字为 score 的 double 数组,并通过键盘输入数组的每个元素的值(裁判所给的分数),然后调用 giveScore.c 源文件中的 giveScore 函数,并将数组 score 传递给该方法的参数,输出 giveScore 函数返回的平均值(选手的得分)。

2. 任务的模板

按照任务核心内容完成模板:将【代码】替换为程序代码,模板代码运行效果如图 7.18 所示。

```
输入裁判的打分(空格或回车分隔):
9.77   9.62   9.53   9.98   9.22
8.21   9.02   9.99   9.76   8.99
去掉一个最低分8.210000,一个最高分9.990000.
选手最后得分:9.486250
```

图 7.18　为选手打分

sort.c

```c
void sortQipao(double [],int);          //起泡排序函数的原型
void sortQipao(double a[],int N){
    int m,i;
    double t;
    【代码1】  //用起泡法对数组 a 从小到大排序(数组的长度是 N)
}
```

giveScore.c

```c
#include<stdio.h>
double giveScore(double [],int);
void sortQipao(double [],int);
double giveScore(double a[],int n) {
    double aver=0;
    int i;
    【代码2】  //调用 void sortQipao(double [],int),将 a 和 n 传递给它的参数
    printf("去掉一个最低分%lf,一个最高分%lf.\n",a[0],a[n-1]);
    for(i=1;i<n-1;i++) {
        aver=aver+a[i];
    }
    aver=aver/(n-2);
    return aver;
}
```

inputScore. c

```c
#include<stdio.h>
double giveScore(double [],int);
int main() {
    double score[10],aver=0;
    int i=0;
    printf("输入裁判的打分(按空格键或按 Enter 键)分隔）: \n");
    for(i=0;i<10;i++){
        scanf("%lf",&score[i]);
    }
    【代码 3】  //调用 giveScore 函数,将 score 和 10 传递给它的参数,并将返回值赋给 aver
    printf("选手最后得分: %lf\n",aver);
    return 0;
}
```

3. 任务小结或知识扩展(包括模板【代码】参考答案)

(1) 排序的重要性

计算机更容易处理有序的数据,比如在许多数据中查找需要的数据时,如果数据是排序好的,就有更好的办法判断某个数据是否在其中。计算机专业的数据结构这门课程有专门的章节深入讲解各种排序算法,因此,详细地讲解和排序有关的算法已经超出的 C 语言的范畴。

(2) 模板的参考代码

【代码 1】:

```c
for(m=0; m<N-1;m++) {
    for(i=0;i<N-1-m;i++){
        if(a[i]>a[i+1]){
            t=a[i+1];
            a[i+1]=a[i];
            a[i]=t;
        }
    }
}
```

【代码 2】: sortQipao(a,n);
【代码 3】: aver=giveScore(score,10);

7.3.4 实践环节

实践 1

在任务模板的 main 函数的【代码 3】之前和之后分别输出数组 score 的全部元素的值,看看数组 score 有怎样的变化,说明变化的理由。

(无参考代码)

实践 2

在一堆无序的数据中寻找数据是困难的,但是对于已排序的数据,就会有比较快捷的方法判断一个数据是否在其中。

折半法的思想非常简单：对于从小到大排序的数组，我们只要判断数据是否和数组中间的值相等，如果不相等，当该数据大于数组中间元素的值时，就在数组的后一半数据中继续折半找，否则就在数组的前一半数据中继续折半找，如此这般，就可以比较快地判断该数据是否在数组中。编写程序判断用户输入的一个整数是否在已知的数组中。

编写程序，首先将数组排序，然后用折半法判断用户输入的数是否在数组中。

（参考代码见附录 A）

7.4 二 维 数 组

7.4.1 核心知识

1. 定义二维数组

定义二维数组和定义一维数组类似，包括数组名、数组的类型和数组含有的元素的个数，例如，假设需要 $2 \times 3(6)$ 个 int 型变量，可如下定义一个名字为 girl、类型为 int 的二维数组：

```
int girl [2][3];
```

实际上一个二维数组是由一维数组所构成的。二维数组 girl 是由 2 个一维数组所组成的，这 2 个一维数组的数组名分别是 girl[0]、girl[1]，这 2 个一维数组都有 3 个元素。

习惯上将二维数组中的一维数组按索引顺序称为第 0 行、第 1 行、…。定义二维数组时，第一对中括号中的常量值是二维数组包含的一维数组的数量，第二对中括号中的常量值是二维数组包含的一维数组的长度。对于前面定义的二维数组 girl，可以让包含的一维数组 girl[0]、girl[1]各自进行下标运算访问自己的元素，即访问二维数组中第 0 行、第 1 行。

```
girl[0][0]=1; girl[0][1]=2; girl[0][2]=3;
girl[1][0]=4; girl[1][1]=5; girl[1][2]=6;
```

根据二维数组的元素的排列顺序（行优先），习惯称 m 行中的第 n 个元素是二维数组的第 m 行、第 n 列上的元素，例如二维数组 girl 的第 0 行第 1 列上的元素是 girl[0][1]。

2. 二维数组的初始化

在定义二维数组的同时可以按行初始化，也可以逐个地对元素进行初始化。

（1）按行初始化。例如：

```
int a[3][4]={{1,2,3,4},{5,6,7,8,},{9,10,11,12}};
```

大括号里面的成对大括号（负责初始化二维数组中的一维数组）的数目如果小于二维数组的行数，那么，二维数组剩余行数中的元素都被初始化为 0。

（2）逐个初始化。例如：

```
int a[3][4]={1,2,3,4,5,6,7,8,9,10,11,12};
```

对于大括号中没有对应值的二维数组元素的值默认被初始化为 0。

（3）初始化时省略二维数组的行数。例如：

```
int a[][4]={{1,2,3,4},{5,6,7,8},{9,10,11,12},{13,14,15,16}};
```

等价于

```
int a[4][4]={{1,2,3,4},{5,6,7,8},{9,10,11,12},{13,14,15,16}};
```

3. 简单示例

杨辉三角的前 6 行如下：

```
1
1   1
1   2   1
1   3   3   1
1   4   6   4   1
1   5   10  10   5    1
```

例 4 输出杨辉三角的前 10 行。

例 4

example7_4.c

```
#include<stdio.h>
int main(){
    int a[10][10]={1},i,j,k=1;          //a[0][0]=1,其他元素值为 0
    for(i=0;i<10;i++){
        for(j=0;j<=i;j++) {             //每行打印的个数恰好和行数相同
          if(j==0)
            a[i][j]=1;                  //第一列全为 1
          if(j>0&&j<i) a[i][j]=a[i-1][j]+a[i-1][j-1]; //是它左上方两个元素之和
          if(j==i)
              a[i][j]=1;                //对角线上全为 1
        }
    }
    for(i=0;i<10;i++){
        for(j=0;j<=i;j++){
            printf("%5d",a[i][j]);
        }
        printf("\n");
    }
    return 0;
}
```

7.4.2 能力目标

能初始化二维数组,使用二维数组处理数据。

7.4.3 任务驱动

1. 任务的主要内容

有 5 名学生的成绩,表 7.1 所示为 5 名学生的四科成绩。

表 7.1 成绩表

英语	物理	语文	数学
89	80	70	76
78	75	80	80
90	95	85	95
95	89	60	65
75	77	88	70

编写程序,将总成绩最高的排在表的第一行,即表按总成绩降序排列。输出时输出每行的总成绩。

2. 任务的模板

仔细阅读、调试模板程序,完成实践环节。模板程序的运行效果如图 7.19 所示。

form. c

图 7.19 成绩单汇总排序

```c
#include<stdio.h>
int sum(int [],int);
void change(int [],int [],int);
int main() {
    int i,j,total=0;
    //每个一维数组的长度是 5,最后一列的值是 0
    int a[5][5]={{89,80,70,76,0},{78,75,80,80,0},{90,
                95,85,95,0},{95,89,60,65,0},{75,77,88,70,0}};
    for(i=0;i<5;i++) {
        for(j=i+1;j<5;j++){
            if(sum(a[j],4)>sum(a[i],4))
                change(a[j],a[i],4);
        }
    }
    for(i=0,total=0;i<5;i++) {
        total=sum(a[i],4);
        a[i][4]=total;      //数组 a[i]的最后一列(第 4 列)存放总成绩
    }
        printf("%6s%6s%6s%6s%6s\n","英","物","语","数","总");
    for(i=0;i<5;i++) {
        for(j=0;j<5;j++) {
            printf("%6d",a[i][j]);
        }
        printf("\n");
    }
    return 0;
}
int sum(int a[],int m) {
    int s=0,i;
    for(i=0,s=0;i<m;i++) {
        s=s+a[i];
    }
    return s;
```

```
    }
void change(int a[],int b[],int m){
    int i,temp;
    for(i=0;i<m;i++){
        temp=a[i];
        a[i]=b[i];
        b[i]=temp;
    }
}
```

3. 任务小结或知识扩展

（1）避免下标越界

对于二维数组同样需要注意下标越界问题，二维数组含有的行数的索引从 0 开始，因此，二维数组含有的 m 行分别是第 0 行、第 1 行、…、第 m−1 行，没有第 m 行。简单地说，如果二维数组含有 m×n 个元素，那么在进行双下标运算时，第一个下标的索引从 0 至 m−1，第二个下标的索引从 0 至 n−1。

（2）关于数组名

当二维数组名不是函数的参数时，操作系统认为数组名是一个变量的名字，但认为这个变量是一个只读变量，当数组名做参数时，数组名是一个变量（可读、可写）。数组名变量只能存放地址，二维数组名字的值是第 0 行首元素的地址。对于二维数组，单下标运算得到的是一维数组的名字，例如，对于二维数组 int girl[2][3]、girl[0]、girl[1]是一维数组的名字，双下标运算得到的是二维数组中的元素。

7.4.4 实践环节

编写程序，将数学成绩最高的排在表的第一行，即将表按数学成绩降序排列。
（参考代码见附录 A）

小　　结

- 数组是相同类型的变量按顺序组成的一种复合数据类型，称这些相同类型的变量为数组的元素或单元，数组通过数组名加索引来使用数组的元素。
- 数组名本质上是一个变量，它的值只能是地址。如果两个类型相同的数组名的值相同，那么这两个数组的元素就完全相同。
- 起泡法是数组排序的一种常用方法，算法被形象地比喻为石头沉入水底的同时也向上冒起泡泡。
- 二维数组是由一维数组所构成的，二维数组的元素在内存中是按顺序排列的，而且是行优先。

习　题　7

1. 下列数组定义正确的是_____。
    A. int a[];　　　B. int a[]={0};　　　C. int a[2]={1,2,3};　　　D. int [12]a;

2. 定义二维数组 a：a[3][3]＝{{1,2},{3,1},{4,9}}后，a[0][1]的值是多少？a[2][2]的值是多少？

3. 定义二维数组 a：a[3][3]＝{{1,2},{3,1}}后，a[0]、a[1]和 a[2]的元素值分别是多少？

4. 数组在访问数组元素时，如果下标越界会有怎样的危险？

5. 阅读下列程序后，判断下列哪些说法是正确的。_____。

```c
#include<stdio.h>
int main(){
    int m=3;
    int a[3]={m,2};
    int b[3]={3,3,5};
    printf("%d\n",b[3]);
    return 0;
}
```

    A. 程序输出的结果一定是 5　　B. 编译无错误，但无法运行

    C. 程序编译有错误　　　　　　D. 程序输出的结果无法确定

6. 下列程序的输出结果是_____。

```c
#include<stdio.h>
int main(){
    int a[6]={1,3,5,9,7,2},i,j,t;
    for(i=5;i>=0;i--){
        for(j=0;j<i;j++){
            t=a[j+1];
            a[j+1]=a[j];
            a[j]=t;
        }
    }
    for(i=0;i<=5;i++)
        printf("%5d",a[i]);
    return 0;
}
```

7. 下列程序的输出结果是_____。

```c
#include<stdio.h>
int main(){
    int a[6]={1,3,5,9,7,2},i,j,t;
    for(i=0;i<5;i++){
        for(j=0;j<5-i;j++){
            if(a[j]<a[j+1]){
                t=a[j+1];
                a[j+1]=a[j];
                a[j]=t;
            }
        }
    }
    for(i=0;i<=5;i++)
        printf("%5d",a[i]);
    return 0;
}
```

8. 下列程序的输出结果是_____。

```c
#include<stdio.h>
int main(){
    int a[]={8,99,5,88,1},i,t;
    for(i=0;i<=5/2;i++){
        t=a[i];
        a[i]=a[4-i];
        a[4-i]=t;
    }
    for(i=0;i<=4;i++)
        printf("%3d",a[i]);
    return 0;
}
```

9. 下列程序的输出结果是_____。

```c
#include < stdio.h>
void f(int []);
int main(){
    int a[6]={10,20,30,40,50,60},i;
    f(a);
    for(i=0;i<=5;i++)
        printf("%5d",a[i]);
    return 0;
}
void f(int a[]){
    int i;
    for(i=0;i<=5;i++)
        a[i]=a[i]+1;
}
```

10. 下列程序的输出结果是_____。

```c
#include<stdio.h>
int main(){
    int a[10]={10,9,8,7,6,5,4,3,2,1},i,m,t;
    for(m=7;m>=2;m--){
        for(i=2;i<m;i++) {
            if(a[i]>a[i+1]){
                t=a[i];
                a[i]=a[i+1];
                a[i+1]=t;
            }
        }
    }
    for(i=0;i<10;i++)
        printf("%-3d",a[i]);
    return 0;
}
```

11. 编写一个程序,在主函数中有一个长度是 10 的 int 型数组,要求从键盘给该数组的元素赋值,然后主函数调用一个函数对该数组从大到小排序,在主函数中输出数组的全部元素的值。

12. 在程序中使用数组,使得编写的程序有如下功能。

- 用户能输入 10 个学生的成绩。
- 程序输出平均成绩。
- 能将成绩从低到高排序。
- 程序输出一个最高成绩和一个最低成绩。

13. 编写一个函数,计算 3×3 矩阵的反对角线之和。

14. 编写程序,计算两个 3×3 矩阵 *A* 和 *B* 的乘积矩阵 *C*,并按矩阵格式输出矩阵 *C*。

15. 编写一个程序,对一个 3×4 的二维数组的各行从小到大排序。

指　针

- 指针变量
- 指针的自增、自减运算
- 指针类型的参数
- 指针与函数之间的交互

指针是 C 语言最重要的内容,也是 C 语言的特色和精髓,因此掌握指针及相关知识点是非常重要的,人们甚至认为,不掌握指针就相当于没有学习过 C 语言。

8.1　指针变量

8.1.1　核心知识

C 语言的创始人 Dennis Ritchie 在他编写的《C 程序设计语言》(第 2 版)中是这样给出指针定义的:"指针是一种保存地址的变量。"许多教材习惯性地将指针称为指针变量,因此,本教材尽量遵守这个习惯,但在某些讲解中,使用指针这一术语显得更加简洁明了。指针变量获得的特殊地位就是,操作系统会认为指针变量的值一定是内存的地址。和其他变量一样,在编写程序时,需要先声明指针变量,才能使用它。

1. 指针变量的声明

和声明基本型变量不同的是,在声明指针变量时,格式中须包含 *(星号字符)。语法格式如下:

```
类型 * 指针变量的名字;
```

例如:

```
int * saveAddress;
```

声明了一个 int 型的指针变量 saveAddress。需要特别注意的是,声明指针变量时,在格式中千万不可遗漏 *,否则,所声明的变量就不是指针变量,例如:

```
int speed;
```

就是声明了一个普通的 int 型变量,操作系统不会认为 speed 的值是地址。

可以一次声明多个类型相同的指针变量,例如:

```
int * point1, * point2, * point3;
```

声明了三个指针变量。如果遗漏星号 * ,声明的性质就不同了,例如:

```
int * point1, * point2,speed;
```

声明了两个 int 型指针变量和一个普通的 int 型变量(speed 已不是指针变量)。

- 类型:指针变量是一种用来存放地址的变量,类型决定该指针变量用于存放哪种类型变量的地址。例如,对于 int * p;,那么 p 可以保存 int 型变量的地址。
- 星号 * :出现在指针变量的声明中是为了标志所声明的变量是指针变量。(* 还有其他的意义,见后面的知识点。)

2. 指针变量与取地址运算符

指针变量用来存放变量的地址,那么我们怎样知道变量的地址呢?(我们无法进入内存条去看。)C 语言专门提供了取地址运算符: & 。

(1) 取地址运算符

计算机规定:一个变量的地址就是分配给这个变量的连续多个字节中的首字节的地址号码(地址号最小的是首字节)。比如,一个 short 型变量 x 被分配了 2 字节,假设首字节的地址号是 12ff70(第 2 字节的地址号一定是 12ff71),那么称该变量的地址是 12ff70(而不是 12ff71)。C 语言提供了获取变量地址的运算符 & ,读作"取地址"。运算符 & 是单目运算符,即只能对一个变量施加取地址运算,运算格式是

&变量

如果变量 x 的地址是 12ff70,那么 &x 等于 12ff70。

(2) 指针指向变量

假设已声明有基本型变量

```
int redHouse=100,yellowHouse=200;
```

和指针变量

```
int * p;
```

那么通过取地址运算,就可以将 redHouse 的地址存放到指针变量 p 中:

```
p=&redHouse;
```

如果想让 p 更换其中的地址,比如,改为存放 yellowHouse 的地址,那么只需进行

```
p=&yellowHouse
```

即可。

当一个指针变量存放了一个变量的地址后,称指针变量指向了这个变量,简称指针指向变量,例如,对于 p= &redHouse;,称指针 p 指向了 redHouse 变量,对于 p= & yellowHouse,称指针 p 指向了 yellowHouse 变量。指针(变量)非常灵活,可以随时根据程序的需要,将自

已指向某个变量。人们习惯绘制如图 8.1 所示的示意图来示意指针 p 指向变量 yellowHouse。

3. 指针访问所指向的变量

假设已有下列声明：

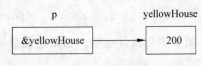

图 8.1　指针 p 指向变量 yellowHouse

```
int x;
int * p;
```

如果进行

```
p=&x;
```

那么,指针变量 p 就指向了变量 x。

指针变量最重要的作用就是访问(引用)它所指向的变量。为了让指针访问它指向的变量,可以用间接访问运算符 * 对指针变量实施运算,运算的结果就是指针变量所指向的变量。

间接访问运算符"*"是单目运算符,操作元在它的右面。用间接访问运算符 * 对指针变量 p 实施运算:*p,那么 *p 就是变量 x。例如:

```
*p=100;
```

就等价于

```
x=100;
```

通俗地讲,指针 p 指向了哪个变量,那么 *p 就是那个变量。

注意:当符号 * 出现在指针变量的声明中时是为了标志所声明的变量是指针变量。当符号 * 作为单目运算符出现在表达式中时是间接访问运算符。

ANSI C 称单目运算符"*"为间接访问运算符,但个别书籍也称其为指针运算符。

4. 间接访问与直接访问

在程序中直接使用变量的名字来访问该变量称为直接访问,通过指向该变量的指针变量来访问该变量称为间接访问,即用间接访问运算符 * 对指针变量实施运算来访问指针所指向的变量。例如:

```
x=100;
```

是直接访问变量 x,如果指针 p 指向了 x,那么

```
*p=100;
```

是间接访问变量 x。

注意:随着学习 C 语言的深入和编码经验的积累,会逐步体会到间接访问变量可以生成更高效、更紧凑的代码,特别是编写操作硬件设备的代码,更是离不开间接访问。

间接访问运算符也可以对一个明确的地址进行运算,运算结果就是该地址上的内存,例如"*&x=200;"与"x=200;"等价,都是将 200 存入 x 所占用的内存中。

5. 简单示例

在下面的例 1 中,程序使用指针访问 int 型变量 m 和 n,请读者注意运行效果(见图 8.2)。

例 1

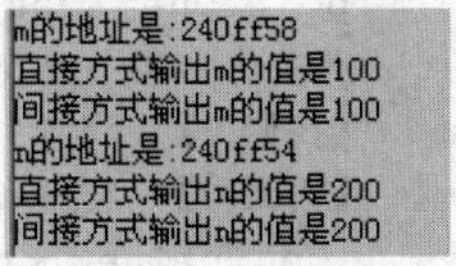

example8_1. c

```
#include<stdio.h>
int main(){
    int * p;              //声明指针变量 p
    int m,n;
    p=&m;                 //p 指向 m
    printf("m 的地址是：%x\n",p);
    * p=100;              //以间接方式操作变量 m
    printf("直接方式输出 m 的值是%d\n",m);
    printf("间接方式输出 m 的值是%d\n", * p);
    p=&n;                 //p 指向 n
    printf("n 的地址是：%x\n",p);
    * p=200;              //以间接方式操作变量 n
    printf("直接方式输出 n 的值是%d\n",n);
    printf("间接方式输出 n 的值是%d\n", * p);
    return 0;
}
```

m的地址是:240ff58
直接方式输出m的值是100
间接方式输出m的值是100
n的地址是:240ff54
直接方式输出n的值是200
间接方式输出n的值是200

图 8.2　通过指针访问变量

8.1.2　能力目标

使用指针间接访问变量。

8.1.3　任务驱动

1. 任务的主要内容

人们不想直接操作盛有危险品的容器，想用间接方式操作它们。编写程序，模拟间接操作容器。即用两个 int 型变量模拟容器，其值模拟容器中的危险品的质量，然后交换两个 int 型变量的值。

- 在程序的 main 方法中首先用 int 声明 3 个 int 型变量，名字分别为 containerOne、containerTwo、emptyContainer，并为 containerOne、containerTwo 指定初始值。
- 再声明 2 个 int 型指针变量，名字为 pointOne 和 pointTwo。
- 利用指针间接访问 containerOne、containerTwo、emptyContainer，实现交换 containerOne 与 containerTwo 中的值。

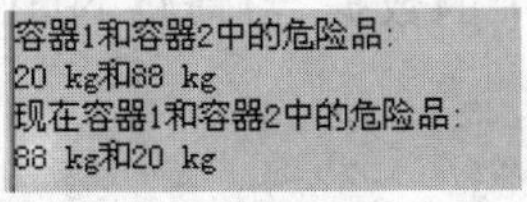

容器1和容器2中的危险品:
20 kg和88 kg
现在容器1和容器2中的危险品:
88 kg和20 kg

图 8.3　使用指针交换变量的值

2. 任务的模板

按照任务核心内容完成模板：将【代码】替换为程序代码，模板代码运行效果如图 8.3 所示。

change. c

```
#include<stdio.h>
int main(){
    int containerOne=20, containerTwo=88,emptyContainer;
    int * pointOne, * pointTwo;
    printf("容器 1 和容器 2 中的危险品：\n%d kg 和%d kg\n",containerOne,containerTwo);
```

```
        pointOne=&containerOne;                    //指向容器 1
        pointTwo=&emptyContainer;                  //指向空容器
        【代码 1】 //将 * pointOne 赋值给 * pointTwo
        【代码 2】 //将 pointTwo 指向 containerTwo   //指向容器 2
         * pointOne= * pointTwo;
        【代码 3】 //将 pointOne 指向 emptyContainer
         * pointTwo= * pointOne;
        printf("现在容器 1 和容器 2 中的危险品: \n%d kg 和%d kg\n",containerOne,
                containerTwo);
        return 0;
    }
```

3. 任务小结或知识扩展(包括模板【代码】参考答案)

(1) 不要乱赋值

不要把其他类型的数据赋值给指针变量,例如,对于

```
int * p;
```

如果进行如下的操作(把一个整数赋值给 p,有些编译器将给出严厉的警告):

```
p=120;
```

由于 p 是指针变量,操作系统会认为指针变量的值一定是内存的地址,即将 120 理解为内存的一个地址号,这时操作系统认为 p 指向内存地址从 120 号开始的连续 4 字节。这时,如果贸然进行

```
* p=8888;
```

那么程序就会访问从 120 开始的连续 4 字节,并将 8888 放到这 4 字节中,如果该 4 字节是非自由内存(其他软件正在占用的内存),操作系统可能会终止 C 程序的运行,给程序运行带来不良的后果,但操作系统也可能不终止程序的运行,那么带来的后果就无法预知了。

(2) 正确初始化指针变量

当声明指针变量后,应当按照指针的类型,用对应类型的变量的地址初始化指针变量,例如:

```
int x;
int * p=&x;
```

如果没有将 p 指向一个变量,则为了防止 p 间接访问内存中的数据,习惯将 NULL 赋给 p:

```
p=NULL;
```

NULL 是 stdio.h 头文件中定义的一个常量 0,表示内存的 0 号地址,该地址是不允许被操作的,比如,进行

```
* p=100;
```

一定会被警告是非法操作。

（3）模板的参考代码

【代码 1】: * pointTwo= * pointOne;
【代码 2】: pointTwo=&containerTwo;
【代码 3】: pointOne=&emptyContainer;

8.1.4　实践环节

参照本任务的模板代码,编写程序交换两个 char 型变量中的值。

（参考代码见附录 A）

8.2　指针的自增、自减运算

8.2.1　核心知识

指针变量的运算比较特殊,以下假设有 int 型变量 x,在内存中占 4 字节。p 是指向 x 的指针变量,比如:

```
int x;
int * p=&x;
```

1. 自增、自减

允许指针做自增运算,例如:进行 p＋1、p＋2 等运算,那么 p＋1 的结果是多少呢?

p 的值是 &x,即 x 的地址。假设 x 的地址是 11,由于 x 占 4 字节,那么变量 x 所占内存之后的首字节的号码就应该是 15。那么,p＋1 的值仍然是一个地址,该值是 15(注意不是 12),p＋2 的值是 19,依次类推,p＋3 的值是 23。也就是说,这里的自增是按照变量 x 的类型所占内存的大小为单位(4 字节为一个自增单位)进行自增。

同样允许指针作自减运算,例如:进行 p－1、p－2 等运算。

p 的值是 &x,即 x 的地址。假设 x 的地址是 11,那么变量 x 所占内存位置之前的 4 字节的首字节的地址号应该就是 7,那么,p－1 的值仍然是一个地址,该值是 7(注意不是 10)。也就是说,这里的自减按照变量 x 的类型所占内存的大小为单位(4 字节为一个自减单位)进行自减。

2. 减法

C 语言允许两个指针变量做减法运算,其目的是得到两个指针变量所指向的两个变量的内存所相隔的"距离"。

假设 m 和 n 是两个 int 型变量,p 和 q 分别是指向 m 和 n 的 int 型指针:

```
p= &m;
q= &n;
```

假设 p 的值是 11,q 的值是 15,那么 q－p 的结果是 1(不是 4)。也就是说,q－p 的结果以 int 类型所占内存大小为单位,表明 p 指向的变量 m 和 q 指向的变量 n 的首字节之间相隔的字节数目,即 q－p 的结果 1 表明 m 和 n 的首字节之间相隔 4 字节,即相隔 1 个 int 类型的内存单位。

注意：不允许两个指针做加法、乘法和除法运算，例如，对于两个指针变量 p 和 q，p＋q 是非法的表达式。就像在生活中一样，对大楼内的两个房间号做加法运算是没有意义的。

3. 简单示例

下面的例 2 中，演示了指针自增，并计算了两个变量相隔的"距离"，效果如图 8.4 所示。

例 2

example8_2. c

```
#include<stdio.h>
int main(){
    int y=8888,x=1000,i=1,size;
    int * p, * q;
    p=&x;           //p 指向 x
    q=&y;           //q 指向 y
    size=sizeof(int);
    printf("以%d个字节为单位依次显示地址：\n",size);
    while(i<=5) {
        printf("地址：%d",p);
        printf("，该地址内存按整型数据是：%d\n", * p);
        p=p+1;
        i++;
    }
    p=&x;           //p 再次指向 x
    printf("变量 x 与 y 相隔%d个字节",(q-p) * size);
    return 0;
}
```

以4个字节为单位依次显示地址：
地址:37814104,该地址内存按整型数据是:1000
地址:37814108,该地址内存按整型数据是:8888
地址:37814112,该地址内存按整型数据是:37814176
地址:37814116,该地址内存按整型数据是:4198849
地址:37814120,该地址内存按整型数据是:1
变量x与y相隔4个字节

图 8.4　指针递增

8.2.2　能力目标

理解指针递增、递减的运算规则。

8.2.3　任务驱动

1. 任务的主要内容

指针指向变量 x 之后，通过自增、自减可以访问 x 以外的内存空间。

- 在主函数中声明一个 float 型变量 x，初始值是 6.18。
- 声明一个 float 型指针变量 p，让 p 指向 x。
- 在一个循环语句（循环 5 次）中让 p 做自减，并查看 p 所指向的内存按 4 字节为单位的 float 型数据和 int 型数据。

2. 任务的模板

按照任务核心内容完成模板：将【代码】替换为程序代码，模板代码运行效果如图 8.5 所示。

```
以4个字节为单位依次显示地址:
地址:37814108,将该地址连续4个字节的内存按float数据是:6.180000
将该地址连续4个字节的内存按int数据是:-536870912
地址:37814104,将该地址连续4个字节的内存按float数据是:0.000000
将该地址连续4个字节的内存按int数据是:0
地址:37814100,将该地址连续4个字节的内存按float数据是:0.000000
将该地址连续4个字节的内存按int数据是:0
地址:37814096,将该地址连续4个字节的内存按float数据是:0.000000
将该地址连续4个字节的内存按int数据是:0
地址:37814092,将该地址连续4个字节的内存按float数据是:0.000000
将该地址连续4个字节的内存按int数据是:-2147483648
```

图 8.5　指针自减

look.c

```c
#include<stdio.h>
int main(){
    float x=6.18;
    int i=1,size;
    【代码1】  //声明一个 float 型指针变量 p
    【代码2】  //让 p 指向 x
    size=sizeof(float);
    printf("以%d个字节为单位依次显示地址:\n",size);
    while(i<=5) {
        printf("地址:%d",p);
        printf(",将该地址连续%d字节的内存按 float 数据是:%f\n",size,*p);
        printf("将该地址连续%d字节的内存按 int 数据是:%d\n",size,*p);
        p=p-1;
        i++;
    }
    return 0;
}
```

3. 任务小结或知识扩展(包括模板【代码】参考答案)

(1) 查看内存中的数据

假如变量 x 占 N 字节,那么从内存角度看,*p 访问的就是 x 所占的 N 字节,除非清楚 *(p+1) 访问的内存是否是空闲内存或程序允许访问的内存,否则不要对访问的内存进行更新操作,例如:

*(p+1)=1000;

就是把 1000 放入了变量 x 的内存之后的第 1 段 N 字节中,这可能是非常危险的。但可以输出 *(p+1) 的值,即输出 x 的内存之后的第 1 段 N 字节所表示的数据,通常是一个无法预知的值。

(2) 模板的参考代码

【代码1】: float *p;
【代码2】: p=&x;

8.2.4　实践环节

• 在主函数中声明一个 char 型变量 c,c 初始值是'A'。

- 声明一个 char 型指针变量 p,让 p 指向 c。
- 在一个循环语句(循环 5 次)中让 p 做自增,并查看 p 所指向的内存按 1 字节为单位的 char 型数据。

(参考代码见附录 A)

8.3　malloc 函数与内存

8.3.1　核心知识

1. 指针变量的声明

可以使用标准库函数 malloc(int size)让操作系统为程序分配可安全使用的内存,其中 size 是所分内存的大小(单位是字节)。malloc(int size)函数返回所分内存的首地址。这样一来就可以将某个指针变量指向 malloc 所分配的内存区域,比如:

```
int * p;
p=malloc(8);
```

那么就可以将 2 个 int 型数据放入 malloc 所分配的内存区域(该内存区域的大小是 8 字节),比如,将 678 和 76 752 放入 malloc 所分配的内存区域:

```
* p=678;
p=p+1;
* p=76752;
```

对于 malloc(int size)分配的内存,程序还可以使用 free(int * p)函数释放该内存。

2. 简单示例

在下面的例 3 中,程序使用 malloc(int size)让操作系统为程序分配可安全使用的 6 字节的内存,并将 family 放入该内存。运行效果如图 8.6 所示。

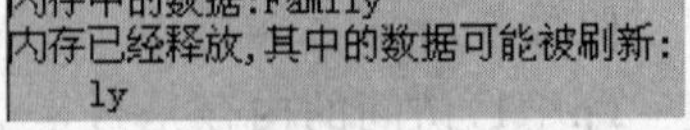

例 3

内存中的数据:Family
内存已经释放,其中的数据可能被刷新:
　　ly

图 8.6　访问 malloc 分配的内存

example8_3. c

```
#include<stdio.h>
#include<malloc.h>
int main(){
    char * p,* q,* t;
    char c[]={'F','a','m','i','l','y'};
    int i;
    p=malloc(6);
    t=q=p;
    for(i=0;i<6;i++) {          //向 malloc(6)分配的内存中写入 Family
        * p++=c[i];
    }
    printf("内存中的数据: ");
    for(i=0;i<6;i++) {          //输出 malloc(6)分配的内存中的数据
        printf("%c",* q);
        q++;
```

```
    }
    free(t);                    //释放 malloc(6)分配的内存
    printf("\n 内存已经释放,其中的数据可能被刷新: \n");
    for(i=0;i<6;i++) {
        printf("%c",*t);
        t++;
    }
}
```

8.3.2　能力目标

将数据写入 malloc 所分配的内存区域,并操作处理其中的数据。

8.3.3　任务驱动

1. 任务的主要内容

数据放入数组后就可以对这些数据进行排序,但是,如果事先不知道数据的数量,就无法使用数组,因为声明数组时必须使用一个常量指定数组的大小。在这种情况下就需要使用指针将数据放入 malloc 函数所分配的内存。

- 声明一个 int 型变量 amount,一个 int 型指针变量 p。
- 从键盘输入 amount 的值。
- 使用标准库函数 malloc(int size)分配 4 * amount 字节的内存,即参数 size 取值 4 * amount。
- 让指针变量指向 malloc(int size)分配的内存的首字节。
- 从键盘输入 amount 个 int 型整数存入 malloc(int size)分配的内存中。
- 对 malloc(int size)分配的内存中的数据从小到大排序,并输出排序后的数据。

2. 任务的模板

按照任务核心内容完成模板:将【代码】替换为程序代码,模板代码运行效果如图 8.7 所示。

sort. c

```
#include<stdio.h>
#include<malloc.h>
int main(){
    int amount,i=1,size;
    int * p,* start,* end,* save;
    int n;
    size=sizeof(int);
    printf("输入要排序的 int 型整数的个数: ");
    scanf("%d",&amount);
【代码 1】        //将 p 新指向 malloc 所分的 size * amount 字节的内存
    start=p;
    save=p;
    printf("输入%d 个数(用按空格键或按 Enter 键分隔): \n",amount);
    while(i<=amount) {
        scanf("%d",p);
```

```
输入要排序的int型整数的个数:6
输入6个数(用按空格键或按Enter键分隔):
11  88  10  79  66  19
将malloc所分内存中的整数排序后:
10  11  19  66  79  88
```

图 8.7　排序内存中的数据

```
        p++;
        i++;
    }
    end=p-1;      //end存放的是malloc所分内存的最后连续size字节的首字节的地址
    p=save;       //将p重新指向malloc所分的内存
    while(start<=end) {
        for(p=start+1; p<=end;p++) {
          if(* p< * start) {
              int temp= * start;
              * start= * p;
              * p=temp;
          }
        }
        start++;
    }
printf("将malloc所分内存中的整数排序后：\n");
    【代码2】      //将p重新指向malloc所分的内存
    while(p<=end) {
        printf("%-4d", * p);
        p++;
        if((p-save)%8==0)
          printf("\n");
    }
    【代码3】      //释放malloc曾分配的内存
    return 0;
}
```

3. 任务小结或知识扩展(包括模板【代码】参考答案)

(1) 释放内存

如果是在一个函数中(非主函数)使用malloc(int size)获得内存,那么该函数调用完毕后,系统并不主动释放该内存,因此,应当用free函数释放malloc(int size)获得的内存。为了释放malloc(int size)所分配的内存,程序通常要用另外的一个指针存放malloc(int size)所分配的内存,以便于释放malloc(int size)所分配的内存。

上机实习下列程序,注意使用和不使用free释放malloc(int size)所分配的内存,程序输出结果的不同。

```
#include<stdio.h>
#include<malloc.h>
int * look();
int main(){
    int * p;
    p=look();
    printf("%d\n", * p);
}
int * look(){
    int * p;
    p=malloc(4);
    * p=99999;
    free(p);              //上机实习时,分别保留和不保留该代码
```

```
    return p;
}
```

（2）关于 scanf 函数

我们曾在 2.4 节详细地讲解了 scanf 函数，其作用是从键盘输入变量的值，因此必须把变量的地址传递给 scanf 函数，例如，对于 int 型变量 x：

```
scanf("% d",&x);
```

如果 p 是 int 型指针，那么

```
scanf("% d",p);
```

就是把从键盘输入的值存放到 p 所指向的内存，如果 p 指向了具体的变量，比如 x，那么 scanf("%d",&x);和 scanf("%d",p);的效果是相同的。

（3）模板的参考代码

【代码 1】：p=malloc(size * amount);
【代码 2】：p=save;
【代码 3】：free(save);

8.3.4 实践环节

在一个函数中将 10 个 int 型数据写入 malloc 函数所分配的内存，然后操作 malloc 函数所分配的内存中的数据：计算数据的代数和，并返回该代数和。

（参考代码见附录 A）

8.4 指针类型的参数

8.4.1 核心知识

1. 传递变量的地址

在声明函数原型时，可以让参数的类型是指针类型的变量，即参数是指针，例如：

```
void change(int * );
```

或

```
void change(int * p);
```

下列是上述函数原型的一个实现（函数定义）：

```
void change(int * p) {
    * p=999;
}
```

需要注意的是，参数声明中需要用星号 * 来说明参数是指针类型，即参数声明中出现的星号 * 仅仅起标志作用，不是间接访问运算符。在函数体的表达式中出现的单目运算符 * 是间接访问运算符。

当函数的参数是指针变量时，即形参是指针变量，那么向形参传递的值必须是一个地址，即实参的结果必须是一个地址。需要特别注意的是，当把变量的地址传递给指针类型的参数后（不是把变量的值传递给参数），参数就可以间接访问该变量，可以对该变量进行操作，甚至改变该变量的值。也就是说，一个函数调用另一个函数，如果将自己的变量的地址传递给被调用函数的参数，那么就有可能会影响到自己函数体中的变量。

注意：当把变量的地址传递给参数时，有些文献将其称为"变量按引用（地址）传递"。

2. 传递变量的值

在没有学习指针之前，编写的许多函数的参数是基本类型，我们可以将表达式的值传递给参数，比如将一个变量的值传递给参数。按照参数传值的原则，如果更改了参数的值，不会影响向其传递值的变量的值，反之亦然，也就是说，一个函数调用另一个函数，不会影响到自己函数体中的变量（见下面的例 4）。

注意：当把变量的值传递给参数时，有些文献将其称为"变量按值传递"。

3. 简单示例

在下面的例 4 中，主函数将变量 m 的地址传递给了 change 函数的参数 p，change 函数通过参数 p（指针 p）访问 m，改变了 main 函数中 m 的值。首先阅读例 4 代码，然后分析程序的运行结果（见图 8.8）。

例 4

```
m=10
m=999
```

图 8.8　指针做参数

example8_4. c

```c
#include<stdio.h>
void change(int *);          //函数原型
int main(){
    int m=10;
    printf("m=%d\n",m);
    change(&m);              //将 m 的地址传递给函数的参数 p
    printf("m=%d\n",m);
}
void change(int * p) {       //函数定义
    * p=999;
}
```

例 4 中代码分析如下。

（1）main 函数在调用 change 函数之前，变量 m 的值是 10，如图 8.9 所示。

（2）当 main 函数调用 change 函数时，change 函数的参数 p 被分配内存空间。由于参数 p 是指针变量，必须向其传递地址，为此 main 函数在调用 change 函数时将 m 的地址传递给了 change 函数，即实参是 &m。然后，change 的函数体开始执行，参数 p 访问自己所指向的变量 m，即执行

```
* p=999;
```

那么，就等同于将 999 赋值给 main 函数中的变量 m，如图 8.10 所示。

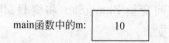

main函数中的m:　10

main函数中的变量m　　change函数中的指针p

999 ← 指向　&m

图 8.9　调用 change 函数之前 m 是 10　　图 8.10　调用 change 函数之后 m 是 999

因此,调用 change 函数之前,输出 m 的结果是 10;调用 change 函数之后,输出 m 的结果是 999。

下面的例 5 中,主函数 main 将变量 m 的值 10 传递给了 noChange 函数的参数 x, noChange 改变了参数 x 的值,但不影响 main 函数中 m 的值。程序运行效果如图 8.11 所示。

例 5

m=10
m=10

图 8.11　传递变量的值

example8_5.c

```
#include<stdio.h>
void noChange(int );
int main(){
    int m=10;
    printf("m=%d\n",m);
    noChange(m);          //将 m 的值传递给函数的参数 x
    printf("m=%d\n",m);
}
void noChange(int x) {
    x=999;
}
```

8.4.2　能力目标

调用参数是用指针类型的函数来解决问题。

8.4.3　任务驱动

1. 任务的主要内容

张三的货仓。张三为了在某公司存储货物,在公司租用了一间货仓。当向张三的货仓放入货物或从张三的货仓取走货物时(按重量计算),不允许公司直接去打开张三的货仓(即不允许直接操作变量 ZhangSan),代替地通过使用一个设备(函数),该设备对货物进行必要的检查后,会自动将货物放入张三的货仓或从张三的货仓取出货物(即必须间接操作变量 ZhangSan)。那么显然,不能把货仓复制给设备(即不能传递变量 ZhangSan 的值),代替地只要将张三的货仓的号码(ZhangSan 的地址)传递(输入)给设备即可。

- 用 main 函数模拟公司,在 main 函数中声明 double 变量:ZhangSan 来模拟分配给张三的货仓,不允许 main 函数(公司)直接操作 ZhangSan(直接操作张三的货仓)。
- 定义一个函数(模拟设备):该函数的原型是

```
void save(float * p,float m);
```

当准备向张三的货仓存放货物时,只需把张三的货仓的地址(货仓号),即将 &ZhangSan 传递给参数 p,指针参数 p 间接访问变量 ZhangSan,将变量 ZhangSan 的值增加 m,表明向张三的货仓存入了 m 千克货物。

- 定义一个函数:该函数的原型是

```
void takeOut(float * p,float m)
```

当准备从张三的货仓取走货物时,只需把张三的货仓的地址(货仓号),即将 &ZhangSan 传递给参数 p,指针参数 p 间接访问变量 ZhangSan,将变量 ZhangSan 的值减少 m,表明从张三的货仓取走了 m 千克货物。

- 在 main 中调用 void save(float * p,float m);和 void takeOut(float * ,float)函数。

2. 任务的模板

将模板中的【代码】替换为程序代码,模板代码运行效果如图 8.12 所示。

```
张三的货仓号:37814108
设备中输入的地址是:37814108
将货物:88888.00kg存入37814108货仓
张三目前货仓中的货物是88888.00kg
设备中输入的地址是:37814108
从37814108货仓取出:3333.00kg货物
张三目前货仓中的货物是85555.00kg
```

图 8.12　传递变量的地址

saveAndTakeGoods. c

```c
#include<stdio.h>
void machineSave(float * ,float);        //函数原型
void machineTakeOut(float * ,float);     //函数原型
int main(){
    float zhangSan=0;
    float weight;
    weight=88888;
    printf("张三的货仓号: %d\n",&zhangSan);
    【代码 1】 //调用 machineSave 函数,将 &zhangSan 和 weight 分别传递给函数的参数
    printf("张三目前货仓中的货物是%0.2fkg\n",ZhangSan);
    weight=3333;
    【代码 2】 //调用 machineTakeOut 函数,将 &ZhangSan 和 weight 分别传递给函数的参数
    printf("张三目前货仓中的货物是%0.2fkg\n",ZhangSan);
    return 0;
}
void machineSave(float * p,float weight) {
    printf("设备中输入的地址是:%d\n",p);
    printf("将货物:%0.2fkg 存入%d 货仓\n",weight,p);
    * p= * p+weight;        //p 使用间接访问符访问所指向的变量
}
void machineTakeOut(float * p,float weight) {
    printf("设备中输入的地址是:%d\n",p);
    if( * p-weight>=0){
        printf("从%d 货仓取出:%0.2fkg 货物 \n",p,weight);
        * p= * p-weight;
    }
}
```

加班任务(无参考代码):在 main 函数中再增加一个模拟李四的货仓的变量,调用任务中的函数操作李四的货仓。

3. 任务小结或知识扩展(包括模板【代码】参考答案)

（1）向参数传值的原则

如果参数 p 是指针变量,则必须将地址传递给参数 p,比如,把指针变量 point 的值传递给参数 p。按照参数传值的原则(见 6.3 节):"复制"原则,即函数中参数变量的值是调用者指定的值的复制件。依据该原则,如果更改了参数 p 的值,即参数重新存放其他变量的地址,不会影响实参 point 的值,即不会影响实参变量 point 中存放的地址。

（2）模板的参考代码

【代码 1】: machineSave(&zhangSan,weight);
【代码 2】: machineTakeOut (&zhangSan,weight);

8.4.4　实践环节

说出下列程序中【代码】的输出结果:

```
#include<stdio.h>
void doThing(int * ,int * ,int * );
int main(){
    int * p;
    int x=0,y=0,sum;
    doThing(&x,&y,&sum);
    printf("%d+%d=%d",x,y,sum);            //【代码】
}
void doThing(int * p,int * q,int * s){
    * p=19;
    * q=100;
    * s= * p+ * q;
}
```

8.5　指针与函数之间的交互

8.5.1　核心知识

1. 借助指针实现函数之间的交互

当定义一个函数时,该函数体中的变量和参数都是局部变量,和其他函数中的局部变量互不干扰。当一个函数被执行时,改变自己的局部变量的值,不会影响另一个函数的局部变量的值。

那么如何让两个函数之间进行交互呢? 这里所指的交互是:当一个函数执行时可以改变另一个函数中的局部变量的值。通过前面学习的指针知识,做到这一点已经不困难,只要将一个函数的参数设置为指针变量,即参数是指针类型,那么调用者调用这样的函数时,如果将它的局部变量的地址(注意不是局部变量的值)传递给当前函数的参数,则当前函数就有能力改变这个局部变量的值。

2. 简单示例

公司老板准备将两个房间的东西互换,但老板自己不想干这样的活,决定让某个雇员来完成这样的工作,因此,老板需要将房间的号码告诉雇员。在下面的例 6 中,主函数(模拟老板)将变量 m、n(模拟房间)的地址传递给 exchange 函数(模拟雇员)的指针参数,exchange 函数在执行期间通过指针访问主函数中的 m、n,交换了 m 和 n 的值(模拟交换房间的东西)。程序运行效果如图 8.13 所示。

```
m=1000,n=9999
m=9999,n=1000
```

图 8.13 指针访问调用者中的变量

例 6

example8_6.c

```
#include<stdio.h>
void exchange(int * ,int * );//函数原型
int main(){
    int m=1000,n=9999;
    printf("m=%d,n=%d\n",m,n);
    exchange(&m,&n);
    printf("m=%d,n=%d\n",m,n);
    return 0;
}
void exchange(int * p,int * q) {
    int t;
    t= * p;
    * p= * q;
    * q=t;
}
```

请思考下列问题,如果在例 6 的源程序中再增加一个函数原型:

```
void f(int,int);
```

以及该函数原型的函数定义:

```
void f(int x,int y) {
    int t;
    t=x;
    x=y;
    y=t;
}
```

并将 main 函数中的代码

```
exchange(&m,&n);
```

替换为

```
f(m,n);
```

那么程序的输出结果是什么?思考好了吗?答案是

```
m=1000,n=9999
m=1000,n=9999
```

8.5.2 能力目标

使用一个函数改变另一个函数中局部变量的值。

8.5.3 任务驱动

1. 任务的主要内容

"一石双鸟"在这里的意思是调用一个函数得到两个"好处"。编写一个函数,其原型为

```
int getSumAndCount (int m,int * p);
```

该函数能返回[0,m]内的能被 3 或 7 整除的整数的代数和,同时将[0,m]内的能被 3 或 5 整除的整数的个数存放到参数 p 所指向的变量中。在 main 函数中调用 getSumAndCount 函数,将 100 和变量 count 的地址分别传递给 getSumAndCount 函数的参数 m 和 p。在 main 函数中输出 getSumAndCount 函数的返回值(一个好处),以及变量 count 的值(又一个好处)。

2. 任务的模板

仔细阅读、调试模板程序,完成实践环节。模板程序的运行效果如图 8.14 所示。

twoBird. c

```
#include<stdio.h>
int getSumAndCount(int m,int * p);
int getSumAndCount(int m,int * p) {
    int sum=0,i=1;
    while(i<=m) {
        if(i%3==0||i%7==0) {
            sum=sum+i;
            * p= * p+1;
        }
        i++;
    }
    return sum;
}
int main() {
    int count=0,m=100,sum;
    sum=getSumAndCount(m,&count);
    printf("和: %d\n",sum);
    printf("个数: %d\n",count);
}
```

和:2208
个数:43

图 8.14 一石双鸟

3. 任务小结或知识扩展

小心对自己的影响:一个函数调用另一个函数,如果将自己的变量的地址传递给被调用函数的参数,那么就可能会影响到自己函数体中的变量。

8.5.4 实践环节

编写一个函数,其原型为

```
int getSum(int m,double * p);
```

函数能返回 1+2+3+…+m,同时将 1+2+3+…+m 的平均值存放到参数 p 所指向

的变量中。在 main 函数中调用 getSum 函数,将 100 和 main 函数中一个名字为 save 的
double 型变量的地址传递给 getSum 函数。在 main 中输出 getSum 函数的返回值,以及变
量 save 的值。

(参考代码见附录 A)

小　　结

- 指针是专门用来存放地址的变量。
- 如果指针指向某个变量,那么使用间接运算符就可以让指针访问所指向的变量,这
  种访问称为对变量的间接访问。
- 指针只能做自增、自减和相减运算,不能做加法、乘法和除法运算。
- 指针做函数的参数,可以让参数间接访问调用者中的变量。

习　题　8

1. 下列声明了两个指针变量的是_____。

A. int ＊p1,p2;　　　　　　　　B. int p1,＊p2;

C. int ＊p1,p2,＊p3;　　　　　　D. int ＊p1.＊p2,＊p3;

2. 下列代码能通过编译吗? 运行有危险吗?

```
#include<stdio.h>
int main(){
    int x=12;
    int ＊p;
    p=x;
    ＊p=100;
}
```

3. 假如有 int x;int ＊p＝&x;,如果 p 的值是 1001,那么 p＋1 和 p－2 的值分别是
多少?

4. 下列程序的输出结果是_____。

```
#include<stdio.h>
int main(){
    int a=2,b=3,c;
    int ＊p1,＊p2;
    p1=&a;
    p2=&b;
    ＊p1=10;
    ＊p2=8;
    c=(＊p1)＊(＊p2);
    printf("%d,%d\n",a,b);
    printf("%d,%d,%d\n",＊p1,＊p2,c);
}
```

5. 下列程序的输出结果是_____。

```c
#include<stdio.h>
int main(){
    int *p1,*p2,*p,a=2,b=3;
    p1=&a;p2=&b;
    if(a<b){
        p=p1;
        p1=p2;
        p2=p;
    }
    printf("%d,%d\n",*p1,*p2);
    printf("%d,%d\n",a,b);
}
```

6. 下列程序的输出结果是_____。

```c
#include<stdio.h>
void f(int *,int *);
int main(){
    int a=-20,b=30,*p1,*p2;
    p1=&a;
    p2=&b;
    f(p1,p2);
    printf("%d,%d\n",a,b);
}
void f(int *x,int *y){
    int t;
    t=*x;
    *x=*y;
    *y=t;
}
```

7. 下列程序的输出结果是_____。

```c
#include<stdio.h>
void g(int *,int *);
int main(){
    int a=-20,b=30,*p1,*p2;
    p1=&a;
    p2=&b;
    g(p1,p2);
    printf("%d,%d\n",a,b);
}
void g(int *x,int *y){
    int *t;
    t=x;
    x=y;
    y=t;
}
```

8. 下列程序的输出结果是_____。

```c
#include<stdio.h>
int f(int * );
int main(){
    int a=3,b=7,c;
    c=f(&a)+f(&b);
    printf("%d,%d,%d",a,b,c);

}
int f(int * x){
    int a=1,b=19;
    * x=-- * x+10;
    return a+b;
}
```

9. 编写程序,在 main 函数调用 get (int,int *)函数,得到该函数返回的 1~100 能被 3 和 7 同时除尽的整数和,同时也能将 get 函数计算出的 1~100 能被 3 和 7 同时除尽的整数 的个数存放到 main 函数的 count 变量中。

10. 编写程序,在 main 函数调用 getPrimNmber (int,int,int *)函数,得到该函数返回 的 200~300 的素数,同时也能将 getPrimNmber 函数计算出的 200~300 的素数的个数存 放到 main 函数的 count 变量中(有关素数的算法见 5.6.3 小节)。

指针与数组

主要内容

- 指向数组元素的指针
- 指针与下标运算
- calloc 内存分配函数
- 指针数组
- 指向行的指针与二维数组

使用指针间接访问数组也是 C 语言中常用的手段之一,因此单列一章进行学习。

9.1　指向数组元素的指针

9.1.1　核心知识

1. 使用指针访问数组的元素

假设有

```
int a[10];
int * p;
```

那么数组名 a 是一个变量的名字。对于在函数体中定义的数组,数组名是只读变量;当数组名是函数的参数时,数组名是可读/写变量(见 7.1 节),a 存放数组的第一个元素的地址,即 a 的值等于 &a[0]。

如果进行如下操作:

```
p=a;
```

或

```
p=&a[0];
```

那么指针变量 p 就指向了数组的第一个元素(即数组中的第一个变量),程序就可以使用 p 访问数组的第一个元素(a[0]),例如:

```
* p=100;
```

就是把 100 放入了数组的第一个元素（a[0]）中,即使得数组第一个元素的值是 100。

由于指针 p 可以做自增运算,那么进行

```
p=p+1;
```

之后,p 就指向了数组的第二个元素,那么依次地进行

```
p=p+1;
```

就可以依次让 p 指向数组的各个元素。

也就是说,当指针 p 指向数组的第一个元素后,让指针 p 做自增,并使用间接访问运算符 * 访问数组的元素和让数组名使用下标运算访问数组的元素是等价的(有关指针自增的知识点可复习 8.2 节)。

2. 对数组名实施加减运算

允许对数组名 a 实施加、减运算,如:a+1、a+2 等运算,那么 a+1 的结果是多少呢?

假设 a 是 int 型数组,长度为 3(每个元素占 4 字节),如果 a[0] 的地址是 11,那么 a[1] 地址应该是 15,a[2] 的地址是 19。

a 的值是 &a[0],即值等于 a[0] 的地址,那么,a+1 的值仍然是一个地址,该值是 15,即等于 a[1] 的地址(注意不是 12);a+2 的值是 19,即等于 a[2] 的地址。

也就是说,这里的加 1 或减 1 是按照数组元素的类型所占内存的大小为单位(4 字节为单位)进行加 1 或减 1。

注意:不要越界运算,例如 a+3 的值已经不是数组 a 的某个元素的地址了,而是数组 a 最后一个元素 a[2] 之后的内存空间的地址了,准确地说,a+3 的值是 23。a−1 的值也不是数组 a 的某个元素的地址了,准确地说,a−1 的值是 7。

3. 简单示例

在下面的例 1 中,使用指针变量访问一维数组的元素,首先依次输出元素的值,然后倒序输出数组元素的值。程序运行效果如图 9.1 所示。

例 1

1	2	3	4	5	6
6	5	4	3	2	1

图 9.1 通过指针访问数组的元素

example9_1. c

```c
#include<stdio.h>
#include<stdio.h>
int main(){
    int a[6]={1,2,3,4,5,6};
    int * p;
    p=a;
    while(p<=&a[5]){
      printf("%3d",* p++);
    }
    printf("\n");
    for(p=&a[5];p>=a;p--){
      printf("%3d",* p);
    }
```

```
        return 0;
}
```

在上面的例 1 中,要特别注意理解 while 循环中的输出语句

```
printf("%3d",*p++);
```

中的 *p++。

间接访问运算符 * 和自增运算符++都是二级运算符,结合顺序从右向左。 *p++
相当于*(p++),即首先让 p 参与表达式的计算(使用间接运算符访问指针指向的变量),
然后再将 p 做自增运算,即

```
printf("%3d",*p++);
```

相当于如下两条语句:

```
printf("%3d",*p);
p=p+1;
```

如果将 while 循环中的输出语句

```
printf("%3d",*p++);
```

更改为

```
printf("%3d",*++p);
```

程序将无法输出数组的第一个元素的值(而且会输出一个垃圾值)。

在下面的例 2 中,从键盘为数组的元素赋值(注意指针和数组名的用法)。

例 2

example9_2.c

```
#include<stdio.h>
int main(){
    int a[6];
    int *p,i;
    p=a;
    while(p<=&a[5]){
      scanf("%d",p++);          //p 中存放着数组元素的地址
    }
    for(i=0;i<6;i++){
      printf("%3d",*(a+i));
    }
    return 0;
}
```

二维数组的名字的值也是数组首元素的地址。由于数组的元素是按顺序存储的,因此
只要让指针指向数组的首元素,指针就可以通过自增依次访问数组的各个元素。在下面的
例 3 中,使用指针访问二维数组的元素,并输出了二维数组的元素的值。程序运行效果如
图 9.2 所示。

例 3

| 11 12 13 14 |
| 15 16 17 18 |
| 19 20 21 22 |

图 9.2　指针访问二维数组

example9_3. c

```c
#include<stdio.h>
int main(){
    int * p;
    int a[3][4]={{1,2,3,4},{5,6,7,8},{9,10,11,12}};
    p=&a[0][0];
    while(p<=&a[2][3]){
        * p= * p+10;
        printf("%-3d", * p);
        if((&a[2][3]-p)%4==0){
            printf("\n");
        }
        p++;
    }
    return 0;
}
```

9.1.2　能力目标

使用指针间接访问数组的元素。

9.1.3　任务驱动

1. 任务的主要内容

模拟用枪打稻草人。

- 声明名字为 a 的 int 型数组,数组的每个元素的值被初始化为正整数。数组的每个元素代表一个稻草人,其值代表生命值。
- 声明一个 int 型指针变量 p(模拟一把枪)。
- 通过一个循环强制用户必须将 p 指向数组 a 的某个元素,即模拟必须将枪指向某个稻草人(不许乱指)。询问用户是否射击(用 * 运算模拟射击,即用间接访问运算符模拟射击),如果用户输入星号(*),就将 p 所指向的变量的值减少若干(用 p 间接访问所指向的变量)。当数组 a 的所有元素的值都是 0 时,结束循环语句(表示稻草人都被消灭了)。
- 输出数组 a 的元素的值。

```
各个稻草人的生命值如下:
  10  10  10  10  10  10  10  10
射击稻草人(减少其生命值),将所有稻草人生命值减少至0
输入1至8将枪指向某个稻草人(按Enter键确认):5
枪已经指向5号稻草人!
输入*射击5号稻草人(输入其他字符放弃射击):*
各个稻草人的生命值如下:
  10  10  10  10   5  10  10  10
输入1至8将枪指向某个稻草人(按Enter键确认):
```

图 9.3　枪打稻草人

2. 任务的模板

将模板中的【代码】替换为程序代码,模板代码运行效果如图 9.3 所示。

fireStraw. c

```c
#include<stdio.h>
#define LIFE 5
int max(int,int);
void show(int [],int);
```

```
int main(){
    int a[8]={10,10,10,10,10,10,10,10};
    【代码 1】                //声明一个名字是 p、类型是 int 的指针变量,并将值初始化为 NULL
    int index=-1,end=1,sum=0,i;
    char ch='\0';
    show(a,8);              //显示数组元素的值,见后面的 show 函数
    printf("射击稻草人(减少其生命值),将所有稻草人生命值减少至 0:\n");
    while(end!=0) {
        sum=0;
        printf("输入 1 至 8 将枪指向某个稻草人(按 Enter 键确认):");
        scanf("%d",&index);
        getchar();         //消耗回车字符
        if(index<=8&&index>=1) {
        【代码 2】                //将 p 指向 a[index-1]
        }
        else { continue;            //结束本次循环的继续执行,立刻进入下一次循环
        }
        printf("枪已经指向%d号稻草人!\n",index);
        printf("输入 * 射击%d号稻草人(输入其他字符放弃射击):",index);
        ch=getchar();
        if(ch=='*') {
          *p=max(*p-LIFE,0);      //减少数组元素的值(模拟射击)
           putchar('\a');          //发出嘟嘟声
        }
        show(a,8);
        for(i=0;i<8;i++) {        //判断数组的元素的值是否全部都是 0
          sum=sum||a[i];
        }
    end=sum;
    }
    show(a,8);
    return 0;
}
void show(int a[],int n){
    int i;
    printf("各个稻草人的生命值如下:\n");
    for(i=0;i<n;i++)
        printf("%5d",a[i]);
    printf("\n");
}
int max(int x,int y){
    return x>=y?x: y;
}
```

3. 任务小结或知识扩展(包括模板【代码】参考答案)

(1) 指针不要"乱指"

　　本任务的题目寓意不要让指针存放一个程序无法预知的地址,就像生活中不要将枪乱指一样。指针可以随时指向数组的任何元素,那么指针不断地自增或自减,就有可能指向了数组之外的内存空间。程序应当随时保证指针指向数组的某个元素。

（2）模板的参考代码

【代码 1】：int * p=NULL;
【代码 2】：p=&a[index-1];

9.1.4 实践环节

回文数是指将该数含有的数字逆序排列后得到的数和原数相同，例如 12121、3223 都是回文数。编写程序，判断一个数是否为回文数。

- 在 main 函数中声明一个名字为 number 的 unsigned int 型变量。
- 在 main 函数中声明一个名字为 p 的 unsigned int 型指针变量。
- 在 main 函数中声明一个名字为 a 的长度为 10 的 unsigned int 型数组，数组各个元素的初始值是 0。
- 用户从键盘为 number 变量输入一个 unsigned int 范围内的数，即输入 0～4 294 967 295 的整数。
- 数组从后向前（最后一个元素至首元素）依次存放 number 中的从个位至高位上的数字。
- 让指针 p 指向数组的第一个值大于 0 的元素，指针 q 指向末元素。
- 进行 p 自增、q 自减运算，并判断 * p 是否等于 * q，且完成判断 number 是否是回文数的算法。

（参考代码见附录 A）

9.2 指针与下标运算

9.2.1 核心知识

1. 下标运算

ANSI C 也允许指针变量使用下标运算（下标索引从 0 开始），例如：对于

int x=100, * p=&x;

那么 p[0] 访问（引用）它所指向的变量，例如：

p[0]=200;

就相当于给变量 x 赋值 200。

对于数组

int a[10];

如果 p 指向的首元素：

p=&a[0];

那么，p[0],p[1],…,p[9] 依次是 a[0],a[1],…,a[9]。

2. 简单示例

在下面的例 4 中，指针使用下标运算访问 int 型变量 m、n 和数组 a，请注意运行效果

（见图 9.4）。

例 4

example9_4. c

```c
#include<stdio.h>
int main(){
    int * p;
    int m,n,i;
    int a[7]={1,2,3,4,5,6,7};
    p=&m;
    p[0]=100;                //使用下标运算操作变量 m
    p=&n;
    p[0]=200;                //使用下标运算操作变量 n
    printf("m=%d,n=%d\n",m,n);
    p=a;                     //p 指向数组的首元素
    for(i=0;i<7;i++){
      p[i]=p[i]+10;          //使用下标运算访问数组 a 的元素,等价于 a[i]=a[i]+10;
      printf("%-3d",p[i]);
    }
    return 0;
}
```

```
m=100,n=200
11 12 13 14 15 16 17
```

图 9.4　指针与下标运算

9.2.2　能力目标

指针使用下标运算访问所指向的变量。

9.2.3　任务驱动

1. 任务的主要内容

使用 malloc(int size) 分配的内存时，可动态指定内存的大小，即可以将某个变量的值传递给参数 size。如果让指针 p 指向 malloc(int size) 分配的内存，那么当 p 使用下标运算访问该内存时，就好像 p 是一个一维数组一样。编写程序让 p 用下标运算访问 malloc(int size) 分配的内存。具体要求如下。

- 用户输入要排序的数的个数。
- 用户输入要排序的整数。
- 将用户输入的数写入 malloc(int size) 分配的内存。
- 让指针 p 指向 malloc(int size) 分配的内存。
- 把 p 看做一个数组，用气泡法对 p 的元素进行排序。

2. 任务的模板

将模板中的【代码】替换为程序代码，模板代码运行效果如图 9.5 所示。

```
输入要排序的int型整数的个数:6
输入6个整数(空格分隔):
99  23  10  19  28  88
6个整数排序后:
10  19  23  28  88  99
```

图 9.5　数组排序

data. c

```c
#include<stdio.h>
#include<malloc.h>
int main(){
```

```
int amount,i=1,m,t;
int * p, * save;
printf("输入要排序的 int 型整数的个数：");
scanf("%d",&amount);
【代码 1】        //将 p 新指向 malloc 所分的 4 * amount 个字节的内存
save=p;
printf("输入%d 个整数(空格分隔)：\n",amount);
for(i=0;i<amount;i++) {
    scanf("%d",p++);
}
p=save;
【代码 2】        //把 p 看做数组，用起泡法排序数组 p
printf("%d 个整数排序后：\n",amount);
for(i=0;i<amount;i++) {
    printf("%-4d",p[i]);
}
}
```

3. 任务小结或知识扩展(包括模板【代码】参考答案)

（1）动态数组

在第 7 章学习数组时，我们知道，按照 ANSI C(C89)的规定，在定义数组时必须使用常量来指定数组的长度(数组元素的个数)，不允许使用变量的值指定数组的大小，例如，下列代码是错误的。

```
int n=12;
float a[n];
```

让一个指针 p 指向 malloc(int size)分配的内存，由于 p 可以用下标运算访问该内存，因此就可以把 p 看做一个数组。由于可以动态指定 malloc(int size)所分配内存的大小，因此相对通常的数组，p 是可以动态指定长度的数组。

（2）模板的参考代码

【代码 1】：p=malloc(4 * amount);
【代码 2】：
```
for(m=0;m<amount-1;m++) {           //把 p 看做数组，用起泡法排序数组 p
    for(i=0;i<amount-1-m;i++) {
        if(p[i]>p[i+1]){
            t=p[i];
            p[i]=p[i+1];
            p[i+1]=t;
        }
    }
}
```

9.2.4 实践环节

统计学生成绩(成绩是 short 型整数)，具体要求如下。

• 用户输入班级人数。

- 用户输入每个学生的成绩。
- 将用户输入的成绩写入 malloc(int size)分配的内存。
- 让指针 p 指向 malloc(int size)分配的内存。
- 把 p 看做一个数组,输出 p 的元素的平均值,以及不及格的人数。

(参考代码见附录 A)

9.3 calloc 内存分配函数

9.3.1 核心知识

1. calloc 函数

程序需要处理若干个类型相同的数据,如果准备使用数组处理这些数据,就要事先知道这些数据的准确个数,其原因是:声明数组时必须使用常量值指定数组的大小。也就是说按照 ANSI C 标准(C89),不能使用变量的值指定数组的大小。

可以使用标准库函数 void * calloc(int n,int size)让操作系统为程序分配可安全使用的内存,该内存被连续分成 n 个区域,每个区域的大小是 size 个字节。calloc(int n,int size) 函数返回所分配的内存的首地址,该地址可以被存放到任何类型的指针变量中。这样,程序就可以使用 calloc(int n,int size)分配的内存区域存放类型相同的数据,并使用指针操作这些数据,但和创建数组不同的是,在使用 calloc(int n,int size) 函数分配内存时,可以将变量的值传递给该函数的 2 个参数。可以像操作数组一样来处理 calloc(int n,int size)分配的内存,其中的 n 相当于数组的元素的个数,size 相当于每个元素所占内存的大小,但使用 calloc 可动态确定数组的大小,即数组含有的元素的个数可以由一个变量的值来指定。

2. 简单示例

下面的例 5 演示了 calloc 函数的用法。程序的输出结果是:1、2、3。

例 5

example9_5. c

```c
#include<stdio.h>
#include<malloc.h>
int sum(int a[],int n);
int main(){
    int * p, * start,i=0;
    p=calloc(3,4);         //相当于创建了一个类型为 int、长度为 3 的 int 型数组
    start=p;
    for(i=0;i<3;i++) {
        start[i]=i+1;
    }
    for(i=0;i<3;i++) {
        printf("%3d",p[i]);
    }
}
```

9.3.2 能力目标

掌握使用指针访问 calloc 函数所分配的内存。

9.3.3 任务驱动

1. 任务的主要内容

车站准备统计列车上的旅客人数,但各次列车的车厢数目不尽相同。编写程序,用户首先输入车厢的数目,然后再依次输入每节车厢中的人数,程序最后统计出列车上的总人数。在编写该程序时,需要使用 calloc(int n,int size)分配内存区域(模拟列车)。

2. 任务的模板

将模板中的【代码】替换为程序代码,模板代码运行效果如图 9.6 所示。

```
输入车厢数目(按Enter键确认):
5
依次输入每节车厢的人数(逗号分隔):
118,100,99,89,102
列车上的旅客数:508
```

图 9.6 统计列车中的旅客人数

carriage. c

```c
#include<stdio.h>
#include<malloc.h>
int sum(int a[],int n);          //返回数组元素值之和的函数原型
int main(){
    int amount,i,peopleNumber;
    int * p,* firstCarriage;
    printf("输入车厢数目(按 Enter 键确认): \n");
    scanf("%d",&amount);
```
【代码 1】
/* 使用 calloc 分配内存,内存分成 amount 个区域,每个区域的大小是 4 字节,并将内存的首地址赋值给指针 p */
【代码 2】   //把 p 赋值给 firstCarriage
```c
    printf("依次输入每节车厢的人数(逗号分隔): \n");
    for(i=0;i<amount;i++) {
        scanf("%d,", p);
        p++;
    }
```
【代码 3】
/* 调用 sum(int a[],int n)函数,将 firstCarriage 和 amount 传递给 sum 的参数,并将 sum 函数的返回值赋给 peopleNumber */
```c
    printf("列车上的旅客数:%d\n",peopleNumber);
}
int sum(int a[],int n) {
    int peopleNumber=0,i;
    for(i=0;i<n;i++)
      peopleNumber=peopleNumber+a[i];
    return peopleNumber;
}
```

3. 任务小结或知识扩展(包括模板【代码】参考答案)

(1) 释放内存

如果是在一个函数(非主函数)中使用 calloc 获得内存,那么该函数调用完毕后,系统并

不主动释放该内存。可以使用 free 函数释放 calloc 函数所分配的内存,假设 p 存放的是 calloc 所分内存的首地址,那么执行 free(p);将释放 calloc 所分配的内存。

calloc(int n,int size)函数分配的内存大小相当于用 malloc(n * size)分配的内存大小, 例如:calloc(3,4)分配的内存是 12 字节,malloc(3 * 4)分配的内存也是 12 字节。

(2) 模板的参考代码

【代码 1】: p=calloc(amount,4);
【代码 2】: firstCarriage=p;
【代码 3】: peopleNumber=sum(firstCarriage,amount);

9.3.4 实践环节

不使用 calloc 函数,而是使用 malloc(int size)函数,编写模板代码同样功能的程序。

可以使用 malloc(int size)函数分配的内存空间。其中,size 是所分内存的大小(单位是 字节)。malloc(int size)函数返回所分内存的首地址。可以将某个指针变量指向 malloc 所 分配的内存区域,比如:

```
int * p;
p=malloc(2 * 4);
```

那么就可以将 2 个 int 型数据放入 malloc 所分配的内存区域(该内存区域的大小是 8 字 节)。比如:

```
* p=678;
p=p+1;
* p=76752;
```

(参考代码见附录 A)

9.4 指 针 数 组

9.4.1 核心知识

假如需要 5 个 int 型指针变量,如果如下声明,显然很辛苦。

```
int * p1, * p2, * p3, * p4, * p5;
```

而且也不方便统一使用它们,这时就应当使用指针数组。

1. 语法格式

声明指针数组的格式是:

类型 * 数组名[常量];

例如:

```
int * p[5];
```

那么 p[0],p[1],p[2],p[3]和 p[4]就是 5 个 int 型指针变量,即 p[0],p[1],p[2],p[3]和

p[4]用来存放 int 型变量的地址。

2. 简单示例

有 4 名学生,参加了 3 门课程:数学、英语和物理的考试,成绩如表 9.1 所示(每行依次显示的是一名学生的三科成绩)。

表 9.1　成绩表　　　　　　　　　　　　　　　　单位:分

数学	英语	物理
88	78	77
69	98	80
90	88	90
66	97	95

现在希望按数学成绩从高至低输出成绩表中的成绩。

将学生成绩存放在 4 行 3 列的二维数组 a[4][3]中。然后声明一个指针数组 p,通过排序指针数组 p,最终让 p[0]指向二维数组的第 2 行的首元素,p[1]指向二维数组的第 0 行首元素,p[2]指向二维数组的第 1 行首元素,p[3]指向二维数组的第 3 行首元素,如图 9.7 所示。程序运行效果如图 9.8 所示。

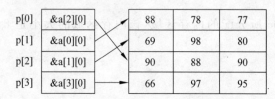

图 9.7　让数组中的指针以数学成绩确定指向　　　图 9.8　以数学成绩高低输出成绩

例 6

example9_6.c

```c
#include<stdio.h>
int main(){
    int a[4][3]={{88,78,77},{69,98,80},{90,88,90},{66,97,95}};
    int * p[4];
    int i,j;
    p[0]=&a[0][0];
    p[1]=&a[1][0];
    p[2]=&a[2][0];
    p[3]=&a[3][0];
    for(i=0;i<4;i++){          //排序数组 p
        for(j=i+1;j<4;j++){
            if(p[j][0]>p[i][0]){
                int * t;
                t=p[i];
                p[i]=p[j];
                p[j]=t;
            }
```

```
        }
    }
    for(i=0;i<4;i++){
        for(j=0;j<3;j++){
            printf("%-5d",p[i][j]);
        }
        printf("\n");
    }
    return 0;
}
```

9.4.2　能力目标

掌握使用指针数组。

9.4.3　任务驱动

1. 任务的主要内容

输出业绩表(见表 9.2)。某工厂有 5 位销售人员,表 9.2 所示为 5 位销售人员在 4 个季度的销售额(单位:万元)。

表 9.2　销售数据表

一	二	三	四
3	8	7	10
10	11	51	20
23	9	78	5
1	2	1	1
19	2	1	3

编写程序,不允许更改销售数据表(见表 9.2)中的数据,即保持原销售数据表的数据结构不变,但程序能按 4 个季度销售总额从大到小输出一个业绩表,并在业绩表的最后一列列出每位销售员的年销售总额。

- 程序声明 5 行 5 列的二维数组 a,每行的前 4 个元素的值是销售数据表中相应行中的 1～4 季度的销售额,每行的最后一个元素用于存放年销售总额。
- 声明一个指针数组 p,首先将 p[i]指向第 i 行(a[i])的首元素。
- 排序指针数组 p,排序的最终效果是:p[0]指向年销售额最多的行,即 p[i]指向的年销售额大于 p[i+1]指向的年销售额。
- 输出 p[i]指向的数组的元素的值。

2. 任务的模板

仔细阅读、调试模板代码,然后完成实践环节,模板代码运行效果如图 9.9 所示。

achievement.c

```
#include<stdio.h>
```

一	二	三	四	年额
23	9	78	5	115
10	11	51	20	92
3	8	7	10	28
19	2	1	3	25
1	2	1	1	5

图 9.9　输出业绩表

```
int sum(int [],int);
int main(){
    int a[5][5]={{10,11,51,20},{3,8,7,10},{19,2,1,3},{23,9,78,5},{1,2,1,1}};
    int * p[5];
    int i,j,total=0;
    for(i=0;i<=4;i++)
      p[i]=&a[i][0];                       //int 型指针 p[i]指向第 i 行的首元素
    for(i=0;i<5;i++) {                      //排序数组 p
      for(j=i+1;j<5;j++){
          if(sum(p[j],4)>sum(p[i],4)) {
            int * t;
            t=p[i];
            p[i]=p[j];
            p[j]=t;
          }
      }
    }
    for(i=0,total=0;i<5;i++) {
        total=sum(a[i],4);
        a[i][4]=total;
    }
    printf("%6s%6s%6s%6s%6s\n","一","二","三","四","年额");
    for(i=0;i<5;i++){
        for(j=0;j<5;j++){
            printf("%6d",p[i][j]);     //注意 p[i]是指向第 i 行的 int 型指针
        }
        printf("\n");
    }
    return 0;
}
int sum(int a[],int m) {
    int s=0,i;
    for(i=0,s=0;i<m;i++) {
        s=s+a[i];
    }
    return s;
}
```

3. 任务小结或知识扩展

任务模板代码和 7.4 节中的任务模板代码类似,但处理的方式却完全不同。

9.4.4 实践环节

改写任务模板程序使得按第四个季度销售额从大到小输出一个业绩表。
(参考代码见附录 A)

9.5 指向行的指针与二维数组

9.5.1 核心知识

1. 间接访问符与二维数组的名字

与一维数组不同,对于二维数组 a,间接运算符 * 作用于数组名的规则如下:

　　＊a 引用的不是数组的元素,而是二维数组的第 0 行,即 ＊a 是 a[0]。 ＊(a+i)引用的是二维数组的第 i 行,即 ＊(a+i)是 a[i]。

　　对于二维数组 a 有如下的结论:

```
* ( * (a+i)+j)
```

就是二维数组的第 i 行第 j 列上的元素。例如,对于二维数组:

```
int a[3][4]={ {10,20,30,40},
              {50,60,70,80},
              {90,91,92,93}
            };
```

＊(＊(a+1)+3)的值是 80(即 a[1][3]的值),＊(＊(a+2)+1)的值是 91(即 a[2][1]的值),＊(＊a+2)的值是 30(即 a[0][2]的值)。

　　需要特别注意的是:＊(＊(a+2)+3)与 ＊(＊a+2)+3 完全不同,＊(＊(a+2)+3)是 a[2][3](值是 93),而 ＊(＊a+2)+3 是 a[0][2]+3(值是 33)。

2. 指向行的指针

　　由于二维数组是由一维数组所构成,即由行所构成。C 语言专门提供了可以指向行的指针变量。声明指向行的指针变量的格式如下:

```
类型 ( * 指针变量的名字)[常量];
```

　　例如:

```
int ( * p)[4];
```

　　声明格式中的 ＊ 号和一对小括号都是为了标志声明的指针变量 p 将指向行(即一维数组),一对中括号中的常量用来说明行的长度(即一维数组含有的元素的个数),类型用来说明行的类型(即一维数组的类型)。

　　对于指向行的指针变量 p,操作系统认为变量中存放的地址表示的是"行地址"(行地址的值定义为该行的首元素的地址),p 使用间接运算符可以访问所指向的行。例如,对于二维数组:

```
int a[3][4]={{1,2,3,4},{5,6,7,8},{9,10,11,12}};
```

可以声明一个指向行的指针变量 p:

```
int ( * p)[4];
```

让 p 指向第 0 行:

```
p=&a[0][1]
```

尽管 p 中存放的是第 0 行首元素的地址,但由于 p 不是普通的指向变量的指针变量,而是指向行的指针变量,即操作系统认为变量 p 中存放的地址表示的是"行地址",因此 ＊p 不是数组的元素,而是第 0 行,即 a[0]。如果进行如下操作:

```
p=p+1;
```

那么 p 指向第 1 行,这时 * p 就是 a[1]。依次让 p 自增,就可以让 p 访问二维数组的各个行。

对于指向第 0 行的指针变量 p,有如下的结论。

* p 是 a[0], * (p+1)是 a[1],依次类推, * (p+i)是 a[i]。

* (* (p+i)+j)是二维数组第 i 行、第 j 列上的元素,即是 a[i][j]。

3. 简单示例

在下面例 7 中,使用指向行的指针分别访问二维数组各个行的元素,并计算了每行的和。程序运行效果如图 9.10 所示。

```
数组第0行的和:6
数组第1行的和:15
数组第2行的和:24
```

图 9.10 输出每行的和

例 7

example9_7. c

```c
#include<stdio.h>
int main(){
    int a[3][3]={{1,2,3},{4,5,6},{7,8,9}};
    int (* p)[3];
    int sum=0,row=0,k=0;
    for(p=a;p<=a+2;p++){
        sum=0;
        k=0;
        while(k<3){
            sum=sum+(* p)[k];
            k++;
        }
        printf("数组第%d行的和:%d\n",row,sum);
        row++;
    }
    return 0;
}
```

9.5.2 能力目标

掌握使用指向行的指针变量。

9.5.3 任务驱动

1. 任务的主要内容

计算二维数组的每行的元素之和。

- 在 main 函数中声明一个二维数组 a[3][4]并初始化。
- 定义一个指向行的指针变量 p,并让 p 指向 a 的首行。
- 定义的函数 int add(int [],int)负责返回行的和。
- 将 p 指向的各个行传递函数:int add(int [],int)。

2. 任务的模板

仔细阅读、调试模板程序。

sum.c

```
#include<stdio.h>
int add(int a[],int n);
int main(){
    int a[3][4]={{1,2,3,4},{5,6,7,8},{9,10,11,12}};
    int (*p)[4];
    int sum=0;
    for(p=a;p<a+3;p++){
        sum=0;
        sum=sum+add(*p,4);
        printf("该行元素之和 sum=%d\n",sum);
    }
}
int add(int a[],int n) {
    int sum=0,i;
    for(i=0;i<n;i++)
        sum=sum+a[i];
    return sum;
}
```

3. 任务小结或知识扩展

指向行的指针变量的声明格式是：

类型 (*指针变量的名字)[常量];

初学者容易把声明指向行的指针变量和声明指针数组相混淆。指针数组的元素是指针变量，声明指针数组的格式是：

类型 * 数组名[常量];

9.5.4　实践环节

计算二维数组的每行元素中的最大值。
- 在 main 函数中声明一个二维数组 a[3][4]并初始化。
- 定义一个指向行的指针变量 p，并让 p 指向 a 的首行。
- 定义的函数 int max(int [],int)负责返回行的最大值。
- 将 p 指向的各个行传递函数：int max(int [],int)。

（参考代码见附录 A）

小　结

- 可以让指针变量指向一维或二维数组的元素，然后使用指针访问数组的元素。
- 数组名可以使用间接访问运算符访问数组的元素。
- 指针也可以使用下标运算访问所指向的变量。

习　题　9

1. 假如有数组 int a[]={1,2,3,4,5}，下列指针指向了数组元素值是 3 的元素的是_____。

  A. int * p＝a；   B. int * p ＝a+1；

  C. int * p＝a+2；   D. int * p＝&a[3]；

2. 下列代码能通过编译吗？运行有危险吗？

```
#include<stdio.h>
int main(){
    int a[]={100,200,300};
    int * p=a+2;
    printf("%d\n",* p);
    p=p+1;
    * p=-111;
}
```

3. 下列程序的输出结果是_____。

```
#include<stdio.h>
int main(){
    int a[]={100,200,300};
    int * p,sum=0;
    p=a;
    while(++p<a+3){
        sum=sum+(* p);
    }
    printf("%d",sum);
    return 0;
}
```

4. 下列程序的输出结果是_____。

```
#include<stdio.h>
int main(){
    int a[]={100,200,300};
    int * p,sum=0;
    p=a;
    while(p<a+3){
        sum=sum+(* p++);
    }
    printf("%d",sum);
    return 0;
}
```

5. 下列程序的输出结果是_____。

```
#include<stdio.h>
int main(){
```

```
    int a[]={1,2,3};
    int * p,sum=0;
    p=a;
    while(p<a+2){
        sum=sum+(* ++p);
    }
    printf("%d",sum);
    return 0;
}
```

6. 下列程序的输出结果是_____。

```
#include<stdio.h>
int main(){
    int a[]={5,6,100};
    int * p;
    p=a;
    printf("%d\n",++ * p);
    printf("%d\n", * p++);
    printf("%d\n", * ++p);
    return 0;
}
```

7. 下列程序的输出结果是_____。

```
#include<stdio.h>
int main(){
    int a[2][3]={{5,6,100},{100,200,300}};
    int * p;
    p=&a[1][0];
    printf("%d,%d",p[0],p[2]);
    return 0;
}
```

8. 下列程序的输出结果是_____。

```
#include<stdio.h>
int main(){
    int a[2][3]={{5,6,100},{100,200,300}};
    int result;
    result= * (* (a+1)+2);
    printf("%d\n",result);
    result= * * (a+1)+2;
    printf("%d\n",result);
    return 0;
}
```

9. 下列程序的输出结果是_____。

```
#include<stdio.h>
int main(){
    int a[3][3]={{1,2,3},{4,5,6},{7,8,9}};
    int (* p)[3];
```

```
    int r1,r2;
    p=a;
    r1= * ( * (p+1)+1);
    r2= * ( * (p+2))+10;
    printf("%d,%d\n",r1,r2);
    return 0;
}
```

10. 参考例 6,编写程序,按英语成绩从高到低输出成绩表。

第 10 章

指针与函数

主要内容

- 指向函数的指针变量
- 指向函数的指针做参数
- 返回地址的函数

函数是 C 程序封装数据和语句的代码块,C 程序是由函数所构成,第 6 章曾详细讨论了函数的基本结构。本章将介绍怎样使用指针变量间接调用函数。

10.1　指向函数的指针变量

10.1.1　核心知识

1. 函数的名字与入口地址

函数是 C 程序的代码块,当函数被调用执行时操作系统为函数分配一个称为入口地址的"地址"。函数执行时从入口地址开始占用所需要的内存,即函数被调用执行时,函数体中的局部变量、函数的参数从入口地址开始被分配内存空间,也就是说函数的入口地址是执行函数时的"进入点"。函数的名字就代表函数的入口地址,比如,int add(float,float)是一个函数,那么,输出语句 printf("%d",add);会输出函数 add 的入口地址。

2. 指向函数的指针变量

声明存放函数入口地址的指针变量(或简称指针)的格式如下:

类型 (＊指针变量的名字)(参数列表);

例如:

```
int (＊p)(float,float);
```

表示 p 是用来存放 int 型函数(该函数的参数是 float 类型)的入口地址的指针变量。

指针变量存放了某个函数的入口地址后,就称指针变量指向了该函数。

3. 用指针变量调用函数

指针变量指向某个函数后,就可以让指针变量使用间接访问运算符 ＊ 间接调用所指向的函数,例如,指针 p 指向了函数 add,那么 * p 就是函数的名字。仅仅使用函数的名字不能调用该函数(名字仅仅是函数的入口地址),因此,使用指向函数的指针 p 间接调用所指向的函数的格式是:

    (* p)(参数列表);

需要注意的是,当使用指针 p 间接调用所指向的函数时,不要将格式错误地写成:

    * p(参数列表)

p 指向了函数 add,那么(* p)(20,30)是使用指针间接访问函数的正确的方式,即等价于 add(20,30)。而 * p(20,30)是非法的表达式,其原因是,小括号的级别是一级,编译器将首先解析 * p(20,30)中的 p(20,30),但由于 p 是指针变量、不是函数的名字,导致 p(20,30)是非法的表达式。

4. 简单示例

在下面的例 1 中,main 函数分别使用直接方式和间接方式调用 int add(int,int)和 int sub(int,int)函数。运行效果如图 10.1 所示。

例 1

```
直接调用函数add, 30.780000与18.220000的和:49.000000
直接调用函数sub, 30.780000与18.220000的差:12.560000
间接调用函数add, 30.780000与18.220000的和:49.000000
间接调用函数sub, 30.780000与18.220000的差:12.560000
```

图 10.1   直接和间接调用函数

example10_1. c

```c
#include<stdio.h>
double add(double,double);
double sub(double,double);
int main(){
    double x=30.78,y=18.22;
    double (* p)(double,double);
    printf("直接调用函数 add,%f 与%f 的和:%f\n",x,y,add(x,y));
    printf("直接调用函数 sub,%f 与%f 的差:%f\n",x,y,sub(x,y));
    p=add; //p 指向函数 add
    printf("间接调用函数 add,%f 与%f 的和:%f\n",x,y,(* p)(x,y));
    p=sub; //p 指向函数 sub
    printf("间接调用函数 sub,%f 与%f 的差:%f\n",x,y,(* p)(x,y));
    return 0;
}
double add(double x,double y) {
    return x+y;
}
double sub(double x,double y) {
    return x-y;
}
```

10.1.2   能力目标

掌握函数的入口地址、指向函数的指针,以及使用指针间接调用函数。

10.1.3　任务驱动

1. 任务的主要内容

用两个函数分别模拟 200 米运动员和 400 米运动员跑步。

- 在源文件 person1.c 中,编写一个 float run200(float step),该函数使用一个循环语句累加 step,使得累加结果为 200,并返回累加的结果。
- 在源文件 person2.c 中,编写一个 float run400(float step),该函数使用一个循环语句累加 step,使得累加结果为 400,并返回累加的结果。
- 在 main 函数中声明一个类型为 float、名字为 look 的指针变量,该指针变量用于存放函数的入口地址。指针变量 look 指向函数 run200,输出该函数的入口地址,然后用 look 间接调用该函数;再让指针变量 look 指向函数 run400,输出该函数的入口地址,然后用 look 间接调用该函数。

2. 任务的模板

将模板中的【代码】替换为程序代码,模板代码运行效果如图 10.2 所示。

run.c

```
#include<stdio.h>
#include<time.h>
float run200(float);
float run400(float);
int main(){
    float (*p)(float);          //声明指向函数的指针变量 p
    float distance=0;
    long time1,time2;
    【代码 1】                    //让 p 指向函数 run200
    printf("200米的起跑地址:%u.\n",p);
    time1=clock();
    【代码 2】/*用 p 间接调用所指向的函数,每步跑 0.00008km,即将 0.00008 传递给 run200
              (float step)的参数 step,并将函数的返回值赋给 distance*/
    time2=clock();
    printf("200米运动员跑了:%0.2f 米,用时%ld毫秒.\n",distance,time2-time1);
    【代码 3】                    //让 p 指向函数 run400
    printf("400米的起跑地址:%u.\n",p);
    time1=clock();
    【代码 4】/*用 p 间接调用所指向的函数,每步跑 0.00008km,即将 0.00005 传递给 run400
              (float step)的参数 step,并将函数的返回值赋给 distance*/
    time2=clock();
    printf("400米运动员跑了:%0.2f 米,用时%ld毫秒.\n",distance,time2-time1);
    return 0;
}
float run200(float step){
    float distance=0;
    while(1){
        if(distance-200>=0)
            break;
        distance=distance+step;
```

图 10.2　模拟运动员跑步

```
200米的起跑地址:4199312.
200米运动员跑了:200.00米,用时46毫秒.
400米的起跑地址:4199388.
400米运动员跑了:400.00米,用时94毫秒.
```

```
    }
    return distance;
}
float run400(float step){
    float distance=0;
    while(1) {
      if(distance>=400)
          break;
      distance=distance+step;
    }
    return distance;
}
```

3. 任务小结或知识扩展(包括模板【代码】参考答案)

(1) 省略参数列表

当函数的参数类型是 int 型，声明指针时，可以省略参数列表，例如：

类型 (＊指针变量的名字)();

(2) clock 函数

clock 函数返回程序从开始运行至执行该函数所用的时间(单位是毫秒)。比如程序执行若干语句后的用时是 1000 毫秒(1 秒)，此时调用 clock 函数返回的值就是 1000。

(3) 模板的参考代码

【代码 1】: p=run200;
【代码 2】: distance=(＊p)(0.00008f);
【代码 3】: p=run400;
【代码 4】: distance=(＊p)(0.00005f);

10.1.4 实践环节

在任务模板的代码基础上再增加一个模拟 800 米运动员跑步的函数。

(无参考代码)

10.2 指向函数的指针做参数

10.2.1 核心知识

1. 让函数的参数指向其他函数

一个函数的参数如果是指向函数的指针变量，那么该函数在执行时就可以让参数间接地调用所指向的函数。

下列函数原型的第 1 个参数是指向函数的指针变量，第 2 个参数是 int 型变量。

double getAverage(int(＊)(int),int);   //函数原型

以下是根据上述函数原型给出的函数定义。

double getAverage(int (＊p)(int),int n){

```
    double aver;
    aver=(*p)(n);                               //调用 p 指向的函数
    return aver/n;
}
```

2. 简单示例

假设要编写一个计算 1 至 100 的连续和的平均值的函数 getAverage,发现已经有写好了怎样计算 1 至 100 的连续和的函数 getSum,那么在编写 getAverage 函数时,就可以将 getAverage 的一个参数设置为指向函数的指针,这样一来,getAverage 函数就可以让指针参数间接地调用 getSum 计算出连续和,然后 getAverage 函数再对该连续和实施平均运算。

例 2 中的 main 函数调用 double getAverage(int (＊)(),int)函数计算了 1 至 100 的连续和的平均值。运行效果如图 10.3 所示。

例 2

1至100的连续和的平均值:50.50

图 10.3　使用参数间接调用函数

example10_2.c

```
#include<stdio.h>
double getAverage(int (*)(),int);              //函数原型
int getSum(int);                               //函数原型
int main(){
    double result;
    int n=100;
    result=getAverage(getSum,n);               //返回 1 至 100 的连续和的平均值
    printf("1至%d的连续和的平均值:%0.2f\n",n,result);
    return 0;
}
double getAverage(int (*p)(),int n){
    double aver;
    aver=(*p)(n);
    return aver/n;
}
int getSum(int n) {
    int sum=0,i;
    for(i=1;i<=n;i++){
        sum=sum+i;
    }
    return sum;
}
```

10.2.2　能力目标

掌握将函数的地址传递给函数的指针类型的形参。

10.2.3　任务驱动

1. 任务的主要内容

司令部的作战任务。司令部让某师长执行作战任务,但不允许直接调用代表师长执行任务的 battle1 函数,而是调用一个称为命令的函数 commad(void (＊)()),该函数的参数

是指针,该指针可以指向 battle1 函数。

- 编写一个 void battle1()函数,该函数输出有关师长的作战任务。
- 编写一个 void battle2()函数,该函数输出有关旅长的作战任务。
- 编写一个 commad(void (* p)())函数,该函数使用指针间接调用所指向的函数。
- 在 main 函数中调用 commad(void (* p)()),并将 void battle1()或 void battle2()函数的入口地址传递给参数 p。

2. 任务的模板

仔细阅读、调试模板代码,然后完成实践环节,模板代码运行效果如图 10.4 所示。

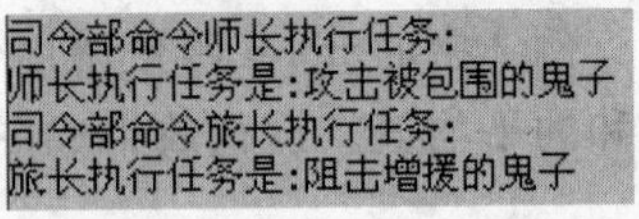

command. c

```
#include<stdio.h>
#include<time.h>
void battle1();
void battle2();
void command(void (*)());
int main(){
    printf("司令部命令师长执行任务:\n");
    command(battle1);
    printf("司令部命令旅长执行任务:\n");
    command(battle2);
    return 0;
}
void command(void (* p)()) {
    (* p)();
}
void battle1() {
    printf("师长执行任务是:攻击被包围的鬼子\n");
}
void battle2() {
    printf("旅长执行任务是:阻击增援的鬼子\n");
}
```

司令部命令师长执行任务:
师长执行任务是:攻击被包围的鬼子
司令部命令旅长执行任务:
旅长执行任务是:阻击增援的鬼子

图 10.4　下达作战命令

3. 任务小结或知识扩展

当程序中的一个函数需要调用其他函数时,可以考虑在函数的参数列表中包括指针类型的参数,那么指针参数就能间接地调用它所指向的函数。

10.2.4　实践环节

在模板代码的基础上增加代码,要求再增加一个表示团长作战任务的函数。

(无参考代码)

10.3　返回地址的函数

10.3.1　核心知识

一个函数可以返回整型、字符型、浮点型等数据,也可以定义返回地址的函数。

1. 语法格式

声明返回地址的函数原型的格式如下：

类型 * 函数名字(参数列表);

格式中的"类型"是表明函数返回的是哪种类型的变量的地址,符号 * 表明函数返回的值是地址。例如,对于函数原型：

int * f(int,int);

在定义函数 f 时,f 必须返回一个 int 型变量的地址。

注意：在声明返回变量地址的函数原型时,可以将函数的类型设置为 void,其作用是允许函数返回任何类型变量的地址,比如返回 int 型变量地址,返回 float 型变量的地址等,也可以不返回任何数据。

2. 简单示例

在下面的例 3 中,函数 void * g(int)将自己的 static 局部变量 y 的地址返回给 main 函数,main 函数使用指针间接访问 void * g(int)中的 y,并更改了 y 的值。运行效果如图 10.5 所示。

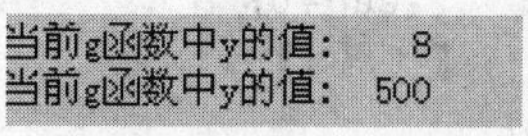

当前g函数中y的值: 8
当前g函数中y的值: 500

图 10.5   返回 static 变量的地址

例 3

example10_3. c

```c
#include<stdio.h>
void * g();
int main(){
    int * p;
    p=g();
    * p=500;
    g();
    return 0;
}
void * g(){
    static int y=8;
    printf("当前 g 函数中 y 的值：%5d\n",y);
    return &y;
}
```

10.3.2 能力目标

掌握如何定义返回地址的函数。

10.3.3 任务驱动

1. 任务的主要内容

招待客人喝茶时,需要给客人的茶杯中续水。编写程序,模拟客人喝茶的过程,要求能即时输出杯中的水量。

• 编写一个 int * drinkWithCup(int amount)函数,该函数模拟客人喝茶。该函数中声明一个名字为 cup、类型为 int 的 static 局部变量,初始值为 10。该函数将 cup 与参数 amount 的差赋值给 cup(模拟客人将水杯中的水喝掉 amount),并返回 cup 的地址(以便主人向杯子中续水)。

- 在 main 中反复调用 int * drinkWithCup(int amount)函数(模拟客人喝茶),将该方法返回的地址存放到一个指针变量中,并检查指针所指向的变量中的值,必要时用该指针访问所指向的变量,比如改变该变量的值(模拟为客人续水)。

2. 任务的模板

将模板中的【代码】替换为程序代码,模板代码运行效果如图 10.6 所示。

drinkWater. c

```
#include<stdio.h>
int * drinkWithCup(int);            //返回地址的函数原型
int * drinkWithCup(int amount) {
    static int cup=10;
    cup=cup-amount;
    printf("客人喝了%d 毫升水：\n",amount);
    if(cup<=0)
        cup=0;
    【代码 1】                        //返回 cup 的地址
}
int main(){
    int * p;
    【代码 2】
    //调用 drinkWithCup(int amount)函数,将 2 传给参数 amount,并将返回值赋给指针 p
    printf("客人茶杯中还剩%d 毫升.\n", * p);
    p=drinkWithCup(5);
    printf("客人茶杯中还剩%d 毫升.\n", * p);
    printf("为客人续水 10 毫升\n");
    * p= * p+10;             //模拟为客人续水(p 间接访问 drinkWithCup 函数中的 cup)
    printf("客人茶杯中还剩%d 毫升.\n", * p);
    p=drinkWithCup(1);
    printf("客人茶杯中还剩%d 毫升.\n", * p);
    return 0;
}
```

客人喝了2毫升水:
客人茶杯中还剩8毫升.
客人喝了5毫升水:
客人茶杯中还剩3毫升.
为客人续水10毫升
客人茶杯中还剩13毫升.
客人喝了1毫升水:
客人茶杯中还剩12毫升.

图 10.6 计算客人茶杯中的剩余水量

3. 任务小结或知识扩展(包括模板【代码】参考答案)

(1) static 局部变量

当函数调用执行完毕,操作系统不释放为 static 局部变量分配的内存空间,只释放为 auto 局部变量分配的内存空间。可以把 static 理解为:在程序运行期间,操作系统为 static 局部变量分配了一个固定的、不再改动的内存区域。当函数调用执行完毕,操作系统不释放为 static 局部变量分配的内存空间(这一点和 auto 局部变量不同),函数调用结束时会保留当前 static 变量的值。也就是说,函数被再次调用时,操作系统不再为 static 局部变量分配内存或初始化。

(2) 模板的参考代码

【代码 1】: return ∪

【代码 2】: p=drinkWithCup(2);

10.3.4 实践环节

在模板代码的基础上,增加一个模拟客人喝酒的函数,在 main 函数中调用该函数。(无参考代码)

小　结

- 函数的名字的值是函数的入口地址。
- 如果指针变量指向函数,就可以让指针间接调用所指向的函数。
- 可以声明定义返回变量地址的函数。

习　题　10

1. 下列声明指向函数的指针变量的是_____。

    A. int * p;　　　　B. int * p();　　　　C. int (* p)()　　　　D. int (* p)[3]

2. 下列程序的输出结果是_____。

```c
#include<stdio.h>
int max(int,int);
int main(){
    int x=12,y=17;
    int ( * p)();
    p=max;
    printf("%d\n",( * p)(x,y));
    return 0;
}
int max(int x,int y) {
    return x>y?x: y;
}
```

3. 下列程序的输出结果是_____。

```c
#include<stdio.h>
void look(void ( * )());
void digit();
void letter();
int main(){
    look(digit);
    look(letter);
    return 0;
}
void look(void ( * p)()){
    ( * p)();
    printf("\n");
}
```

```
void letter() {
    char ch;
    for(ch='A';ch<='E';ch++)
        printf("%5c",ch);
}
void digit() {
    int i;
    for(i=1;i<=5;i++)
        printf("%5d",i);
}
```

4. 下列程序的输出结果是_____。

```
#include<stdio.h>
long * f(int);
int main(){
    long * p;
    printf("\n%ld",* f(1));
    printf("\n%ld",* f(2));
    p=f(1);
    * p=10;
    printf("\n%ld",* f(1));
    printf("\n%ld",* f(2));
    return 0;
}
long * f(int n){
    static long y=1;
    y=y+n;
    return &y;
}
```

5. 下列代码能通过编译吗？运行有危险吗？

```
#include<stdio.h>
int * f();
int main(){
    int * p;
    p=f();
    * p=500;
    printf("%d\n",* p);
}
int * f(){
    int y=8;
    return &y;
}
```

处理字符串

主要内容

- char 型数组与字符串
- 指针与字符串
- puts 函数与 gets 函数
- 检索字符串
- 字符串转化为数字
- 排序字符串

字符串是程序设计中经常需要处理的数据,因此单列一章给予讲述。

11.1　char 型数组与字符串

11.1.1　核心知识

1. 字符串常量的格式

用双引号括起来的字符序列称为字符串常量或简称字符串。例如:"I am a student"、"012tea"、"#@()we"等都是字符串常量。

有些字符不能通过键盘输入到字符串中,就需要使用转义字符常量,例如:

\n(换行),\b(退格),\t(水平制表),\'(单引号),\"(双引号),\\(反斜线)

等。例如:"this is tab\t",再比如:"he said \"he like shopping\" "中含有双引号字符,但是,如果写成:"he said "he like shopping" ",就是一个非法字符串。另外,初学者经常将表示文件路径的字符串中的反斜线错误地写成\,例如"C:\first\A. c"是非法的字符串,正确的写法是: "C:\\first\\A. c"。

在 C 语言中,字符串默认的最后一个字符是空字符,即字符'\0'。

字符串的长度等于字符串中首次出现的第一个空字符前面的全部字符的个数,例如:"abc"的长度是 3,"abcd\0ABCD"的长度是 4,"boy\ngirl\t\n"的长度是 10。可以使用 string. h 库提供的函数 strlen(char *);返回字符串的长度,例如:

```
strlen("abcd\0ABCD");
```

返回的值是 4。

需要注意的是，一个汉字占用 2 个字节，"你好 ok"的长度是 6(不是 4)。

2. char 数组

可以用 char 数组处理字符串(下一节讲解如何使用 char 型指针处理字符串)。

(1) 逐个初始化

可以把大括号括起来的、用逗号分隔的若干个字符指定为数组元素的初始值，如果大括号括起来的若干个字符的数量小于数组的长度。那么，在大括号中没有对应值的数组元素中的字符默认被初始化为空字符，即'\0'。例如，对于

```
char c[4]={'A','B'};
```

该初始化相当于定义数组

```
char c[4];
```

然后再进行赋值：

```
c[0]='A';
c[1]='B';
c[2]='\0';
c[3]='\0';
```

初始化时可以省略数组的长度。例如：

```
char c[]={'A','B'};
```

等价于

```
char c[2]={'A','B'};
```

(2) 使用字符串初始化数组

在定义 char 型数组时，可以用字符串初始化数组。例如：

```
char c[]="AB";
```

需要注意的是，字符串的最后一个字符是空字符，所以，上述初始化等价于

```
char c[3]="AB";
```

即相当于定义数组：

```
char c[3];
```

然后再进行赋值：

```
c[0]='A';
c[1]='B';
c[2]='\0';
```

也就是说：

```
char c[]="AB";
```

等价于

```
char c[]={'A','B','\0'};
```

但不等价于

```
char c[]={'A','B'};
```

注意：不要混淆 char 型数组元素的个数和 char 型数组中存放的字符串的长度,例如,对于 char c[]="ABC";数组 c 有 4 个元素,但 c 中存放的字符串的长度是 3,即 strlen(c)的值是 3。

3. 使用 scanf 函数

可以使用%c 格式符为 char 型数组 a 的元素从键盘输入字符,例如:

```
scanf("%c",&a[0]);
```

一个方便的办法是使用%s 格式符把从键盘输入的字符串(不含空格)存放到字符数组 a 中,例如:

```
scanf("%s",a);
```

如果输入的字符串有空格,scanf 函数只将空格前的字符串存放在字符数组中。

4. 输出字符串

(1) 在 printf 函数中使用%s 格式符输出字符串或字符数组。例如,对于

```
char c[]=" How are you ";
printf("%s\n","How are you");
```

和

```
printf("%s\n",c);
```

都输出 How are you。

(2) 使用 puts(char *)函数输出字符串,例如:

```
puts("How are you");
```

需要特别注意的是,printf 或 puts 函数在输出字符串或字符数组时,只输出字符串首次出现的第一个空字符前面的全部字符(要保证字符数组中有空字符),例如:

```
puts("Boy\0Girl");
```

输出的是 Boy(不会输出 Girl)。

5. 简单示例

例 1 在 main 函数中声明 4 个名字分别为 a1,a2,a3 和 a4 的 char 型数组,并分别初始化这些数组(模拟电文)。按数组中的有效字符计算电文的价格(每个字符 1 元),即数组中空字符以后的字符不算电文(不予以发送)。运行效果如图 11.1 所示。

电报计费标准:每个有效字符1元.
电报Come的价格:4元
电报To的价格:2元
电报welcome you的价格:11元
电报welcome的价格:7元

图 11.1　计算电报的价格

例 1

example11_1.c

```
#include<stdio.h>
#include<string.h>
int main() {
    int priceUnit=1;
    char a1[5]={'C','o','m','e','\0'};
    char a2[]={'T','o','\0','h','o','m','e'};
    char a3[]="welcome you";
    char a4[]="welcome\0you";
    printf("电报计费标准：每个有效字符%d元.\n",priceUnit);
    printf("电报%s的价格：%d元\n",a1,priceUnit * strlen(a1));
    printf("电报%s的价格：%d元\n",a2,priceUnit * strlen(a2));
    printf("电报%s的价格：%d元\n",a3,priceUnit * strlen(a3));
    printf("电报%s的价格：%d元\n",a4,priceUnit * strlen(a4));
    return 0;
}
```

11.1.2 能力目标

掌握字符数组的初始化。

11.1.3 任务驱动

1. 任务的主要内容

复制字符串。

* 在 main 函数中声明两个 char 型数组 ch1 和 ch2，采用字符串初始化 ch1 和 ch2。要求数组 ch1 的元素的个数大于 ch2 的元素的个数。

* 将 ch2 中的字符（包括空字符）复制到数组 ch1 中，然后输出 ch1 中空字符之前的全部字符，以及 ch1 中字符串的长度。

2. 任务的模板

将模板中的【代码】替换为程序代码，模板代码运行效果如图 11.2 所示。

copyString.c

```
#include<stdio.h>
#include<string.h>
int main(){
    char ch1[30]="hello,nice to meet you";
    char ch2[15]="Tiger";
    int i,length;
    printf("将 ch2 复制到 ch1 之前,ch1 中存放的字符串：\n");
    【代码 1】              //用格式%s输出字符数组 ch1
    printf("ch2 中存放的字符串：\n");
    printf("%s\n",ch2);    //用格式%s输出字符数组 ch2
```

将ch2复制到ch1之前,ch1中存放的字符串:
hello,nice to meet you
ch2中存放的字符串:
Tiger
复制之后ch1中空字符之前的全部字符:
Tiger
ch1中存放的字符串的长度:5
输出ch1中存放的全部字符(包括空字符):
Tiger ice to meet you

图 11.2 复制字符串

【代码 2】　　　　　//用 strlen 函数返回 ch2 中字符串的长度,并赋值给 length
```c
for(i=0;i<=length;i++) {       //将 ch2 复制到 ch1 中
    ch1[i]=ch2[i];
}
printf("复制之后 ch1 中空字符之前的全部字符: \n");
printf("%s\n",ch1);        //用格式%s 输出字符数组 ch1
length=strlen(ch1);        //用 strlen 函数返回 ch1 中字符串的长度,并赋值给 length
printf("ch1 中存放的字符串的长度: %d\n",length);
printf("输出 ch1 中存放的全部字符(包括空字符): \n");
i=0;
while(i<30) {
    printf("%c",ch1[i]);
    i++;
}
return 0;
}
```

3. 任务小结或知识扩展(包括模板【代码】参考答案)

(1) 注意事项

我们知道,定义字符数组时可以用字符串常量初始化这个数组,例如:

```c
char a[]="ABCD";
```

如果是在函数体中定义的字符数组 a,那么字符数组名是一个只读变量,其值等于数组 a 的首元素的地址,a 的首元素 a[0]中存放"ABCD"的第一个字符。因此,不允许使用赋值语句将一个字符串赋值给字符数组,即不再允许数组名 a 的值发生变化,例如,再进行

```c
a="ok";
```

就是非法的操作。

(2) 模板的参考代码

【代码 1】: `printf("%s\n",ch1);`
【代码 2】: `length=strlen(ch2);`

11.1.4　实践环节

实践 1

也可以使用库函数 strcpy(char a[], char b[])(该函数原型在 string.h 头文件中)复制字符串,strcpy(char a[], char b[])将参数 b 指定的字符串复制到字符数组 a 中。参看模板代码,使用库函数 strcpy 将 ch2 复制到 ch1 中。

(参考代码见附录 A)

实践 2

使用库函数 char * strcat(char * str1, const char * str2)可以将字符串 str2(包括最后的空字符)尾加到字符串 str1。该函数返回字符串 str1 的首地址。

假设字符数组 a 的长度为 30,已经存放了字符串"I love",程序首先调用 strcap 函数将字符串" this game"尾加到字符数组 a 中的字符串的后面,然后再调用 strcap 函数将字符串" and you?"尾加到字符数组 a 中的字符串的后面。每次尾加操作后,程序都输出了字符数组 a 中的字符串。

(参考代码见附录 A)

11.2 指针与字符串

11.2.1 核心知识

1. char 指针与 char 数组

假设有:

```
char *p;
```

那么 p 就可以指向一个 char 型变量或 char 型数组的首元素。例如:

```
char *p;
char c[]="hello";
p=&c[0];            //指向数组
```

那么 p 就可以间接访问数组 c 的元素。例如,将 c[0] 的字符替换为'H':

```
*p='H'; (使用间接访问运算符 *)
```

或

```
p[0]='H'; (使用下标运算)
```

2. char 指针与字符串常量

C 语言的语法允许进行如下的赋值操作:

```
p="ABCD";
```

尽管指针 p 可以使用间接访问运算 * 或下标运算访问字符串常量中的字符,例如:

```
printf("%c",*(p+1));
```

输出的结果是 B。

```
printf("%c",p[3]);
```

输出的结果是 D,但是,不可以更改字符串常量,比如

```
*p='W';
```

是非法的赋值操作(对于字符串常量,程序用一个 const char 型数组存放字符串常量)。

3. 简单示例

例 2 让用户使用 scanf 函数输入一个字符串,并让一个 char 指针指向该字符串,判断字符串出现了多少个字母和数字,然后把数字替换为 ♯。运行效果如图 11.3 所示。

例 2

输入字符串(不含空格):789boy123
字母个数:3,数字个数6
把其中的数字替换为#:
###boy###

zimu. c

```
#include<stdio.h>
#include<string.h>
int main() {
    char * p;
    int length,zimu=0,digit=0,i;
    printf("输入字符串(不含空格): ");
    scanf("%s",p);          //输入字符串,并让指针 p 指向该字符串
    length=strlen(p);
    for(i=0;i<length;i++) {
      if((p[i]<='z'&&p[i]>='a')||(p[i]<='Z'&&p[i]>='A'))
        zimu++;
      else if(p[i]<='9'&&p[i]>='0')
        digit++;
    }
    printf("字母个数: %d,数字个数%d\n",zimu,digit);
    printf("把其中的数字替换为#: \n");
    for(i=0;i<length;i++) {
      if(p[i]<='9'&&p[i]>='0')
        p[i]='#';
    }
    printf("%s\n",p);
    return 0;
}
```

图 11.3 统计字母与数字的个数

11.2.2 能力目标

掌握用指针处理字符串,熟悉 ctype. h 库函数中的常用函数。

11.2.3 任务驱动

经常使用 ctype. h 库函数中的下列函数来验证字符的属性,可以减少代码的编写量。

int isalpha(char c) 当参数得到的值是介于'A'～'Z'、'a'～'z',函数返回非零值;否则返回 0。

int isdigit(char c) 当参数得到的值是介于'0'～'9',函数返回非零值;否则返回 0。

int isspace(char c) 当参数得到的值是空格,函数返回非零值;否则返回 0。

int ispunct(char c) 当参数得到的值是标点符号,函数返回非零值;否则返回 0。

1. 任务的主要内容

- 在 main 函数中让 char 型指针 p 指向一个英文句子构成的字符串常量。
- 同过 p 间接访问字符串常量,并统计出字符串中的单词。

2. 任务的模板

仔细阅读、调试模板代码,然后完成实践环节,模板代码运行效果如图 11.4 所示。

The students put up a poster on the bulletin board.
中的单词数目:10

图 11.4　统计单词

words. c

```c
#include<stdio.h>
#include<ctype.h>
int main() {
    char isWord='y';
    char * p="The students put up a poster on the bulletin board.";
    int i=0,wordNumber=0;
    while(p[i]!='\0') {
      if(isalpha(p[i])) {
          if(isWord=='y') {
            wordNumber++;
            isWord='n';
          }
      }
      else if(isspace(p[i])) {
          isWord='y';
      }
      i++;
    }
    printf("%s\n 中的单词数目: ",p);
    printf("%d\n",wordNumber);
    return 0;
}
```

3. 任务小结或知识扩展

如果 char 型指针指向一个 char 型数组,而不是一个字符串常量,那么指针就可以间接地改变 char 型数组的元素中的字符。

11.2.4　实践环节

实践 1

统计英文句子："hello,do you like shopping? are you free"中单词的数目。
(参考代码见附录 A)

实践 2

int iscsym(char c)　当参数得到的值是英文字母、下画线符号或数字,函数返回非零值;否则返回 0。上机调试下列程序:

```c
#include<stdio.h>
#include<string.h>
#include<ctype.h>
int main() {
    int isCsym,i;
    char c;
```

```
c=getchar();
isCsym=iscsym(c);
printf("%c是英文字母、下画线符号或数字：%d\n",c,isCsym);
return 0;
}
```

11.3　puts 函数与 gets 函数

11.3.1　核心知识

1. puts 函数

C 语言提供了用于输出字符串或输出字符数组中的字符串的库函数（原型在 string.h 头文件中），该函数的原型如下：

```
puts(char * p)
```

puts 函数整体输出 p 指向的字符串。在调用 puts 函数时只需将数组的名字或数组的首元素的地址传递给它的参数即可。但需要特别注意的是，printf 函数使用%s 格式输出字符数组以及 puts(a)输出字符数组 a 时，只输出空字符（第一个出现的空字符）前面的字符，例如，对于

```
char a[]="Boy\0Girl";
puts(a);
```

输出的是 Boy，不会输出空字符后面的 Girl。对于

```
char * p="ABCD";
```

使用%s 格式或 puts(char *)函数输出该串，只要通过指向字符串的指针 p 告诉该串的首地址在什么地方即可，例如 printf("%s",p);和 puts(p);的输出结果是 ABCD，由于 p+1 的值是字符 B 的地址，因此 printf("%s",p+1);和 puts(p+1)的输出结果是 BCD，依次类推，printf("%s",p+2);的输出结果是 CD。

2. gets 函数

gets 函数的原型为

```
gets(char a[])
```

该函数的作用是从键盘输入一个字符串到 char 型数组 a（包括空字符），在调用该函数时，只需将数组的名字或首元素的地址传递给参数即可，例如，对于 char 型数组 a，执行：

```
gets(a);
```

时，程序将等待用户输入一个字符串到数组 a 中。gets(char a[])函数等待用户从键盘输入一行文本并按下回车键，然后将用户输入的一行文本中的字符（不包括回行字符）尾加上一个空字符后存放到数组 a 中。gets 函数返回数组 a 的地址。

使用 gets 函数时，要保证用户从键盘键入的字符串的长度小于数组 a 的长度，以便数组能存放字符串最后的空字符。另外，当用户输入空行（直接按回车键），那么数组 a 的首单

元存放的是一个空字符,程序可以通过判断 a 的首单元是否是一个空字符来决定是否继续调用 gets(char a[])函数。

也可以使用

```
gets(char * p)
```

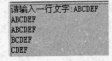

图 11.5 puts 与 gets 函数

函数。该函数的作用是让指针 p 指向从键盘输入到程序中的字符串。

3. 简单示例

下面的例 3 中,用户从键盘输入字符串,然后程序分别使用循环和 puts 函数输出用户输入的字符串。运行效果如图 11.5 所示。

例 3

example11_3. c

```c
#include<stdio.h>
#include<string.h>
int main(){
    char ch[12];
    int i,length;
    printf("请输入一行文字: ");
    gets(ch);
    length=strlen(ch);
    for(i=0;i<length;i++){
        printf("%c",ch[i]);
    }
    printf("\n");
    puts(ch);            //输出 ch 中的全部字符
    puts(ch+1);          //输出 ch 中第一个字符之后的全部字符
    puts(ch+2);
    return 0;
}
```

注意:需要特别注意的是,如果数组中没有任何元素中的字符是空字符,那么 printf 函数使用%s 格式或 puts(a)函数输出字符数组 a 时,在输出字符数组中的字符后,将继续输出数组 a 最后一个元素后的内存中的数据,直到遇到内存中某个字节中存放的是空字符(即数字 0)。

下面的例 4 中,用户从键盘输入英文句子,程序统计出句子中的单词数目。运行效果如图 11.6 所示。

例 4

example11_4. c

```c
#include<stdio.h>
#include<ctype.h>
int enlishWordNumber(char * p);
int main() {
    char * p;
```

输入英文句子,统计单词数目(放弃直接按Enter键):
we are students
we are students中的单词数目:3
输入英文句子,统计单词数目(放弃直接按Enter键):
nice to meet you, and you?
nice to meet you, and you?中的单词数目:6

图 11.6 输入句子,统计单词数目

```
        int number;
        do {
            printf("输入英文句子,统计单词数目(放弃直接按 Enter 键):\n");
            gets(p);
            if(p[0]!='\0') {
                number=enlishWordNumber(p);
                printf("%s 中的单词数目:%d\n",p,number);
            }
        }
        while(p[0]!='\0');        //用户直接按 Enter 键,输入的是一个空字符
        return 0;
}
int enlishWordNumber(char * p) {
        char isWord='y';
        int i=0,wordNumber=0;
        while(p[i]!='\0') {
          if(isalpha(p[i])) {
                if(isWord=='y') {
                    wordNumber++;
                    isWord='n';
                }
          }
          else if(isspace(p[i])||ispunct(p[i])) {
                isWord='y';
          }
          i++;
        }
        return wordNumber;
}
```

11.3.2 能力目标

掌握 pus 和 gets 函数。

11.3.3 任务驱动

1. 任务的主要内容

编写程序,训练记忆力。单词事先存放到二维字符数组中。

- 程序按行的顺序显示二维字符数组各行中的字符串。
- 延时 2000 毫米后,程序擦除显示的字符串。
- 程序提示用户输入所看到的字符串,如果输入正确就给用户增加一个分值。

2. 任务的模板

仔细阅读、调试模板代码,然后完成实践环节,模板代码运行效果如图 11.7 所示。

exerciseWord. c

```
#include<stdio.h>
#include<time.h>
```

单词训练:
显示单词,然后消失.
请输入曾显示的单词(按Enter键确认):
****good
****game
***dog
*********excellence
训练结束,得分4:

图 11.7 单词训练

```
#include<string.h>
#define N 4
int main(){
    long now;
    char p[20]={'#'};
    char c[N][20]={{"good"},{"game"},{"dog"},{"excellence"}};
    unsigned short score=0,i=0,j=0,index,isRight=0,length;
    printf("\n 单词训练: \n");
    printf("显示单词,然后消失.\n 请输入曾显示的单词(按 Enter 键确认): \n");
    while(i<N) {
        index=i;
        printf("%s",c[index]);
        now=clock();
        for(;clock()-now<=2000;) {
        }
        length=strlen(c[index]);
        printf("\r");              //将输出光标移动到本行开头(不回行)
        for(j=1;j<=length;j++)     //输出 length 个 * ,以便擦除曾显示的单词
          printf(" * ");
        gets(p);                   //从键盘为字符数组输入字符串
        isRight=1;
        if(strlen(c[index])!=strlen(p)) {
          isRight=0;
        }
        else {
          for(j=0;j<strlen(p);j++) {
              isRight=isRight&&(p[j]==c[index][j]);          //计算 isRight
          }
        }
        if(isRight) {
          score++;
        }
        i++;
    }
    printf("训练结束,得分%u: \n",score);
    getchar();
}
```

3. 任务小结或知识扩展

clock()函数返回程序从开始运行至执行该函数所消耗的时间,所用单位是毫秒。比如程序执行若干语句后所消耗的时间是 100 毫秒,此时调用 clock()函数返回的值就是 100。为了延时 1000 毫秒,可以在循环语句之前首先调用 clock()函数返回一个值,将该值存放到一个 long 型变量中,比如 now 中,然后在 while 语句中如下调用 clock()函数就可以达到延时 1000 毫秒(1 秒)的效果,代码如下:

```
long now
now=clock();
while(clock()-now<=1000){
}
```

11.3.4　实践环节

改动任务模板代码，使得对每个单词用户有三次练习机会，即如果用户没有正确输入所显示的单词，那么程序将再给 2 次显示、输入的机会。

（参考代码见附录 A）

11.4　检索字符串

11.4.1　核心知识

有时候程序需要检索一个字符串中是否出现某个字符、是否出现某个子字符串等。本节介绍 ANSI C 中的几个负责检索字符串的函数（原型在 string. h 头文件中，见附录 D。系统提供的头文件均存放在编译器指定的 D:\VC6.0\VC98\INCLUDE 目录中）。

本节为了叙述方便，将 char 型指针 str 指向的字符串简称字符串 str。

1. 检索字符

strchr 函数原型：

```
char * strchr(const char * str, int ch);
```

strchr 函数在字符串 str 中从左向右查找字符 ch，如果首次找到这样的字符 ch，该函数就返回存放字符 ch 的内存地址；如果没有找到 ch，函数返回 NULL（NULL 表示无效地址）。

strrchr 函数原型：

```
char * strrchr(const char * str, int ch);
```

strrchr 函数在字符串 str 中从左向右查找最后出现的字符 ch，如果找到这样的字符 ch，该函数就返回存放字符 ch 的内存地址；如果没有找到 ch，函数返回 NULL（NULL 表示无效地址）。

2. 检索子串

strstr 函数原型：

```
char * strstr(const char * str, const char * substr);
```

strstr 函数在字符串 str 中从左向右查找子字符串 substr，如果首次找到这样的子字符串 substr，该函数就返回存放 substr 的首字符的内存地址；如果没有找到 substr，函数返回 NULL。

strpbrk 函数原型：

```
char * strpbrk(const char * str1, const char * str2);
```

strpbrk 函数在字符串 str1 中从左向右查找用 str2 中某个字符开始的子字符串，如果首次找到这样的子字符串，该函数就返回子字符串的内存地址；如果没有找到这样的子字符串，函数返回 NULL。

3. 简单示例

下面的例 5 中，程序单独输出了字符串"C：\\chapter11\\zhang \\example. c"中的"example. c"。程序运行效果如图 11. 8 所示。

```
最后出现的目录分隔符：\的位置是18
example.c
```

图 11. 8　使用 strchr 函数

例 5

example11_5. c

```
#include<stdio.h>
#include<string.h>
int main(){
    char * c;
    char * p="C: \\chapter11\\zhang\\example.c";
    c=strrchr(p,'\\');
    printf("最后出现的目录分隔符: \\的位置是%d\n",c-p);
    p=c+1;
    puts(p);
    return 0;
}
```

11.4.2　能力目标

检索字符串中的子字符串。

11.4.3　任务驱动

1. 任务的主要内容

检索字符串中一共出现了几个 like。

2. 任务的模板

仔细阅读、调试模板代码，然后完成实践环节，模板代码运行效果如图 11. 9 所示。

findWord. c

```
#include<stdio.h>
#include<string.h>
int main(){
    int number=0;
    char * c;
    char word[]="like";
    char * p="He like shopping,she like swimming";
    char * start=p;
    char * end=p+strlen(p)-1;
    while(p<=end){
        c=strstr(p,word);
        if(c!=NULL){
            number++;
            printf("索引位置%d出现字符串%s\n",c-start,word);
            p=c+strlen(word);
        }
        else {
```

```
索引位置3出现字符串like
索引位置21出现字符串like
He like shopping,she like swimming
中一共有2个like
```

图 11. 9　使用 strstr 函数

```
            break;
        }
    }
    printf("%s\n中一共有%d个%s\n",start,number,word);
    return 0;
}
```

3. 任务小结或知识扩展

字符串的位置从 0 开始,例如,"I love this game"中最后一次出现字符 e 的位置是 15。即存放字符串"I love this game"的 const char 型数组中最后出现存放字符 e 的元素是数组中的第 15 个元素。

11.4.4　实践环节

改动模板代码,使得用户从键盘输入要检索的子字符串,即使用 gets 函数从键盘输入字符数组 word 中的字符串。

（无参考代码）

11.5　字符串转换为数字

11.5.1　核心知识

使用库函数（原型在 stdlib.h 头文件中）可以将数字开始的字符串转化为 int、long 或 double 型数据,在转化时忽略字符串中数字之后的其他非数字字符。

1. 转化为 int 型数据

函数原型:

```
int atoi(const char * ptr);
```

函数 atoi 将字符串 ptr 转化为一个 int 型整数,并返回这个整数。例如,atoi ("12") 和 atoi("12hello")返回的值都是 12。

2. 转化为 long 型数据

函数原型:

```
long atol(const char * ptr);
```

函数 atol 将字符串 ptr 转化为一个 long 型整数,并返回这个整数。

3. 转化为 double 型数据

函数原型:

```
double atof(const char * ptr);
```

函数 atof 将字符串 ptr 转化为一个 double 型浮点数,并返回这个浮点数。例如,atof("12.5")和 atof("12.5hello")返回的值都是 12.5。

下面的例 6 中,将几个字符串转化为数字。

例 6

example11_6. c

```c
#include<stdio.h>
#include<stdlib.h>
int main(){
    int m;
    double x;
    char * p="12345.6789";
    x=atof(p);
    p="653";
    m=atoi(p);
    printf("%d,%f",m,x);
    return 0;
}
```

11.5.2 能力目标

检索字符串中的数字信息。

11.5.3 任务驱动

1. 任务的主要内容

成绩单的内容如下：

"math:89 physics:92 english:77 chinese:88"

编写程序,输出成绩单的总成绩和平均成绩。

2. 任务的模板

仔细阅读、调试模板代码,然后完成实践环节,模板代码运行效果如图 11.10 所示。

scoreMess. c

> 总成绩:346
> 平均成绩:86.50
>
> 图 11.10 解析成绩

```c
#include<stdio.h>
#include<stdlib.h>
#include<string.h>
int main(){
    int sum=0,score,count=0;
    float aver;
    char * p="math: 89 physics: 92 english: 77 chinese: 88";
    while(p!=NULL) {
        p=strstr(p,": ");
        if(p!=NULL) {
            count++;
            score=atoi(p+1);
            sum=sum+score;
            p++;
        }
    }
```

```
aver=(float)sum/count;
printf("总成绩：%d\n",sum);
printf("平均成绩：%0.2f\n",aver);
return 0;
}
```

3. 任务小结或知识扩展

atof 函数的原型在 stdlib. h 头文件中，程序只要使用预处理指令包含 stdlib. h 头文件，就可以使用这个库函数了。另外需要注意的是 atof("12.89 dollar")返回的值都是 12.89。

11.5.4　实践环节

购物小票的内容如下：

`"apple: 12.89-dollar, alcohol: 237.96-dollar,cake: 129-dollar"`

编写程序，输出购物小票的总价钱和平均价格。

（无参考代码）

11.6　排序字符串

11.6.1　核心知识

1. 字典序

程序有时候需要按"字典序"比较两个字符串的大小，例如，在 ASCII 码表中字符 A 排在第 65 位，字符 a 排在第 97 位，那么按照"字典序"，字符串"apple"就大于字符串"Apple"。

字符串 str1 和 str2 按字典序比较大小的规则是，按顺序逐个比较 str1 与 str2 中的字符，当首次出现不相同的字符时，如果 str1 中的这个字符在 ASCII 码表中的位置大于后者在 ASCII 码表中的位置，就称 str1 大于 str2；如果 str1 中的这个字符在 ASCII 码表中的位置小于后者在 ASCII 码表中的位置，就称 str1 小于 str2；如果 str1 与 str2 中含有一样多的字符，并且按顺序所对应的字符也都相同，就称 str1 等于 str2。

按字典序比较两个字符串的函数的原型是：

`int strcmp(char * str1, const char * str2)`

该函数原型在 string. h 头文件中。根据该原型定义的函数 strcmp 将参数 str1 指向的字符串和参数 str2 指向的字符串按字典序比较大小。当 str1 指向的字符串大于 str2 指向的字符串时，函数返回 1；当 str1 指向的字符串小于 str2 指向的字符串时，函数返回－1；当 str1 指向的字符串等于 str2 指向的字符串时，函数返回 0。

2. 简单示例

可以将若干个字符串分别存放在二维数组的行中，即分别存放在二维数组的一维数组中。例如，下列二维数组 a 存放了 4 个字符串。

```
char a[4][20]={{"orange"},{"pear"},{"banana"},{"apple"}}
```

即二维数组的一维数组 a[0]中存放着字符串"orange",一维数组 a[1]中存放着"pear",一维数组 a[2]中存放着"banana",一维数组 a[3]中存放着"apple"。

现在我们要让二维数组 a 的 4 个一维数组中的字符串按字典序关系从小到大排列,即让 a[0]中存放着字符串"apple",a[1]中存放着"banana",a[2]中存放着"orange",a[3]中存放着"pear"。

下面的例 7 中,让用户从键盘输入 4 行字符串,程序将 4 行字符串按字典序从小到大排序,并输出这 4 行字符串。程序运行效果如图 11.11 所示。

例 7

example11_7.c

```
#include<stdio.h>
#include<string.h>
int main(){
    char str[4][100];
    char temp[100];
    int i=0,m,N=4;
    printf("输入 4 行文本：\n");
    for(i=0;i<4;i++){
        gets(str[i]);
    }
    for(m=0;m<N-1;m++){          //起泡法
        for(i=0;i<N-1-m;i++){
            if(strcmp(str[i],str[i+1])>0){
                strcpy(temp,str[i]);
                strcpy(str[i],str[i+1]);
                strcpy(str[i+1],temp);
            }
        }
    }
    printf("按字典序排序后：\n");
    for(i=0;i<4;i++){
        puts(str[i]);
    }
    return 0;
}
```

```
输入4行文本：
java
china
game
apple
按字典序排序后：
apple
china
game
java
```

图 11.11　排序字符串

11.6.2　能力目标

判断一个字符串是否在排序的若干个字符串中。

11.6.3　任务驱动

1. 任务的主要内容

按考试成绩排序。

• 二维数组 a 模拟名册。a 存放 10 个人的名字以及考试成绩。

- 将数组 a 中的人名按考试成绩排序。

2. 任务的模板

仔细阅读、调试模板代码,然后完成实践环节,模板代码运行效果如图 11.12 所示。

dayPeople. c

```c
#include<stdio.h>
#include<string.h>
#define N 6
int main(){
    char str[N][100]={"zhang: 87.87","liu: 67","wang: 88",
                      "hu: 66.5","jin: 76.2","zhu: 56"};
    char temp[100];
    int m,i;
    for(m=0;m<N-1;m++){          //起泡法
        for(i=0;i<N-1-m;i++){
            if(compare(str[i],str[i+1])>0){
                strcpy(temp,str[i]);
                strcpy(str[i],str[i+1]);
                strcpy(str[i+1],temp);
            }
        }
    }
    printf("按成绩排序后: \n");
    for(i=0;i<N;i++){
        printf("%s\n",str[i]);
    }
    return 0;
}
int compare(char a[],char b[]) {
    float scoreOne,scoreTwo=0;
    char * p;
    p=strstr(a,": ");
    p=p+1;                       //找到成绩
    scoreOne=atoi(p);
    p=strstr(b,": ");
    p=p+1;
    scoreTwo=atoi(p);
    if(scoreOne-scoreTwo>0)
      return 1;
    else
      return 0;
}
```

按成绩排序后:
zhu:56
hu:66.5
liu:67
jin:76.2
zhang:87.87
wang:88

图 11.12　按成绩排序

3. 任务小结或知识扩展

需要使用 strstr 函数找到字符串中的成绩,然后使用 atoi 函数将成绩转化为数字,以便比较大小。

折半法:对于从小到大排序的数据,只要判断要寻找的数据是否和这些数据的中间值相等,如果不相等,当该数据大于中间值,就在这些数据的后一半数据中继续折半找,否则就在这些数据的前一半数据中继续折半找,如此这般,就可以比较快地判断该数据是否在这些数据中(稍后的实践环节的实践2将要使用折半法)。

11.6.4 实践环节

实践 1

按出生日期排序名单。二维数组 a 模拟名册。a 存放 10 个人的名字以及出生日期,即 a 的每行存放一个人名及出生日期,例如,"zhang:1990-12-12"。将数组 a 中的人名按出生日期排序。

(参考代码见附录 A)

实践 2

二维数组 a 模拟名册。a 存放 10 个人的名字,即 a 的每行存放一个人名。将数组 a 中的人名按字典序排序。用户从键盘输入一个人名,程序输出该字符串是数组 a 中的人名。

(参考代码见附录 A)

小   结

- 可以让 char 型指针指向一个字符串常量。
- 可以使用 puts 函数整体输出字符串中空字符之前的全部字符。
- 可以使用 gets 函数从键盘输入字符串到字符数组中。
- 可使用库函数实现字符串的复制、检索以及字符串之间按字典序比较大小。

习   题   11

1. 假设有 char * p="abcd";,下列哪项操作发生运行错误? _____。
   A. p=p+1;   B. p=p−1;   C. *p ='A';   D. putchar(* p++);
2. 下列程序标注的 A、B、C、D 代码中,哪个会发生运行错误? _____。

```
#include<stdio.h>
int main(){
    char a[]="Boy";            //A
    char *p="Girl";            //B
    a[0]='b';                  //C
    *p='g';                    //D
}
```

3. 下列程序的输出结果是_____。

```
#include<stdio.h>
#include<string.h>
int main(){
    char *p="ABCDEF";
```

```
putchar(p[0]);
putchar(*p++);
putchar(p[0]);
putchar(p[1]);
return 0;
}
```

4. 下列程序的输出结果是_____。

```
#include<stdio.h>
#include<string.h>
void f(char *,char *);
int main() {
    int i;
    char source[]="ABCD",destination[]="123456";
    if(strlen(source)<=strlen(destination)){
        f(destination,source);
    }
    printf("%s\n",destination);
}
void f(char * destination,char * source){
    while(1) {
        *destination=*source;
        if(*source=='\0')
            break;
        source++;
        destination++;
    }
}
```

5. 下列程序的输出结果是_____。

```
#include<stdio.h>
#include<string.h>
void g(char *,char *);
int main() {
    int i;
    char str1[20]="ABCD",str2[]="123456";
        g(str1,str2);
    printf("%s\n",str1);
}
void g(char * str1,char * str2){
    str1=str1+strlen(str1);
    while(*str2!='\0'){
        *str1++=*str2++;
    }
    *str1=*str2;
}
```

6. 下列程序的输出结果是_____。

```
#include<stdio.h>
```

```
#include<string.h>
void reverse(char * ,char * );
int main(){
    char a[]="ABCDE";
    char * p, * q;
    p=&a[0];
    q=&a[strlen(a)-1];
    reverse(p,q);
    puts(a);
}
void reverse(char * p,char * q){
    char c;
    while(1) {
        if(p<q){
            c= * p;
            * p= * q;
            * q=c;
            p++;
            q--;
        }
        else
            break;
    }
}
```

7. 编写程序,让用户输入 3 行文本,程序将 3 行文本存放在一个 3 行 60 列的二维字符数组中,然后分别统计出每行文本中的小写字母、大写字母和空格的个数,并统计出全部 3 行文本中小写字母、大写字母和空格的个数。

8. 编写程序,用户从键盘输入一行文本,程序将该行文本加密,然后输出加密后的文本。加密算法是:英文字母按下列密码表进行加密(第 i 个英文字母变成第 $26-i+1$ 个英文字母),其他字符保持不变。

密码表

明文	A a	B b	C c	D d	E e	F f	G g	H h	I i	J j	K k	L l	M m	N n	O o	P p	Q q	R r	S s	T t	U u	V v	W w	X x	Y y	Z z
密文	Z z	Y y	X x	W w	V v	U u	T t	S s	R r	Q q	P p	O o	N n	M m	L l	K k	J j	I i	H h	G g	F f	E e	D d	C c	B b	A a

第 12 章

结构体、共用体与枚举

主要内容

- 结构体类型与结构体变量
- 指针与结构体变量
- 结构体数组
- 结构体与函数
- 共用体
- 枚举类型

12.1 结构体类型与结构体变量

12.1.1 核心知识

1. 结构体类型

为了描述图书信息,程序需要存储图书的名称、价格、字数等信息,那么就可以将一个字符指针(用于存储名称的首地址)、一个 float 变量(用于存储价格)和一个 short 型变量(用于存储字数)组合成一个整体来存储和商品有关的数据,如图 12.1 所示。

char型数组	float型变量	short型变量
Program design	29.5	300

图 12.1 一些变量组成一个整体结构

程序有时候需要将一些变量组合在一起形成一个整体结构,以便更有效地来管理和处理数据。为了能将一些变量有效地组合成一个整体,就必须规定怎样组合变量,即将变量组合形成的整体归类到某种数据类型,这就是本章学习的结构体类型。

使用关键字 struct 来定义结构体类型,然后用定义好的结构体类型声明结构体变量。

定义结构体类型的格式如下:

struct 结构体类型的名字
{

　　　　结构体内容
};

"结构体内容"由变量的声明所构成(不可以指定初始值),不能有语句。结构体内容中声明的变量称为结构体类型的成员,即规定了用该结构体类型声明的变量是由哪些变量所构成。

2. 为结构体类型定义等价的类型

C 语言的关键字 typedef 为已有的某种数据类型定义一个等价的类型,typedef 关键字的用法如下:

```
typedef 已有类型的名称 等价类型的名称;
```

可以使用 typedef 为结构体类型定义一个等价的类型,例如:

```
typedef
    struct commodity {
    char * name;
    float   price;
    short   wordNumber;
} BOOK;
```

定义结构体类型的等价类型是 BOOK。

3. 结构体类型的变量

一旦有了关于处理数据的类型,就可以用这种类型声明用于处理数据的变量,像以前将 int、long 声明用于处理整数的变量一样,我们可以用结构体类型声明结构体变量,以便处理结构更复杂的数据。例如,用前面的结构体类型 BOOK 声明结构体变量 book。

```
Goods book;
```

结构体变量可以通过"."运算符访问自己的成员,例如,前面的结构体类型 GOODS 声明的结构体变量 book 的成员中有指针 name、一个 float 变量 price 和一个 short 变量 wordNumber。那么 book 就可以使用"."运算符访问自己的这些成员,比如进行如下的赋值操作。

```
book.name='Program design';
book.price=29.8f;
book. wordNumber=298;
```

结构体变量 tv 的结构如图 12.2 所示。

name	price	amount
Program design	29.8	298

图 12.2　结构体变量 book 的成员

声明结构体变量的同时可以初始化其成员:把大括号括起的、用逗号分隔的若干个值指定为成员的初始值。例如:

```
GOODS book={"java",23,100}
```

名称:Program design
价格:32.80元
字数:300千字

图 12.3　使用结构体变量

4. 简单示例

下面的例 1 中,结构体变量 book 访问自己的成员。运行效果如图 12.3 所示。

例 1

example12_1. c

```c
#include<stdio.h>
typedef
struct {                    //因为要定义等价的类型,所以可以省略结构类型的名称
    char   * name;
    float price;
    short wordNumber;
} BOOK;                     //该结构体的等价类型名称是 BOOK
int main(){
    BOOK book;              //声明结构体变量
    book.name="Program design";
    book.price=32.8;
    book.wordNumber=300;
    printf("名称: %s\n",book.name);
    printf("价格: %0.2f 元\n",book.price);
    printf("字数: %d 千字\n",book.wordNumber);
    return 0;
}
```

12.1.2　能力目标

掌握定义结构体类型,用定义的结构体类型声明变量、使用结构体变量。

12.1.3　任务驱动

1. 任务的主要内容

用结构体类型描述一栋教学楼,需要描述的数据有：教学楼的名字、教室数量、教学楼的层、长、宽和高。

2. 任务的模板

仔细阅读、调试模板代码,然后完成实践环节,模板代码运行效果如图 12.4 所示。

building. c

6号教学楼:长78.77米,宽22.65米,高:41.52米,有12层,共有67间教室。

图 12.4　描述教学楼数据

```c
#include<stdio.h>
typedef
struct {
    char * name;
    unsigned short roomAmount;
    unsigned short floorAmount;
    float length,width,height;
} BUILDING;          //定义结构体类型的等价类型
int main(){
```

```
BUILDING classBuilding;
classBuilding.name="6号教学楼";
classBuilding.roomAmount=67;
classBuilding.floorAmount=12;
classBuilding.length=78.77f;
classBuilding.width=22.65f;
classBuilding.height=41.52f;
printf("%s:长%0.2f米,宽%0.2f米,高:%0.2f米.\n有%u层,共有%u间教室.\n",
        classBuilding. name, classBuilding. length, classBuilding. width,
        classBuilding. height, classBuilding. floorAmount, classBuilding.
        roomAmount);
return 0;
}
```

3. 任务小结或知识扩展

在定义结构体类型时,不允许对其中的成员变量进行初始化。例如,下列定义是错误的:

```
struct commodity {
    char * name;
    float   price=12;              //错误
    short   wordNumber=200;        //错误
}
```

在一个源文件中,可以将结构体类型的定义写在所有函数的前面,这样该源文件中的各个函数都可以使用所定义的结构体类型来声明变量,即该结构体类型在整个源文件内有效。在一个源文件中,也可以将结构体类型的定义写在某个函数体内,那么从类型定义的位置之后,该函数可以使用所定义的结构体类型来声明变量,即该结构体类型仅仅在该函数内有效。

12.1.4 实践环节

编写程序,用结构体类型描述PC,需要描述的数据有:名字、价格、长、宽和高。
(无参考代码)

12.2 指针与结构体变量

12.2.1 核心知识

1. 声明指向结构体变量的指针
声明指向结构体变量的指针变量的格式如下:

结构体类型 * 指针变量;

2. 用指针访问结构体变量的成员
可以使用指向该结构体变量的指针变量访问它的成员(间接访问)。如果一个指针变量指向了结构体变量,那么指针变量可以使用"—>"运算符或用" * ."与"."两个间接访问符访问结构体变量的成员。格式为：

```
指针->结构体变量的成员；
(*指针).结构体变量的成员；
```

结构体变量是由若干变量组合而成，起始地址是第一个成员的地址。

需要注意的是，结构体变量的名字不代表结构体变量的起始地址，这一点和数组有很大的区别。

3. 简单示例

下面的例 2 中使用指向结构体变量的指针变量访问其成员。运行效果如图 12.5 所示。

例 2

example12_2.c

图 12.5　使用指针变量访问成员

```c
#include<stdio.h>
typedef
struct {
    char * bookName, * publisher;
    float price;
} BOOK;                          //定义结构体类型的等价类型
int main(){
    BOOK cBook,mathBook;
    BOOK * p;                    //声明指针变量 p
    p=&cBook;                    //p 指向 cBook;
    p->bookName="C 语言程序设计";    //指针间接访问结构体变量的成员 bookName
    p->publisher="清华大学出版社";    //指针间接访问结构体变量的成员 publisher
    p->price=26.9f;              //指针间接访问结构体变量的成员 price
    printf("%s(%s): %0.2f 元\n",p->bookName,p->publisher,p->price);
    p=&mathBook;                 //p 指向 mathBook;
    p->bookName="高等数学";
    p->publisher="高等教育出版社";
    p->price=32.5f;
    printf("%s(%s): %0.2f 元\n",p->bookName,p->publisher,p->price);
    return 0;
}
```

12.2.2　能力目标

掌握用指针间接访问结构体变量的成员。

12.2.3　任务驱动

1. 任务的主要内容

用结构体变量刻画手机的有关数据：名称、号码以及可用话费，在声明结构体变量时将其初始化，然后从键盘为手机充值，即增加可用话费。

2. 任务的模板

仔细阅读、调试模板代码，然后完成实践环节，模板代码运行效果如图 12.6 所示。

mobileTelephone. c

图 12.6　手机充值

```c
#include<stdio.h>
typedef
struct {
    char * name;
    char number[12];
    float balance;
} MOBILE;
int main(){
    MOBILE start={"星星手机","11712345678",129.50f};
    MOBILE * p=&start;
    float money;
    printf("%s: 使用的号码：%s.\n话费余额：%0.2f元.\n",p->name,p->number,p->balance);
    printf("输入充值数额(按 Enter 键确认)：\n");
    scanf("%f",&money);
    p->balance=p->balance+money;
    printf("目前的话费余额：%0.2f元",p->balance);
    return 0;
}
```

3. 任务小结或知识扩展

声明一个结构体变量后，如果没有初始化，那么该结构体变量的成员的值是一个"垃圾值"，这时应避免让该结构体变量的成员参与任何计算。

可以将一个结构体变量 star 赋值给另一个结构体变量 mola，star 会将自己的成员的值逐个赋值给 mola 的对应成员。例如，对于

```c
MOBILE star={"星星手机","11712345678",129.50f};
MOBILE mola={"摸拉","9999999",290f};
```

如果进行：

```c
mola=start;
```

那么 mola 的各个成员的值和 star 的完全相同。

12.2.4　实践环节

用结构体变量刻画图书的有关数据：名称、价格和作者，在声明结构体变量时将其初始化，然后从键盘重新输入图书的价格。

（无参考代码）

12.3　结构体数组

12.3.1　核心知识

1. 结构体数组

如果需要若干个类型相同的结构体变量，就可以使用数组。当数组的元素是结构体类

型变量时,称这样的数组是结构体数组。

2. 简单示例

下面的例 3 使用结构体数组输出公司的雇员信息。运行效果如图 12.7 所示。

例 3

example12_3.c

```c
#include<stdio.h>
#define N 5
typedef
struct {
    char employeeName[20];
    char * degree;
    int salary;
} Empoloyee;              //定义结构体类型的等价类型
int main(){
    Empoloyee people[N]={{"张三","硕士",5678},{"郑送","博士",8678},
    {"刘学","本科",2678},{"李四","专科",2000},{"高蒙","博士",8672}};
    int i=0,m=0;
    Empoloyee * p=people;
    printf("公司雇员: \n");
    for(i=0;i<N;i++){
        printf("%s(%s): %d 元(月薪)\n",p->employeeName,p->degree,p->salary);
        p++;
    }
    printf("\n 按薪水排序: \n");
    for(m=N-1;m>=0;m--){
        for(i=0;i<m;i++){
            if(people[i].salary<people[i+1].salary){
                Empoloyee temp=people[i];
                people[i]=people[i+1];
                people[i+1]=temp;
            }
        }
    }
    p=people;
    for(i=0;i<N;i++){
    printf("%s(%s): %d 元(月薪)\n",p->employeeName,p->degree,p->salary);
        p++;
    }
    return 0;
}
```

图 12.7　使用结构体数组

12.3.2　能力目标

掌握使用结构体数组。

12.3.3　任务驱动

1. 任务的主要内容

依次输入 5 本图书的名称和价格,程序按价格从低到高输出 5 本图书的信息。

2. 任务的模板

仔细阅读、调试模板代码,然后完成实践环节,模板代码运行效果如图 12.8 所示。

book.c

```
#include<stdio.h>
#define N 5
typedef
struct {
    char name[30];
    float price;
} Book;
int main(){
    int i,m=0;
    Book book[N];
    printf("输入%d本图书的名称和价格.\n",N);
    printf("输入格式为:名称 价格(按 Enter 键确认).\n");
    printf("(名称中不可以有空格!)\n");
    for(i=0;i<N;i++) {
        scanf("%s%f",book[i].name,&(book[i].price));
        getchar();
    }
    for(m=N-1;m>=0;m--){
        for(i=0;i<m;i++) {
            if(book[i].price<=book[i+1].price) {
                Book temp=book[i];
                book[i]=book[i+1];
                book[i+1]=temp;
            }
        }
    }
    printf("%d本图书排序输出:\n",N);
    for(i=0;i<N;i++) {
        printf("%s %0.2f\n",book[i].name,book[i].price);
    }
    return 0;
}
```

输入5本图书的名称和价格。
输入格式为:名称 价格(按Enter键确认).
(名称中不可以有空格!)
birdstory 123.76
HomeGood 12.78
Spring 11.22
Java 39.8
HelloChina 20.9
5本图书排序输出:
birdstory 123.76
Java 39.80
HelloChina 20.90
HomeGood 12.78
Spring 11.22

图 12.8　排序图书

3. 任务小结或知识扩展

通常情况下,使用 scanf 函数为字符数组赋值时无法将空格输入其中。因此,在输入的图书名称中不可以包含空格。

12.3.4　实践环节

编写程序,依次输入 10 人的姓名(姓名中没有空格字符)和身高,程序按身高从高到矮输出 10 人的信息。

(无参考代码)

12.4　结构体与函数

12.4.1　核心知识

1. 结构体类型的参数

函数的参数也可以是结构体类型的变量或指向结构体变量的指针。

如果函数的参数是结构体变量,即形参是结构体变量时,实参也必须是类型相同的结构体变量,实参将自己的成员的值逐个赋值给形参的成员。形参改变自己的成员的值不会影响到实参的成员,反之亦然。

如果函数参数是指向结构体变量的指针变量时,实参必须是结构体变量的首地址。形参可以间接访问实参的成员。

2. 简单示例

在下面的例 4 中,setStudent(Student * ,char * ,int)的一个参数是指向结构体变量的指针,该函数负责改变结构体变量的成员的值。printStudent(Student)的参数是结构体变量,该函数负责输出结构体变量的成员。程序运行效果如图 12.9 所示。

例 4

example12_4. c

```c
#include<stdio.h>
typedef
    struct {
    char * name;
    int score;
} Student;
void setStudent(Student * ,char * ,int);      //参数是指向结构体变量的指针
void printStudent(Student);                    //参数是结构体变量
int main(){
    Student stu1,stu2;
    setStudent(&stu1,"张三",87);
    setStudent(&stu2,"李四",92);
    printStudent(stu1);
    printStudent(stu2);
    return 0;
}
void setStudent(Student * p,char * name,int score){
    p->name=name;
    p->score=score;
}
void printStudent(Student stu){
    printf("*******************\n");
    printf("姓名: %s,分数: %d\n",stu.name,stu.score);
}
```

图 12.9　结构体与函数

姓名:张三.分数:87
姓名:李四.分数:92

12.4.2　能力目标

掌握使用结构体变量存储分数，并能调用参数以及返回值是结构体类型的函数。

12.4.3　任务驱动

1. 任务的主要内容

分数也称为有理数，是我们很熟悉的一种数。编写程序能输出分数相加的分数表示，例如能输出 1/4+1/4 的结果是 1/2。

定义一个结构体类型 Fraction，有两个表示分子、分母的 int 型成员，即用 Fraction 类型的变量表示一个分数。编写一个函数，该函数的原型是：

```
Fraction add(Fraction f1, Fraction f2);
```

该函数能返回一个 Fraction 变量，该变量表示的是 f1 与 f2 所表示的分数之和。

2. 任务的模板

仔细阅读、调试模板代码，然后完成实践环节，模板代码运行效果如图 12.10 所示。

Fraction. c

```
2/3+3/4 = 17/12
3/4+3/4 = 3/2
```

图 12.10　分数的加法

```c
#include<stdio.h>
typedef
struct {
    int fenzi;
    int fenmu;
} Fraction;
Fraction add(Fraction f1,Fraction f2);
int gongYue(int m,int n);
int main(){
    Fraction f1={2,3},f2={3,4};
    Fraction r=add(f1,f2);
    printf("%d/%d+%d/%d=%d/%d\n",f1.fenzi,f1.fenmu,f2.fenzi,f2.fenmu,r.
        fenzi,r.fenmu);
    f1.fenzi=3;
    f1.fenmu=4;
    r=add(f1,f2);
    printf("%d/%d+%d/%d=%d/%d\n",f1.fenzi,f1.fenmu,f2.fenzi,f2.fenmu,r.
        fenzi,r.fenmu);
    return 0;
}
Fraction add(Fraction f1,Fraction f2){
    Fraction r;
    int x,y,m,n;
    x=f1.fenzi * f2.fenmu+f1.fenmu * f2.fenzi;
    y=f1.fenmu * f2.fenmu;
    if(x<0&&y<0) {
      x=-x;
      y=-y;
    }
```

```
    n=x/gongYue(x,y);              //计算出分子
    m=y/gongYue(x,y);              //计算出分母
    r.fenzi=n;
    r.fenmu=m;
    return r;
}
int gongYue(int m,int n) {
    int r;
    int t;
    if(m<0) m=-m;
    if(n<0) n=-n;
    if(m<n){
        t=m;
        m=n;
        n=t;
    }
    r=m%n;
    while(r!=0){                   //使用辗转相除法计算最大公约数
      m=n;
      n=r;
      r=m%n;
    }
    return n;
}
```

3. 任务小结或知识扩展

如果把结构体变量 x 赋值给结构体变量 y：

x=y;

那么 x 将自己成员的值逐个赋给 y 的成员。

12.4.4 实践环节

编写一个函数，该函数的原型是：

Fraction muti(Fraction f1, Fraction f2);

该函数能返回一个 Fraction 变量，该变量表示的是 f1 与 f2 所表示的分数之积。

（无参考代码）

12.5 共 用 体

12.5.1 核心知识

1. 共用体类型

定义共用体类型和定义结构体类型类似，只不过这里使用关键字 union 来定义共用体类型，然后用定义好的共用体类型声明公用体变量。定义公用体类型的格式如下：

union 共用体类型的名字

```
{
    共用体内容
};
```

例如：

```
union room {
    short peopleAmount;
    float freightWeight;
};
```

与结构体变量不同，共用体变量的成员共享一处内存，即共用体变量所占的内存被所有的成员共享。因此务必注意当前正在使用该内存的成员是哪一个成员。

如果一个指针变量 p 指向了结构体变量 classRoom，那么 p 可以使用"—>"运算符或"＊"运算符访问结构体变量的成员。

2. 简单示例

下面的例 5 使用共用体来刻画货物与人共享教室的空间。运行效果如图 12.11 所示。

例 5

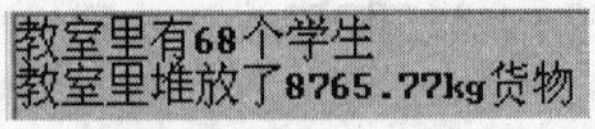

example12_5.c

```
#include<stdio.h>
union room {                       //定义共用体类型
    short peopleAmount;
    float freightWeight;
};
int main(){
    union room classRoom;          //声明共用体变量
    classRoom.peopleAmount=68;
    printf("教室里有%d个学生\n",classRoom.peopleAmount);
    classRoom.freightWeight=8765.77f;
    printf("教室里堆放了%0.2fkg货物\n",classRoom.freightWeight);
    return 0;
}
```

教室里有68个学生
教室里堆放了8765.77kg货物

图 12.11　共用体类型与变量

12.5.2　能力目标

使用共用体实现变量共享内存。

12.5.3　任务驱动

1. 任务的主要内容

使用共用体来刻画货物与人共享教室的空间，然后使用指针间接访问共用体的成员。

2. 任务的模板

仔细阅读、调试模板代码，然后完成实践环节，模板代码运行效果如图 12.12 所示。

room.c

```
#include<stdio.h>
typedef
union {
    short peopleAmount;
    float freightWeight;
} ROOM;
int main(){
    ROOM room201,room206;
    ROOM * p;
    p=&room201;
    p->peopleAmount=65;
    printf("201 房间有%d 个人\n",p->peopleAmount);
    p=&room206;
    p->freightWeight=1309.87f;
    printf("206 房间堆放了%0.2fkg 货物\n",p->freightWeight);
    return 0;
}
```

房间有65个人
房间堆放了1309.87kg货物

图 12.12　使用指针访问共用体成员

3. 任务小结或知识扩展

如果两个结构体变量的类型相同,那么可以通过结构体变量之间的赋值将一个结构体变量的成员的值依次赋给另一个结构体变量的成员。但是,对于共用体变量却无法实现成员之间的赋值,因为在同一时刻两个共用体变量中占用内存的成员可能是完全不同类型的成员。因此,函数的参数也不能是共用体类型。

12.5.4　实践环节

说出下列程序的输出结果。

```
#include<stdio.h>
typedef
union {
    char c1,c2;
} CHAR;
int main(){
    CHAR ch;
    CHAR * p;
    p=&ch;
    p->c1='A';
    printf("%c\n",p->c1);
    p->c2='T';
    printf("%c,%c\n",p->c1,p->c2);
    return 0;
}
```

12.6 枚举类型

12.6.1 核心知识

1. 语法格式

如果需要把某种类型的变量取值范围限制在几个固定的值,就可以使用枚举类型变量。定义枚举类型语法格式如下:

```
enum 枚举类型的名字
{
    常量列表
}
```

使用关键字 enum 定义枚举类型,枚举类型给出了枚举类型的名字以及该枚举类型变量的取值范围。枚举类型中的"常量列表"称为枚举类型的常量,而且枚举类型的常量要符合标志符之规定,即由字母、下画线和数字组成,并且第一个字符不能是数字字符。例如:

```
enum Season
{ spring,summer,autumn,winter
}
```

定义名字为 Season 的枚举类型,该枚举类型有 4 个常量。

定义枚举类型时,常量属于符号常量,称为枚举常量,其值按在列表中的顺序依次为 0、1、2、…。例如,上述 Season 中的 spring、summer、autumn 和 winter 枚举常量的值依次是 0、1、2、3。

在定义枚举类型时也可以指定枚举常量的值,对于没有指定值的枚举常量,其值为上一个枚举常量的值增 1,例如:

```
enum Weekday {
    sun=7,mon=1,tue,web,thu,fri,sat
}
```

那么,枚举常量 tue、web、thu、fri、sat 的值依次为 2、3、4、5、6。

定义了一个枚举类型后,就可以用该枚举类型声明枚举变量,例如:

```
enum Season x;
```

声明了一个枚举变量 x。枚举变量 x 只能取值枚举类型中的枚举常量。例如:

```
x=spring;
```

2. 简单示例

下面的例 6 演示了枚举类型的用法,运行效果如图 12.13 所示。

星期一 星期二 星期三 星期四 星期五 星期六 星期日

图 12.13　使用枚举类型

例 6

example12_6.c

```c
#include<stdio.h>
typedef
enum {
    sun=7,mon=1,tue,web,thu,fri,sat
} WEEK;
void printWeek(WEEK c);
int main(){
    WEEK week;
    for(week=mon;week<=sun;week++){
      printWeek(week);
    }
    return 0;
}
void printWeek(WEEK c){
    switch(c){
      case sun: printf("星期日 ");
          break;
      case mon: printf("星期一 ");
          break;
      case tue: printf("星期二 ");
          break;
        case web: printf("星期三 ");
          break;
      case thu: printf("星期四 ");
          break;
          case fri: printf("星期五 ");
          break;
      case sat: printf("星期六 ");
          break;
    }
}
```

12.6.2 能力目标

使用枚举类型的变量解决排列问题。

12.6.3 任务驱动

1. 任务的主要内容

输出从红、黄、绿三种颜色中取出两种不同颜色的排列。

2. 任务的模板

仔细阅读、调试模板代码，然后完成实践环节，模板代码运行效果如图 12.14 所示。

pailie.c

```c
#include<stdio.h>
```

```
typedef
enum {
  red,yellow,green
} Color;
void printColor(Color c);
int main(){
    Color color1,color2;              //声明枚举变量
    for(color1=red;color1<=green;color1++){
        for(color2=red;color2<=green;color2++){
            if(color2!=color1){
                printColor(color1);
                printColor(color2);
                printf("  ");
            }
        }
    }
    return 0;
}
void printColor(Color c){
    switch(c){
      case red: printf("红");
          break;
      case yellow: printf("黄");
          break;
      case green: printf("绿");
          break;
    }
}
```

红黄 红绿 黄红 黄绿 绿红 绿黄

图 12.14　使用枚举类型

3. 任务小结或知识扩展

在定义枚举类型时,对于没有指定值的枚举常量,其值为上一个枚举常量的值增 1。

12.6.4　实践环节

说出下列程序的输出结果。

```
#include<stdio.h>
typedef
enum {
    a=7,b,c=1,d
} OK;
int main(){
    OK ok;
    ok=b;
    printf("%d\n",ok);
    ok=d;
    printf("%d",ok);
    return 0;
}
```

小　　结

- 结构体变量是由若干个称为其成员的变量所构成,结构体变量占用的内存是其成员所占内存之和。结构体变量可以使用"."运算符访问自己的成员,也可以使用指向该结构体变量的指针访问其成员。
- 共用体变量的成员共享一处内存,共用体变量占用的内存等于其成员变量中占内存最大的成员变量所占的内存空间的大小。
- 枚举类型变量只能取枚举常量。

习　题　12

1. 下列结构体类型的定义是错误的是_____。

A.
```
struct Student{
    short number;
    char * name="zhang";
};
```

B.
```
struct Student{
    short number;
    char * name;
};
```

C.
```
struct Student{
    short number;
    char name[];
};
```

D.
```
typedef
struct {
    short number;
    char name[12] ;
} student;
```

2. 下列代码有无错误? 如何改正?

```
struct Room {
    char name[12];
    int width;
    int length;
} room="class201",123,45;
```

3. 下列代码错误的是_____。

```
struct Car {
    char name[12];           //A
    int width=120;           //B
    int length;              //C
    length=300;              //D
}
```

4. 下列程序的输出结果是_____。

```
#include<stdio.h>
typedef
struct {
    char name[12];
    int width,length;
```

```
} ROOM;
int main(){
    int size;
    size=sizeof(ROOM);
    printf("%d",size);
    return 0;
}
```

5. 下列程序的输出结果是_____。

```
#include<stdio.h>
typedef
union {
    char name[12];
    int width,length;
} ROOM;
int main(){
    int size;
    size=sizeof(ROOM);
    printf("%d",size);
    return 0;
}
```

6. 下列程序的输出结果是_____。

```
#include<stdio.h>
int main(){
    struct student {
        int score;
        char * name;
    };
    struct student s[3]={{100,"wqng"},{200,"li"},{300,"zhao"}},* p;
    p=s;
    for(;p<=s+2;p++) {
        printf("%s: %d\n",p->name,p->score);
    }
    return 0;
}
```

7. 下列程序的输出结果是_____。

```
#include<stdio.h>
int main(){
    typedef union {
        short a;
        float b;
    } Dog;
    Dog dog;
    Dog  * p;
    p=&dog;
    p->a=120;
    p->b=3.28;
```

```
        printf("%f",p->b);
        return 0;
}
```

8. 使用 typedef 定义一个结构体类型，要求该结构体类型由一个 int 型变量、一个 char 型数组和一个 double 型变量组成，并用该结构体类型声明 3 个结构体变量并给予初始化，然后分别输出它们的成员的值。

读写文件

主要内容

- 按文本读取文件
- 写文本文件
- 读写二进制文件
- 随机读写

程序在运行期间,可能需要从文件中获取所需要的数据,这就需要对文件进行读操作。另外,程序在处理数据后,可能需要将程序中的某些数据保存到文件中,以便永久地存储这些数据,这就需要对文件进行写操作。本章将学习如何将文件中的数据读入到程序中,以及如何将程序中的某些数据写入到文件中。

13.1 按文本读取文件

 13.1.1 核心知识

文件是数据在外部存储器中按一定格式存储的信息,文件中的数据以字节为单位存放在外部存储器(比如硬盘)上。按照存储格式来分类,文件可分为文本文件和二进制文件。

1. 按文本读取文件

当按文本读取一个字节时,将该字节的值转换为 ASCII 码表中的字符。例如,对于读取的一个字节:

0100 0001

该字节表示的整数值是 65,ASCII 码表中索引位置 65 对应的字符是字符 A,因此,如果按文本方式读取文件,那么程序认为读取的信息是字符 A。

2. 按文本读取文件的步骤

(1) 声明 FILE 指针变量

使用 FILE 声明指针变量(FILE 是 stdio.h 中定义的结构体类型),例如:

```
FILE * p;
```

(2) 打开文件

调用 fopen 函数打开文件，并将文件的地址存放到步骤(1)声明的指针变量 p 中：

```
p=fopen(文件名字,打开方式);
```

fopen 函数返回文件的地址，即文件中第一个字节的地址号，如图 13.1 所示，这里假设文件中第一个字节的地址号是 101。当指针 p 存放了文件的地址后，称指针 p 指向文件。

图 13.1 指向文件的指针变量

fopen 函数的第一个参数取值是一个字符串，可以让第一个参数取文件的名字或文件的绝对路径，例如：第一个参数取值

```
"hello.txt"
```

或

```
"c:\\1000\\hello.txt"
```

当取值是文件名字时，要求该文件和当前 C 程序(可执行文件)在同一目录中。

fopen 函数的第二个参数取一个字符串，以便决定打开方式，即该函数是以文本方式还是二进制方式打开文件。比如，取字符串是"r"将以文本方式打开文件，取字符串是"rb"以二进制方式打开文件。

(3) 确定按文本读取文件

在上述步骤(2)中，让 fopen 函数中的"打开方式"取值如下之一。

- **"r"**: 该打开方式为只读方式，即按文本方式打开一个已存在的文件，程序将按文本方式读取该文件；如果文件不存在，fopen 返回 NULL。
- **"r+"**: 该打开方式为读/写方式。

例如：

```
p=fopen("c:\\1000\\hello.txt","r");
```

(4) 使用 fgetc()函数或 fgetsc()函数读取文件

```
char fgetc(FILE * p);
```

函数读取参数 p 指向的文件。char fgetc(FILE ＊ p)函数返回一个字符(从文件中读取一个字节，将该字节中的数据看做是 ASCII 码表中某字符的位置)。当指针 p 指向文件后(文件的首字节)，每次调用 char fgetc(FILE ＊ p)函数可以顺序读取文件中的一个字节，即调用 char fgetc(FILE ＊ p)函数读取一个字节后，那么下一次调用 char fgetc(FILE ＊ p)就顺序地读取文件中的下一个字节，如此顺序地读取，直至文件的末尾。对于文本文件，如果读取位置到达文件末尾，fgetc 函数返回一个结束标志：EOF，EOF 是 stdio. h 头文件中定义的一个常量值,其值是-1。

```
char * fgets(char str[],int n,FILE * p);
```

函数读取参数 p 指向的文件。当指针 p 指向文件后(文件的首字节),每次调用 fgets (char str[],int n,FILE * p)函数可以顺序读取文件中的 n-1 个字节,如果文件中的数据不足 n-1 个字节,就读取实际的字节个数。该函数将读取的 n-1 个字节复制到数组 str 中,然后返回 n-1 个字节的首字节的地址。即每次读取长度为 n-1 的字符串,并将这个字符串复制到数组 str 中。每次调用 fgets(char str[],int n,FILE * p)函数读取 n-1 个字节后,那么下一次调用 fgets(char str[],int n,FILE * p)就再顺序地读取 n-1 个字节,如此顺序地读取,直到最后读取的不超过 n-1 个字节中包含文件的结束标志。fgets(char str [],int n,FILE * p)按文本方式读取文件,如果读取的 n-1 个字节中含有文件的结束标志 EOF,fgets(char str[],int n,FILE * p)函数返回 NULL。

(5) 关闭文件

调用 fclose 函数关闭曾打开的文件:

```
fclose(FILE * p);
```

fclose 函数的参数 p 是 FILE 指针,当不再读取文件时,要关闭打开的文件,需要将存放该文件地址的 FILE 指针变量传递给 fclose 函数的参数 p。

3. 简单示例

例 1 分别使用 getc 和 fgets 函数按文本方式读取 C:\1000 中的 hello.c 和 D:\2000 中的 ok.txt 文件,运行效果如图 13.2 所示。

例 1

example13_1.c

```c
#include<stdio.h>
void readOne(char * name);
void readTwo(char * name);
int main(){
    printf("读取: c: \\1000\\hello.c 的内容: \n");
    readOne("c: \\1000\\hello.c");
    printf("\n 读取: D: \\2000\\ok.txt 的内容: \n");
    readTwo("D: \\2000\\ok.txt");
}
void readOne(char * name) {
    FILE *p;
    char ch;
    p=fopen(name,"r");
    if(p!=NULL){
        ch=fgetc(p);
            while(ch!=EOF){
                printf("%c",ch);
                ch=fgetc(p);
            }
        fclose(p);
```

读取:c:\1000\hello.c的内容:
```
#include <stdio.h>
int main() {
    printf("hello");
    return 0;
}
```
读取:D:\2000\ok.txt的内容:
We are students
we like swimming

图 13.2　按文本读取文件

```
    }
    else{
      printf("文件不存在");
    }
}
void readTwo(char * name) {
    FILE * p;
    char * ch;
    char content[20];
    p=fopen(name,"r");
    if(p!=NULL){
        ch=fgets(content,20,p);
        while(ch!=NULL){
          printf("%s",content);
          ch=fgets(content,20,p);
        }
        fclose(p);
    }
    else{
        printf("文件不存在");
    }
}
```

13.1.2 能力目标

掌握按文本方式读取文件的内容。

13.1.3 任务驱动

1. 任务的主要内容

标准化试题文件的格式要求如下。

- 每道题目之间用一个星号(＊)字符分隔(最后一个题目的最后一行也是＊)。
- 每道题目提供 A、B、C、D 四个选择(单项选择)。

例如,下列 test.txt 是一套标准化考试的试题文件。

test. txt

1. 北京奥运会是什么时间开幕的?
   A. 2008-08-08　　　　B. 2008-08-01　　　　C. 2008-10-01　　　　D. 2008-07-08
＊
2. 下列哪个国家不属于亚洲?
   A. 沙特　　　　B. 印度　　　　C. 巴西　　　　D. 越南
＊
3. 2010 年世界杯是在哪个国家举行的?
   A. 美国　　　　B. 英国　　　　C. 南非　　　　D. 巴西
＊
4. 下列哪种动物属于猫科动物?
   A. 鬣狗　　　　B. 犀牛　　　　C. 大象　　　　D. 狮子

*

- 使用 getc 函数读取试题文件,每次显示试题文件中的一道题目。
- 当读取到字符 * 时,暂停读取,并等待用户回答,即通过调用 getchar 函数暂停读取,等待用户输入答案。
- 用户做完全部题目后,程序给出用户的得分。

2. 任务的模板

仔细阅读、调试模板代码,然后完成实践环节,模板代码运行效果如图 13.3 所示。

kaoshi. c

```c
#include<stdio.h>
#include<string.h>
#define N 4                    //试题中的题目数量
int main(){
    int i=0,score=0,length=0;
    char answer[N];            //存放用户的回答
    char result[N]="ACDD";     //存放正确的答案
    FILE * p;
    char ch;
    p=fopen("c:\\1000\\test.txt","r");
    ch=fgetc(p);
    while(ch!=EOF){
        if(ch!='*')
            printf("%c",ch);
        if(ch=='*') {
            printf("输入选择的答案:");
            answer[i]=getchar();
            getchar();         //消耗回车字符
            i++;
        }
        ch=fgetc(p);
    }
    fclose(p);
    length=strlen(result);
    for(i=0;i<length;i++){
    if(result[i]==answer[i]||result[i]==answer[i]-32)
        score++;
    }
    printf("最后的得分:%d\n",score);
}
```

图 13.3　标准化考试

3. 任务小结或知识扩展

要想对磁盘上的文件进行读写操作,首先必须声明一个指向文件的指针变量,然后让这个指针变量指向需要进行读写的文件(也称打开文件)。C 编译器在 stdio. h 头文件中定义了 FILE 类型的结构体变量,程序要想对外部存储器(比如硬盘)上的文件进行读写操作时,首先必须声明一个指向该文件的 FILE 型指针变量,然后让这个 FILE 型指针变量指向需要进行读写的文件。

13.1.4　实践环节

编写基于文本文件的单词记忆训练程序,具体要求如下。

- 预备好一个文本文件,该文本文件的名字是 word.txt,其内容由英文单词所构成,单词之间用一个星号(＊)分隔,第 1 个单词前面不要有星号(＊),最后一个单词的后面必须有星号(＊),例如:first＊boy＊girl＊hello＊well＊...＊last＊。每个单词的长度不能超过 30 个字母(参考代码要求该文件保存在 C:\1000 目录下)。
- 在 main 函数中每次读取 word.txt 中的一个单词,并显示在屏幕上,然后要求用户输入这个单词。
- 当用户输入单词时,程序将从屏幕上隐藏掉刚刚显示的单词,以便考核用户是否清晰地记住了这个单词。
- 程序读取了 word.txt 的全部内容后,将统计出用户背单词的正确率。

(参考代码见附录 A)

13.2　写文本文件

13.2.1　核心知识

当需要将程序中的数据永久地保留时,可以用文本文件(也称为 ASCII 码文件)保存程序中的数据。比如,如果将 1 看做是字符'1',而不是数字 1,即按文本格式来保存数据,那么保存到外部存储器中的数据是字符'1'在 ASCII 码表中的索引位置(位置是 49),因此保存到外部存储器中的数据占 1 个字节。

```
00110001
```

再比如字母'a',按文本文件保存字符'a'时,保存在文本文件中的数据是字符'a'在 ASCII 码表中的索引位置(97),保存到外部存储器中的数据占 1 个字节。

```
01100001
```

1. 打开文件并确定写入方式

使用 FILE 声明指针变量,例如:

```
FILE * p;
```

调用 fopen 函数打开文件,并将文件的地址存放到声明的指针变量 p 中。

```
p=fopen(文件名字,打开方式);
```

打开方式的取值和意义如下。

- "w":该打开方式为只写方式,即按文本方式打开一个文件,程序将按文本方式向该文件写入数据。如果 fopen 函数打开的文件已经存在,那么当程序对该文件进行写入数据操作时,该文件被打开之前的原始数据将被删除;如果打开的文件不存在,那么当程序对该文件进行写入操作时,就建立一个新文件,然后向其写入数据。

- "a"：该打开方式为尾加方式，即按文本方式打开一个文件，程序将按文本方式向该文件尾加数据。如果 fopen 函数打开的文件已经存在，那么当程序按文本方式向该文件尾加数据时，该文件被打开之前的原始数据保持不变；如果打开的文件不存在，那么就建立一个新文件，然后向其尾加数据。
- "r+"：该打开方式为读/写方式，相当于"r"与"w"方式的结合。
- "w+"：该打开方式为读/写方式，相当于"r"与"w"方式的结合。
- "a+"：该打开方式为读/尾加方式，相当于"r"与"a"方式的结合。

2. fputc()与 fputs()函数

以写入方式打开文件后，就可以使用 fputc()或 fputs()函数向打开的文件写入文本。

（1）fputc()函数

```
int fputc(int ch,FILE * p);
```

当指针 p 指向文件后，每次调用 int fputc(int ch,FILE ∗ p) 函数可以顺序地向文件写入一个字节（字符），即调用 int fputc(int ch,FILE ∗ p) 函数向文件写入一个字节（字符）后，那么下次调用 int fputc(int ch,FILE ∗ p) 函数就顺序地向文件写入下一个字节（字符），如此顺序地写入，直到停止调用 int fputc(int ch,FILE ∗ p) 函数。

（2）fputs()函数

```
char fputs(char str[],FILE * p);
```

函数向参数 p 指向的文件写入字符数组 str。当指针 p 指向文件后，每次调用 fputs (char str[],FILE ∗ p) 函数可以顺序地向文件中写入字符串 str，然后返回写入的字符串的首字符，如果写入失败，返回 EOF。即每次调用 fputs(char str[],FILE ∗ p) 函数向文件中写入字符串 str 后，那么下一次调用 fputs(char str[],FILE ∗ p) 函数就再顺序地向文件中写入字符串 str，如此顺序地写入，直到停止调用 fputs(char str[],FILE ∗ p) 函数或发生写入错误。

另外，也可以调用

```
char  fputs(char str[],int n,FILE * p);
```

函数将字符数组 str 中的 n 个字符写入到 p 所指向的文件。

3. 简单示例

下列的例 2 将字符串"你好，you are welcome"以及用户从键盘输入的字符（除♯字符）按文本方式顺序地写入 C:\1000 目录的 ok.txt 文件中。读者可以使用 Windows 操作系统提供的文本编辑器"记事本"打开 ok.txt，或用例 1 中的 C 程序读取 ok.txt。

例 2

example13_2.c

```
#include<stdio.h>
#include<string.h>
int main(){
    FILE * p;
```

```
    char ch;
    char str[]="你好,you are welcome";
    int i=0,length;
    length=strlen(str);
    p=fopen("c: \\1000\\ok.txt","w");
    for(i=0;i<length;i++){
        fputc(str[i],p);
    }
    printf("输入您要写入的字符,输入#结束: \n");
    ch=getchar();
    while(ch!='#') {
        fputc(ch,p);
        ch=getchar();
    }
    fclose(p);
    return 0;
}
```

13.2.2　能力目标

掌握调用 fputs(char str[],FILE * p)函数向文件中写入字符串 str。

13.2.3　任务驱动

1. 任务的主要内容

- 用户每次从键盘输入学生的姓名和出生地(一行文本),回车确认后,程序调用 fgets (char str[],int n,FILE * p)函数向文件 name. txt 尾加用户输入的字符串。
- 用户输入"空行",即直接按回车键,结束写入过程。

2. 任务的模板

仔细阅读、调试模板代码。

writeName. c

```
#include<stdio.h>
int main(){
    FILE * p;
    char ch;
    char str[20];
    p=fopen("c:                \\1000\\name.txt","a");
    printf("输入您要写入的字符串(输入空行结束): \n");
    gets(str);
    while(str[0]!='\0'){
        ch=fputs(str,p);
        if(ch!=EOF){
            printf("成功写入一行\n");
            fputc('\n',p);    //额外写入一个换行
        }
        else{
            printf("无法写入.\n");
        }
        gets(str);
```

```
    }
    fclose(p);
    return 0;
}
```

3. 任务小结或知识扩展

gets(char str[])函数等待用户从键盘输入一行文本并按回车键,然后将用户输入的一行文本中的字符(不包括回行字符)尾加上一个空字符后存放到数组 str 中,并且 get 函数返回数组 str 的地址。因此,当用户输入空行(直接按回车键),那么数组 str 的首元素存放的一定是空字符。程序可以通过判断 str 的首元素是否是一个空字符来决定是否继续调用gets(char str[])函数。

13.2.4 实践环节

加密文件。使用一个字符串做密码,比如:

```
char p[]="hello123456";
```

假设密码的长度,即数组 p 中字符个数为 n,那么就将被加密的字符串信息按顺序以 n 个字符为一组(最后一组中的字符个数可小于 n),对每一组中的字符,用数组 p 的对应字符做加法运算。比如,某一组中的 n 个字符是:

$$a_0 a_1 \cdots a_{n-1}$$

那么对该组字符的加密结果 $c_0 c_1 \cdots c_{n-1}$ 是:$c_0 (char)(a_0 + p[0])$,$c_1 (char)(a_1 + p[1]) \cdots$ $c_{n-1} = (char)(a_{n-1} + p[n-1])$。

上述加密算法的解密算法是对密文做减法运算。

编写程序,将用户输入多个字符(除了 # 字符),加密后存入名字为 secret.txt 的文件中。
(参考代码见附录 A)

13.3 读写二进制文件

13.3.1 核心知识

当程序需要把内存中的数据永久保留时,二进制文件采用的办法就是按数据在内存的存储形式将数据保存在外部存储器上,简单地说,数据在内存是什么样子,在外部存储器上就是什么样子,也就是说,用这种办法在外部存储器上保存数据的文件称为二进制文件。

例如,对于数字 1231,将其看做是一个 short 型数据,如果按二进制文件保存数字 1231,那么保存在二进制文件中的数据占 2 个字节。

```
00000100 11001111
```

需要注意的是,如果将 1231 按字符串保存,即按文本方式保存,也就是说 1231 就是由 4 个字符所构成(两个字符'1',一个字符'2'和一个字符'3'),那么该文本文件中依次存放的是'1'在 ASCII 码表中的位置(49),'2'在 ASCII 码表中的位置(50),'3'在 ASCII 码表中的位置(51)和'1'在 ASCII 码表中的位置(49),即写入该文本文件的数据占 4 个字节。

1. 打开文件并确定读写方式

使用 FILE 声明指针变量，例如：

```
FILE * p;
```

调用 fopen 函数打开文件：

```
p=fopen(文件名字,打开方式);
```

打开方式的取值和意义如下。

- "rb"：该打开方式为只读方式，即按二进制方式打开一个已存在的文件，程序将按二进制方式读取该文件。
- "wb"：该打开方式为只写方式，即按二进制方式打开一个文件，程序将按二进制方式向该文件写入数据。如果 fopen 函数打开的文件已经存在，那么当程序对该文件进行写入操作时，该文件被打开之前的原始数据将被删除；如果打开的文件不存在，那么当程序对该文件进行写入操作时，就建立一个新文件，然后写入数据。
- "ab"：该打开方式为尾加方式，即按二进制方式打开一个文件，程序将按二进制方式向该文件尾加数据。如果 fopen 函数打开的文件已经存在，那么当程序将按二进制方式向该文件尾加数据时，该文件被打开之前的原始数据保持不变；如果打开的文件不存在，那么就建立一个新文件，然后向其尾加数据。
- "rb+"：该打开方式允许以读和写方式打开一个二进制文件。
- "wb+"：该打开方式允许以读和写方式打开和新建一个二进制文件。
- "ab+"：该打开方式允许以读或写方式追加一个二进制文件。

2. fwrite()函数

以写入方式打开文件后，就可以使用 fwrite()函数向打开的文件写入二进制数据：

```
int fwrite(void * addr,int size,int count,FILE * p);
```

函数向参数 p 指向的文件写入数据，参数的作用如下。

- p：指向文件的指针变量。
- addr：指向数据在内存中的地址，addr 指针为 void 型，可指向任何类型的变量。
- size：要写出的数据所占的字节个数。
- count：按顺序连续写出的数据的个数，即从地址 addr 处开始顺序写出 count 个在内存中占 size 字节的数据。例如，如果内存中的 int 数组 a 的长度为 20，那么 fwite(a,4,20,p)从数组的首元素地址处开始顺序写出 20 个占 4 个字节的数据（假设当前平台给 int 型数据分配 4 个字节），即将整个数组写入到文件。

fwrite()函数返回成功写出的数据的个数（如果磁盘空间不够，fwrite()函数成功写出的数据的个数可能小于参数 count 的值）。

只要不关闭文件，即不执行 fclose(p);，那么每次调用 fwrite 函数，就顺序地向文件写入数据。

3. fread()函数

fread()函数读取打开的二进制文件：

```
int fread(void * addr,int size,int count,FILE * p);
```

函数从参数 p 指向的文件中读入数据到程序中,参数的作用如下。

* p: 指向文件的指针变量。
* addr: 在内存中的存放读入数据的起始地址,addr 指针为 void 型,可指向任何类型的变量的地址。
* size: 要读入的数据所占的字节个数。
* count: 是按顺序连续读入的数据的个数。例如,如果二进制文件中存放的 int 型数组 a 的长度为 20,假设 addr 是程序中长度为 20 的 int 数组,那么 fread(addr,4,20,p)就从文件中读入数组 a,并从数组 addr 的首元素开始顺序存放读入的数组 b 的各个元素(假设当前平台给 int 型数据分配 4 个字节)。

fread()函数返回成功读入的数据的个数(如果文件中没有足够的数据,fread()函数成功读入的数据的个数可能小于参数 count 的值)。

只要不关闭文件,那么每次调用 fread 函数,就顺序地从文件读入数据。

4. 简单示例

下面的例 3 将一个 int 变量 x 的值以及 int 数组 a 的元素的值以二进制方式写入到文件 b.bat 中,然后按二进制方式读取 b.dat 文件(无法用文本编辑器查看 b.bat 文件中的数据),运行效果如图 13.4 所示。

例 3

将int数据写入二进制文件.
将int数组写入二进制文件.
读入的一个int型数据存放在y中.
y=120
读入的4个int型数据存放在数组b中:
b[0]=100,b[1]=200,b[2]=300,b[3]=400

图 13.4　读写二进制文件

example13_3.c

```c
#include<stdio.h>
int main(){
    int x=120,a[4]={100,200,300,400},y=0,b[4]={0};
    int size=sizeof(int);
    FILE *p;
    int m=0,i;
    p=fopen("c:\\1000\\b.dat","wb");
    m=fwrite(&x,size,1,p);
    if(m==1)
        printf("将 int 数据写入二进制文件.\n",x);
    m=fwrite(&a[0],size,4,p);
    if(m==4)
        printf("将 int 数组写入二进制文件.\n");
    fclose(p);
    p=fopen("c:\\1000\\b.dat","rb");
    m=fread(&y,size,1,p);
    if(m==1){
        printf("读入的一个 int 型数据存放在 y 中: \n");
        printf("y=%d\n",y);
    }
    m=fread(b,size,4,p);
    if(m==4){
        printf("读入的 4 个 int 型数据存放在数组 b 中: \n");
        printf("b[0]=%d,b[1]=%d,b[2]=%d,b[3]=%d\n",b[0],b[1],b[2],b[3]);
```

```
    }
    fclose(p);
    return 0;
}
```

掌握使用二进制文件。

1. 任务的主要内容

成绩单包括的信息：学生姓名、数学成绩、英语成绩。从键盘输入 N 名学生的成绩，并保存到名字为 score. dat 的二进制文件中，然后读取 score. dat。

2. 任务的模板

仔细阅读、调试模板代码，然后完成实践环节，模板代码运行效果如图 13.5 所示。

scoreForm. c

图 13.5　读写成绩单

```c
#include<stdio.h>
#define N 3
typedef
struct {
    char name[20];
    int math;
    int english;
} STUDENT;
void saveSTUDENT(STUDENT [],char * );
void outputSTUDENT(char * );
int main(){
    int i;
    STUDENT stu[N];
    char fileName[]="c: \\1000\\score.dat";
    for(i=0;i<N;i++){
        printf("输入第%d个学生的姓名(按 Enter 键确认)：",i+1);
        gets(stu[i].name);
        printf("输入数学成绩(按 Enter 键确认)：");
        scanf("%d",&stu[i].math);
        getchar();          //消耗回车字符
        printf("输入英语成绩(按 Enter 键确认)：");
        scanf("%d",&stu[i].english);
        getchar();          //消耗回车字符
    }
    saveSTUDENT(stu,fileName);
    printf("文件%s 中保存的成绩单：\n",fileName);
    outputSTUDENT(fileName);
}
void saveSTUDENT(STUDENT stu[],char * fileName){
    FILE * p;
    int i;
```

```
    p=fopen(fileName,"wb+");
    for(i=0;i<N;i++){
      fwrite(&stu[i],sizeof(STUDENT),1,p);
    }
    fclose(p);
}
void outputSTUDENT(char * fileName){
    FILE *p;
    int i;
    STUDENT stu[N];
    p=fopen(fileName,"rb+");
    for(i=0;i<N;i++){
      fread(&stu[i],sizeof(STUDENT),1,p);
    }
    for(i=0;i<N;i++){
      printf("姓名：%s,数学：%3d,英语：%3d\n",
             stu[i].name,stu[i].math,stu[i].english);
    }
    fclose(p);
}
```

3. 任务小结或知识扩展

程序用二进制方式写成的文件，即二进制文件，其他用户用文本编辑器无法查看其中的信息，比如用"记事本"软件打开一个二进制文件，看到都是"乱码"，对于二进制文件必须编写相应的程序去读取，而且要知道其中的数据之结构。

13.3.4　实践环节

参考本实验代码，编写保存医院体检信息的程序，医院体检信息包括：体检者姓名、血压、身高、体重等。

（无参考代码）

13.4　随 机 读 写

前面几节学习了如何使用 fgetc()、fputc()函数读写文本文件，以及如何使用 fread()、fwrite()函数读写二进制文件。这些函数的特点就是按顺序读写文件，那么如何控制读写的位置呢？比如想反复读取文件 2 次，就必须两次打开文件，因为只有这样才能让读取的最初位置定位到文件的开始位置。本节将学习改变读写位置的函数，以便更灵活地读写文件。

13.4.1　核心知识

1. rewind 函数

```
void rewind(FILE * p);
```

rewind 函数能使读写位置回到文件的开头。

2. ftell 函数

```
long ftell(FILE * p);
```

ftell 函数可以返回一个 long 型数值,该值是从文件开头到当前读写位置的全部的字节个数,当 ftell 返回的值等于文件的长度时,表示读写位置位于文件的末尾。

3. fseek 函数

```
int fseek(FILE * p,long offset,int origin);
```

fseek 函数能随机移动读写位置。主要参数的意义如下。

- origin:确定移动的起始点。当 origin 取值 0 时,将移动的起始点定位在文件的开头;当 origin 取值 1 时,将移动的起始点定位在当前的读写位置;当 origin 取值 2 时,将移动的起始点定位在文件的结尾。
- offset:确定从起始点向文件的结尾方向或开头方向移动的位移量。offset 取正数时,从起始点向后(向文件的结尾方向)移动 offset 个字节;offset 取负数时,从起始点向前(向文件的开头方向)移动−offset 个字节。

比如:

```
fseek(p,2,0);
```

首先将移动的起始点设置在文件的开始位置,然后从起始点向文件的结尾方向移动 2 个字节。因此

```
fseek(p,2,0);
```

产生的效果就是将读写位置定位在距文件开头 2 个字节处。比如:

```
seek(p,-2,2);
```

首先将移动的起始点设置在文件的结尾,然后从起始点向文件的开头移动 2 个字节。因此

```
fseek(p,-2,2);
```

产生的效果就是将读写位置定位在距文件结尾 2 个字节处。

4. 简单示例

下面的例 4 将 8 个字符 aAbBcCdD 写入文件然后倒置读出。

例 4

example13_4.c

```
#include<stdio.h>
int main(){
    char * name="aAbBcCdD";
    char c;
    int k=1;
    FILE * p;
    p=fopen("A.dat","wb+");
```

```
fwrite(name,1,8,p);
while(k<=8){
    fseek(p,-k,2);
    fread(&c,1,1,p);
    k++;
    putchar(c);
}
fclose(p);
return 0;
}
```

13.4.2 能力目标

显示一个文件的内容,然后将该文件的内容复制到另一个文件中。

13.4.3 任务驱动

备份文件是指将一个文件的内容复制到另一个文件中,后者的内容将被新内容覆盖掉。

将一个文件的内容复制到另一个文件是一种常用的备份手段,前者称为原始文件,后者称为备份文件,如果原始文件和备份文件的名字和扩展名完全相同,那么二者必须位于不同的目录中。人们习惯让备份文件的名字和原始文件的名字相同,但备份文件的扩展名是.bak。

1. 任务的主要内容

首先显示一个文件的内容,比如 hello.c,然后将读取位置重新定位到 hello.c 的开头,再读取 hello.c(但不再显示读取的内容),并将读取的内容写入到 hello.bak 中。

2. 任务的模板

仔细阅读、调试模板代码,然后完成实践环节,模板代码运行效果如图 13.6 所示。

bak.c

```
#include<stdio.h>
int main(){
    FILE * p1, * p2;
    char c;
    p1=fopen("c: \\1000\\hello.c","r");
    p2=fopen("c: \\1000\\hello.bak","w");
    while(!feof(p1)) {
        printf("%c",fgetc(p1));
    }
    fseek(p1,0,0);
    while((c=fgetc(p1))!=EOF){
        fputc(c,p2);
    }
    fclose(p2);
}
```

```
#include <stdio.h>
int main() {
    printf("hello");
    return 0;
}
```

图 13.6 备份文件

3. 任务小结或知识扩展

feof(FILE ＊ p)函数。对于文本文件,如果读取位置到达文件末尾,fgetc 函数返回一个结束标志 EOF,EOF 是 stdio.h 头文件中定义的一个常量值,其值是－1。如果按文本方式要读取的文件是二进制文件,文件中可能出现值是－1 的字节,那么当按文本方式读取一个二进制文件时(看到的可能是乱码),应避免使用 EOF 判断是否到达文件的末尾。ANSI C 提供了一个 feof(FILE ＊ p) 函数,当 fgetc 函数读取到文件末尾时,feof(FILE ＊ p)函数返回 1,否则返回 0。

13.4.4　实践环节

编写程序,将一个文件的内容尾加到另一个文件中。

(参考代码见附录 A)

小　结

- 文件分为文本文件和二进制文件。二进制文件存储数据的特点是按数据在内存的存储形式来保存该数据,文本文件存放数据的特点是存放字符在 ASCII 码中的位置,因此文本文件也称为 ASCII 文件。
- 读写文件之前必须打开文件。步骤是:首先声明 FILE 指针变量,然后调用 fopen 函数打开文件,并将 fopen 函数返回的文件的地址存放到 FILE 指针变量中。
- 读写文本文件通常使用 fgetc、fgets、fputc 和 fputs 函数。
- 读写二进制文件通常使用 fread 和 fwrite 函数。
- 使用 rewind 函数重新定位读写位置到文件的开头,用 fseek 函数随机定位读写位置。

习　题　13

1. 简单叙述打开文件的步骤。

2. 如果准备将程序中的 100 按数字 100 写到文件,文件应当是二进制文件还是文本文件?

3. 如果准备将 100 按 3 个字符写到文件,文件应当是文本文件还是二进制文件?

4. 如果准备按文本方式读取一个已存在的文本文件,那么使用 fopen(文件名字,打开方式)函数打开文本时,参数"打开方式"应当取怎样的值?

5. 读写文本文件和二进制文件的步骤是怎样的?

6. 使用 fseek(FILE ＊ p,long offset,int origin)函数将读写位置定位到离当前读取位置之前的第 8 个字节处,参数 offset 和 origin 应当取怎样的值? 将读写位置定位到文件的开头,参数 offset 和 origin 应当取怎样的值? 定位到离当前读取位置之后的第 3 个字节处,参数 offset 和 origin 应当取怎样的值?

7. 下列程序的输出结果是_____。

```c
#include<stdio.h>
int main(){
    FILE * p;
    char ch;
    int i;
    char str[]="ABCD";
    p=fopen("ok.txt","w");
    for(i=0;i<strlen(str);i++){
        fputc(str[i],p);
    }
    fclose(p);
    p=fopen("ok.txt","r");
    ch=fgetc(p);
    while(!feof(p)){
        printf("%c",ch);
        ch=fgetc(p);
    }
    return 0;
}
```

8. 下列程序的输出结果是_____。

```c
#include<stdio.h>
int main(){
    FILE * p;
    int x=12,y=39;
    int size=sizeof(int);
    p=fopen("a1.data","w");
    fwrite(&x,size,1,p);
    fwrite(&y,size,1,p);
    fclose(p);
    p=fopen("a1.data","r");
    fread(&y,size,1,p);
    fread(&x,size,1,p);
    fclose(p);
    printf("x=%d,y=%d",x,y);
    return 0;
}
```

9. 下列程序的输出结果是_____。

```c
#include<stdio.h>
int main(){
    FILE * p;
    int a[]={1,2,3,4,5,6};
    int size=sizeof(int);
    int i;
    p=fopen("a2.data","w");
    fwrite(a,size,3,p);
    fclose(p);
```

```
p=fopen("a2.data","r");
fread(a+3,size,3,p);
fclose(p);
for(i=0;i<6;i++){
    printf("%d",a[i]);
}
return 0;
}
```

10. 下列程序的输出结果是_____。

```
#include<stdio.h>
int main(){
    FILE *p;
    char ch;
    int i=-1;
    char str[]="ABCD";
    p=fopen("dog.txt","w");
    fputs(str,p);
    fclose(p);
    p=fopen("dog.txt","r");
    i=fseek(p,2,1);
    ch=fgetc(p);
    printf("%c",ch);
    i=fseek(p,-2,1);
    ch=fgetc(p);
    printf("%c",ch);
    return 0;
}
```

11. 编写程序，将字符串"how are you"写入名字是 cat.txt 的文件中。

12. 编写程序，读取第 11 题的 cat.txt 文件中的内容。

13. 编写程序，将程序的 double 型变量 x 和 y 的值写入到名字是 sea.data 的文件中。

14. 编写程序，读取第 13 题的 sea.data 文件中的数据，并输出这些数据的和。

第 2 章　基本数据类型

2.1.4　实践环节参考答案

```c
#include<stdio.h>
int main(){
    int m1=1,m2=2,m3=3,m4=4,m5=5;
    int temp;
    printf("%d,%d,%d,%d,%d\n",m1,m2,m3,m4,m5);
    temp=m1;
    m1=m5;
    m5=m4;
    m4=m3;
    m3=m2;
    m2=temp;
    printf("%d,%d,%d,%d,%d\n",m1,m2,m3,m4,m5);
    temp=m5;
    m5=m1;
    m1=m2;
    m2=m3;
    m3=m4;
    m4=temp;
    printf("%d,%d,%d,%d,%d\n",m1,m2,m3,m4,m5);
    return 0;
}
```

2.2.4　实践环节参考答案

实践 1

```c
#include<stdio.h>
int main() {
    float elephantWeight;          //elephantWeight(存储大象重量)
    float antOne,antTwo;           //antOne,antTwo(存储两只蚂蚁的重量)
    float weightSum;               //存放重量和
    elephantWeight=9876.0F;        //将 9876.0F 赋值给 elephantWeight
    antOne=0.0000000001234123F;
    antTwo=0.0000000004321123F;
```

```
        printf("两只蚂蚁的重量分别是：\n");
        printf("%0.20f 和%0.20f\n",antOne,antTwo);
        weightSum=antOne+antTwo;      //将 antOne+antTwo 赋值给 weightSum
        printf("两只蚂蚁的重量和：");
        printf("%0.20f\n",weightSum);
        printf("%e\n",weightSum);
        printf("大象的重量是：\n");
        printf("%0.20f\n",elephantWeight);
        weightSum=elephantWeight+antOne+antTwo;
        printf("大象与两只蚂蚁的重量和(蚂蚁的重量被忽略了)：");
        printf("%0.20f\n",weightSum);
        printf("%e\n",weightSum);
        return 0;
}
```

2.3.4 实践环节参考答案

实践 1

```
#include<stdio.h>
int main() {
    char warnning='\0';
    warnning=110;          //将整数 110 赋值到 warnning
    printf("%d 报警字母%c\n",warnning,warnning);
    printf("%d 报警声%c\n",warnning,'\a');              //输出转义字符\a 一次
    warnning=119;          //将整数 119 赋值到 warnning
    printf("%d 报警字母%c\n",warnning,warnning);    //按整数和字符输出 warnning
    printf("%d 报警声%c%c\n",warnning,'\a','\a');    //输出转义字符\a 两次
    warnning=120;          //将整数 120 赋值到 warnning
    printf("%d 报警字母%c\n",warnning,warnning);    //按整数和字符输出 warnning
    printf("%d 报警声%c%c%c\n",warnning,'\a','\a','\a');  //输出转义字符\a 三次
    return 0;
}
```

实践 2

```
#include<stdio.h>
int main(){
    short number=97;
    char c='\0';
    c=number;
    printf("%c,%d\n",c,c);
    c=c-32;
    printf("%c,%d\n",c,c);
    return 0;
}
```

2.4.4 实践环节参考答案

实践 1

```
#include<stdio.h>
int main(){
    char a,b,c;
    printf("连续输入 3 个字符,按 Enter 键确认: ");
    scanf("%c%c%c",&a,&b,&c);
    getchar();                        //废弃回车符
    putchar(a);
    putchar(b);
    putchar(c);
    putchar('\n');
    return 0;
}
```

2.5.4 实践环节参考答案

```
#include<stdio.h>
#define REBATE 0.6                           //定义符号常量
int main() {
    double tvPrice=3786.89;
    double teaPrice=78.67;
    double favourablePrice;                  //优惠后的价格
    printf("电视机的原价%0.3f\n",tvPrice);
    favourablePrice=REBATE * tvPrice;        //使用符号常量
    printf("电视机优惠后的价格%0.3f\n",favourablePrice);
    printf("茶叶的原价%0.3f\n",teaPrice);
    favourablePrice=REBATE * teaPrice;       //使用符号常量
    printf("茶叶优惠后的价格%0.3f\n",favourablePrice);
    getchar();
    return 0;
}
```

第 3 章   运算符与表达式

3.1.4 实践环节参考答案

```
#include<stdio.h>
int main(){
    int result=0;
    result=1/2+3+6 * 4/6;
    printf("1/2+3+6 * 4/6=%d\n",result);
    result=3+6 * (4/6);
    printf("3+6 * (4/6)=%d\n",result);
    result=10%3 * 9;
    printf("10%%3 * 9=%d\n",result);         //%%输出一个%
```

```
    result=12+10%(3*9);
    printf("12+10%%(3*9)=%d\n",result);
    return 0;
}
```

3.2.4 实践环节参考答案

```
#include<stdio.h>
int main(){
    int i=2,y;
    y=i++*i;
    printf("i=%d,y=%d\n",i,y);        //输出结果是 i=3,y=4
    return 0;
}
```

3.3.4 实践环节参考答案

实践 1

```
#include<stdio.h>
int main() {
    int above1,above2,center,bottom1,bottom2;
    int pass=0;
    printf("输入开关 above1 的状态: ");
    scanf("%d",&above1);
    printf("输入开关 above2 的状态: ");
    scanf("%d",&above2);
    printf("输入开关 center 的状态: ");
    scanf("%d",&center);
    printf("输入开关 bottom1 的状态: ");
    scanf("%d",&bottom1);
    printf("输入开关 bottom2 的状态: ");
    scanf("%d",&bottom2);
    pass=(above1!=0)&&(above2!=0);
    printf("bove1 和 above2 开: %d \n",pass);
    pass=(above1!=0||bottom1!=0)&&(center!=0)&&(above2!=0||bottom2!=0);
    printf("above1 或 bootom1 开,center 开,above2 或 bootom2 开: %d\n",pass);
    pass=(bottom1!=0)&&(bottom2!=0);
    printf("bottom1 和 bottom2 为开: %d\n",pass);
    return 0;
}
```

实践 2

```
#include<stdio.h>
int main() {
    int x,y,z;
    printf("输入 x,y,z 的值(逗号分隔,按 Enter 键确认): \n");
    scanf("%d,%d,%d",&x,&y,&z);
    printf("%d,%d,%d,%d\n",x+y&&z-y,x<y<z||x>y>z,x-x&&y-y||z-z,(x-x)&&y-y);
    return 0;
}
```

3.4.4　实践环节参考答案

```c
#include<stdio.h>
#define TrainCharge 12
#define CarCharge 22
#define PlaneCharge 132
int main() {
    double weight,payWeight,charge;
    printf("输入行李重量：");
    scanf("%lf",&weight);
    printf("行李重量：%f 千克(kg)\n",weight);
    payWeight=(int)weight;
    printf("用火车托运需要计费的重量：%f(kg)\n",payWeight);
    charge=payWeight * TrainCharge;
    printf("用火车托运(%d 元/kg),费用：%f 元\n",TrainCharge,charge);
    payWeight=(int)(weight+0.5);
    printf("用汽车托运需要计费的重量：%f(kg)\n",payWeight);
    charge=payWeight * CarCharge;
    printf("用汽车托运(%d 元/kg),费用：%f 元\n",CarCharge,charge);
    payWeight=(int)(weight * 10+0.5);
    payWeight=payWeight/10;
    printf("用飞机托运需要计费的重量：%f(kg)\n",payWeight);
    charge=payWeight * PlaneCharge;
    printf("用汽车托运(%d 元/kg),费用：%f 元\n",PlaneCharge,charge);
    return 0;
}
```

3.5.4　实践环节参考答案

```c
#include<stdio.h>
int main(){
    short a=63;
    short MASK=5;
    a=a&MASK;
    printf("%d\n",a);
    a=3557;
    a=a&MASK;
    printf("%d\n",a);
}
```

第 4 章　分 支 语 句

4.1.4　实践环节参考答案

```c
#include<stdio.h>
#define limitMaxSpeed 120
```

```
int main(){
    double speed;
    int lostMoney=0,lostScore=0;
    printf("输入速度：");
    scanf("%lf",&speed);
    if(speed >=limitMaxSpeed) {
        lostMoney=200;
        if(speed-limitMaxSpeed>=limitMaxSpeed/2.0)
            lostScore=6;
        if(speed-limitMaxSpeed<limitMaxSpeed/2.0)
            lostScore=3;
    }
    printf("速度：%0.2f,罚款：%3d,扣分：%3d\n",speed,lostMoney,lostScore);
    return 0;
}
```

4.2.4　实践环节参考答案

```
#include<stdio.h>
#include<math.h>
int main() {
    double a,b,c;
    double root1,root2;
    double disc;
    printf("输入系数 a,b,c(逗号分隔)：");
    scanf("%lf,%lf,%lf",&a,&b,&c);
    disc=  b*b-4*a*c;
    if(a==0) {
        if(b==0) {
            printf("不是方程\n");
        }
        else {
            printf("是一元一次方程,只有一个根：%f\n",-c/b);
        }
    }
    else {
        if(disc>=0) {
            root1=(-b+sqrt(disc))/2*a;
            root2=(-b-sqrt(disc))/2*a;
            printf("是一元二次方程,有两个实根：%f,%f\n",root1,root2);
        }
        else {
            printf("是一元二次方程,没有实根\n");
        }
    }
    return 0;
}
```

4.3.4　实践环节参考答案

实践 1

```c
#include<stdio.h>
int main(){
    double x,y;
    int isRight=1;
    printf("输入变量 x 的值：");
    scanf("%lf",&x);
    if(x<=-10){
        y=x*x-1;
    }
    else if(x>=-10 && x<=-3){
        y=x+109;
    }
    else if(x>-3 && x<=0){
        y=3*x+34;
    }
    else {
        isRight=0;
        printf("输入的数据%f 是不允许的值\n",x);
    }
    if(isRight){
        printf("%0.8f\n",y);
        printf("main 函数中一共有 5 条语句,最后一条语句是 return 语句\n");
    }
    return 0;
}
```

实践 2

```c
#include<stdio.h>
#define POINT1 100
#define POINT2 200
#define POINT3 500
int main(){
    float amountMoney=0;
    float charge=0;
    printf("输入商品的总额：");
    scanf("%f",&amountMoney);
    if(amountMoney<POINT1) {
        charge=amountMoney;
    }
    else if(amountMoney<POINT2&&amountMoney>=POINT1){
        charge=POINT1+(amountMoney-POINT1)*0.9f;
    }
    else if(amountMoney<POINT3&&amountMoney>=POINT2){
        charge=POINT1+(POINT2-POINT1)*0.9f+
                (amountMoney-POINT2)*0.8f;
```

```
    }
    else if(amountMoney>=POINT3){
        charge=POINT1+(POINT2-POINT1)*0.9f+
                (POINT3-POINT2)*0.8f+(amountMoney-POINT3)*0.7f;
    }
    printf("顾客支付金额: %-20.2f\n",charge);
    printf("顾客节省金额: %-20.2f\n",amountMoney-charge);
    return 0;
}
```

4.4.4　实践环节参考答案

```
#include<stdio.h>
int main() {
    int number;
    printf("输入号码: ");
    scanf("%d",&number);
    switch(number) {
        case 9 :
        case 131 :
        case 12 :    printf("%d是三等奖\n",number);
                     break;
        case 209 :
        case 596 :
        case 27 :    printf("%d是二等奖\n",number);
                     break;
        case 875 :
        case 316 :
        case 59 :    printf("%d是一等奖\n",number);
                     break;
        default:     printf("%d未中奖\n",number);
    }
    return 0;
}
```

第 5 章　循 环 语 句

5.1.4　实践环节参考答案

实践 1

```
#include<stdio.h>
int main(){
    int i=1,multiply=1,item=1;
    while(i<=5) {
      multiply=multiply*item;
      i++;
      item=item+2;                //计算出下一次需要累乘的 item
    }
```

```
        printf("1×3×5×…×9是%d\n",multiply);
    }
```

实践 2

```c
#include<stdio.h>
#define N 5
int main(){
    float a=2,b=1;                  //累加项中的关键数字
    float t;                        //一个用于交换其他变量的备用变量
    int i=1;                        //控制循环次数
    int fuhao=1;                    //控制正负的变量
    float item=0;                   //需要累加的值
    float sum=0;                    //用于累加的变量
    item=a/b;                       //第一次需要累加的值是 a/b
    while(i<=N) {
      sum=sum+fuhao*item;           //本次循环向 sum 累加 item
      i++;                          //改变 i 的值,以便改变循环条件
      t=a;
      a=a+b;                        //计算出下一次 item 中的 a
      b=t;                          //计算出下一次 item 中的 b
      fuhao=-fuhao;                 //改变符号
      item=a/b;                     //计算出下一次需要累加的 item
    }
    printf("\n当前 i 的值是%d,sum 的值是%f\n",i,sum);
    return 0;
}
```

实践 3

```c
#include<stdio.h>
int main(){
    unsigned short number;
    unsigned short remainder;
    unsigned short sum=0,temp=0;
    printf("输入一个正整数: ");
    scanf("%d",&number);
    temp=number;
    while(number!=0) {
        remainder=number%10;        //求出 number 中个位上的数字
        sum=sum+remainder;          //将 sum+remainder 赋值给 sum
        number=number/10;           //将 number/10 赋值给 number
    }
    printf("%u上各位数字之和是: %u\n",temp,sum);
    return 0;
}
```

实践 4

```c
#include<stdio.h>
#define N 8
```

```
int main(){
    int i=1;
    int item=2;
    long multiply=1;
    while(i<=N) {
        multiply=multiply * item;
        i++;
    }
    printf("%d的%d幂是: %ld\n",item,N,multiply);
    return 0;
}
```

5.3.4 实践环节参考答案

```
#include<stdio.h>
#include<time.h>
#include<stdlib.h>
int main(){
    int randomNumber;              //随机数
    int guess;                     //用户的猜测
    int count=0;                   //记录用户的猜测次数
    srand(time(NULL));             //用当前时间做随机种子
    printf("给你一个 1 至 100 之间的数,请猜测: \n");
    randomNumber=rand()%100+1;
    do{
        scanf("%d",&guess);
        count++;
        if(guess >randomNumber){
            printf("第%d次猜测,猜大了,请再猜: \n",count);
        }
        else if(guess<randomNumber){
            printf("第%d次猜测,猜小了,请再猜: \n",count);
        }
    }
    while(guess !=randomNumber);//不要忘记这里的分号
    printf("您猜对了,共猜了%d次,这个数就是: %d\n",count,randomNumber);
    return 0;
}
```

5.4.4 实践环节参考答案

实践 1

```
#include<stdio.h>
int main(){
    double sum=0;
    double aver=1;
    double x=0;
    double max,min;            //存放输入的最大、最小数
    int count=0;
```

```
    int m=1;
    printf("输入数据,按 Enter 键确认(输入 no 结束输入过程):\n");
    m=scanf("%lf",&x);
    max=min=x;
    while(m!=0){
      count++;
      sum=sum+x;
      printf("输入下一个数据,按 Enter 键确认(输入 no 结束输入过程):\n");
      m=scanf("%lf",&x);
      if(x>max)
        max=x;
      if(x<min)
        min=x;
    }
    aver=sum/count;
    printf("所输入数的平均数%f\n",aver);
    if(count>=3) {
        printf("去掉一个最大数%f,一个最小数%f\n",max,min);
        aver=(sum-max-min)/(count-2);
        printf("平均数:%f\n",aver);
    }
    return 0;
}
```

实践 2

```
#include<stdio.h>
int main(){
    int i;                          //存放整数的变量
    int a=0,b=0,c=0;                //存放 i 的个、十、百位上的数字
    int isNarcissus=0;
    for(i=100;i<=999;i++) {
        a=i%10;                     //个位
        b=i/10%10;                  //十位
        c=i/100;                    //百位
        isNarcissus=(i==a*a*a+b*b*b+c*c*c);
        if(isNarcissus){
          printf("%d\n",i);
        }
    }
    return 0;
}
```

实践 3

```
#include<stdio.h>
int main(){
    int sum,i,j;
    for(i=1;i<=1000;i++){
      for(j=1,sum=0;j<=i/2;j++){    //该循环语句负责计算 i 的因子之和
        if(i%j==0){
```

```
            sum=sum+j;
        }
    }
    if(sum==i){                          //判断 i 的因子之和是否等于 i
        printf("%5d是一个完数\n",i);
    }
    }
    return 0;
}
```

实践 4

```
#include<stdio.h>
#define N 20
int main(){
    double result;
    double sum,item;
    double a;
    int i;
    for(i=1,a=1,sum=0;i<=N;i++){
        a=a*i;
        item=1/a;
        sum=sum+item;
    }
    result=sum+1;
    printf("%f\n",result);
    return 0;
}
```

5.5.4　实践环节参考答案

```
#include<stdio.h>
#include<stdlib.h>
#include<time.h>
int main(){
    long now;
    char c1,c2,c3,c4,c5,c6;
    char s1,s2,s3,s4,s5,s6;
    unsigned short score=0,i;
    char ok='y',temp;
    srand(time(NULL));                    //用当前时间做随机种子
    while(ok=='y'||ok=='Y') {
        ok='n';
        c1=rand()%26+'a';
        c2=rand()%26+'a';
        c3=rand()%26+'a';
        c4=rand()%26+'a';
        c5=rand()%26+'a';
        c6=rand()%26+'a';
        printf("%c%c%c%c%c%c",c1,c2,c3,c4,c5,c6);
```

```
    now=clock();
    for(;clock()-now<=5000;) {
    }
    printf("\r");                           //将输出光标移动到本行开头(不回行)
    for(i=1;i<=6;i++)                        //输出 6 个 * ,以便擦除曾显示的字符串
      printf("*");
    printf("输入刚才显示的字符序列(按 Enter 键确认):\n");
    scanf("%c%c%c%c%c%c",&s1,&s2,&s3,&s4,&s5,&s6);
    temp=getchar();                          //消耗掉用户确认输入时所输入的回车符
    if(temp!='\n') {
      printf("输入非法,程序退出!");
      exit(0);
    }
    if(c1==s1&&c2==s2&&c3==s3&&c4==s4&&c5==s5&&c6==s6) {
      score++;
      printf("恭喜,记忆力不错!\n");
    }
    else {
      printf("遗憾,记得不准确\n");
    }
    printf("目前得分%u: \n",score);
    printf("继续测试吗?输入 y 或 n(按 Enter 键确认):");
    ok=getchar();
    getchar();
  }
}
```

5.6.4 实践环节参考答案

```
#include<stdio.h>
int main(){
    char c1,c2,c3,c4,c5;
    int count=0,i=1;
    do {
        printf("输入密码: ");
        c1=getch();
        printf("*");
        c2=getch();
        printf("*");
        c3=getch();
        printf("*");
        c4=getch();
        printf("*");
        c5=getch();
        printf("*");
        getchar();
        count++;
        if(count>=3)
            break;
    }
```

```
    while(c1!='a'||c2!='b'||c3!='c'||c4!='d'||c5!='e');
    if(count<3)
        printf("输入了正确的密码");
    else
        printf("输入了错误的密码");
    return 0;
}
```

第6章　函数的结构与调用

6.1.4　实践环节参考答案

实践 1

```
double getRectArea(double,double);             //函数原型
double getRectArea(double a,double b) {        //函数定义
    double area=a * b;
    return area;
}
```

6.2.4　实践环节参考答案

buy. c

```
#include<stdio.h>
double expensiveComputer();                    //函数原型
int cheapnessComputer();                        //函数原型
int main() {
    double price;
    printf("在商厦购物：\n");
    price=expensiveComputer(); //调用 expensiveComputer 函数,并将返回值赋给 price
    printf("需要支付：%lf 元\n",price);
    printf("在亲民小店购物：\n");
    price=cheapnessComputer();//调用 cheapnessComputer 函数,并将返回值赋给 price
    getchar();
    printf("需要支付：%lf 元\n",price);
    getchar();
    return 0;
}
```

largeShop. c

```
double expensiveComputer();                    //函数原型
double expensiveComputer() {                    //函数定义
    int m=1;
    double price,sum=0;
    printf("这里是商厦,请依次输入商品的价格 (逗号分隔).\n");
    printf("输入任意字母结束输入过程：\n");
    m=scanf("%lf,",&price);
```

```
    while(m!=0) {
      sum=sum+price;
      m=scanf("%lf,",&price);
    }
    getchar();
    return sum;
}
```

smallShop. c

```
int cheapnessComputer();                          //函数原型
int cheapnessComputer() {                          //函数定义
    int m=1;
    double price,sum=0;
    printf("这里是亲民小店,请依次输入商品的价格(逗号分隔).\n");
    printf("输入任意字母结束输入过程:\n");
    m=scanf("%lf,",&price);
    while(m!=0) {
      sum=sum+price;
      m=scanf("%lf,",&price);
    }
    getchar();
    return sum;
}
```

6.3.4　实践环节参考答案

rational. c

```
#include<stdio.h>
double add(int,int,int,int);                  //要调用函数原型
double muti (int b,int a,int n,int m);         //要调用函数原型
int main() {
double result;
    result=add(1,3,1,6);
    printf("\n 结果用小数表示是:%lf\n",result);
    result=add(2,3,-1,7);
    printf("\n 结果用小数表示是:%lf\n",result);
    result=muti(2,3,-1,7);
    printf("\n 结果用小数表示是:%lf\n",result);
    getchar();
}
```

add. c

```
#include<stdio.h>
int gongYue(int,int);                          //要调用的函数原型
double add(int,int,int,int);                    //分数加法的函数原型
double add(int fenzi1,int fenmu1,int fenzi2,int fenmu2) {    //分数加法的函数定义
```

```
    int fenzi;
    int fenmu;
    int m,n;
    n=fenzi1 * fenmu2+fenmu1 * fenzi2;
    m=fenmu1 * fenmu2;
    if(m<0&&n<0) {
        m=-m;
        n=-n;
    }
    fenzi=n/gongYue(m,n);                    //约分后的分子
    fenmu=m/gongYue(m,n);                    //约分后的分母
    printf ("(%d/%d)+(%d/%d)=%d/%d",fenzi1,fenmu1,fenzi2,fenmu2,fenzi,
            fenmu);
    return (double)fenzi/(double)fenmu;
}
```

muti. c

```
#include<stdio.h>
int gongYue(int,int);                        //要调用的函数原型
double muti (int b,int a,int n,int m);       //分数乘法的函数原型
double muti (int b,int a,int n,int m) {      //分数乘法的函数定义
    int x;
    int y;
    int p,q;
    x=b * n;                                 //计算出分子
    y=a * m;                                 //计算出分母
    if(x<0&&y<0) {
        x=-x;
        y=-y;
    }
    q=x/gongYue(x,y);                        //约分后的分子
    p=y/gongYue(x,y);                        //约分后的分母
    printf ("(%d/%d)×(%d/%d)=%d/%d",b,a,n,m,q,p);
    return (double)q/(double)p;
}
```

gongyue. c

```
#include<stdio.h>
int gongYue(int,int);
int gongYue(int m,int n) {
    int r;
    int t;
    if(m<0) m=-m;
    if(n<0) n=-n;
    if(m<n){
        t=m;
        m=n;
        n=t;
    }
    r=m%n;
```

```
    while(r!=0){                //使用辗转相除法计算最大公约数
      m=n;
      n=r;
      r=m%n;
    }
    return n;
}
```

6.4.4 实践环节参考答案

main. c

```
#include<stdio.h>
long f(int);
long jiecheng(int);
int main() {
    long r=0;
    r=f(8);
    printf("%ld\n",r);
    getchar();
    return 0;
}
long f(int n) {
    long sum=0;
    int i=1;
    for(i=1;i<=n;i++) {
      sum=sum+jiecheng(i);
    }
    return sum;
}
long jiecheng(int n){
    long muti=1,i=1;
    for(i=1;i<=n;i++) {
      muti=muti * i;
    }
    return muti;
}
```

6.5.4 实践环节参考答案

main. c

```
#include<stdio.h>
void primnumber(int);
void wanshu(int);
int main() {
    primnumber(20);
    wanshu(1000);
    getchar();
    return 0;
```

```
}
```

primnumber. c

```c
#include<stdio.h>
void primnumber(int);
void primnumber(int n){
    int i,j;
    int isPrimNumber=1;            //记录 i 是不是素数的变量
    int count=0;                   //存放素数的个数
    for(i=1;i<=n;i++){
        for(j=2,isPrimNumber=1;j<=i/2;j++){
            if(i%j==0){            //判断 j 是 i 的因子
                isPrimNumber=0;    //一旦找到因子,就记录 i 不是素数
                break;             //结束内循环(没必要找到多个因子)
            }
        }
        if(isPrimNumber){
            count++;
            printf("%4d",i);
        if(count%6==0)             //打印 6 个素数之后输出一个回行
            printf("\n");
        }
    }
}
```

wanshu. c

```c
#include<stdio.h>
void wanshu(int n){
    int sum,i,j;
    for(i=1;i<=n;i++){
        for(j=1,sum=0;j<=i/2;j++){    //该循环语句负责计算 i 的因子之和
            if(i%j==0){
                sum=sum+j;
            }
        }
        if(sum==i){                   //判断 i 的因子之和是否等于 i
            printf("%5d 是一个完数\n",i);
        }
    }
}
```

<h2>6.6.4　实践环节参考答案</h2>

digui. c

```c
#include<stdio.h>
#include<time.h>
long shulie(int);                  //函数原型
int main(){
    int n;
```

```
        long item;
        n=100;
        item=shulie(100);
        printf("第%d项是: %ld\n",n,item);
        return 0;
    }
    long shulie(int n){                    //函数定义
        long result;
        if(n==1)
            result=1;
        else if(n >=2)
            result=shulie(n-1)+3;
        return result;
    }
```

6.7.4 实践环节参考答案

Village. c

```
#include<stdio.h>
void kongHome(int);                    //函数原型
void mengHome(int);                    //函数原型
int tank=200;                          //全局变量
int main(){
    int amount=20;
    printf("储水池有%d升水\n",tank);
    tank=tank-amount;                  //村委会取水 20
    printf("村委会取水%d升水\n",amount);
    printf("储水池现在有%d升水\n",tank);
    kongHome(50);                      //孔家取水 50 升
    printf("储水池现在有%d升水\n",tank);
    mengHome(35);                      //孟家取水 35 升
    printf("储水池现在有%d升水\n",tank);
}
```

otherVillage. c

```
#include<stdio.h>
extern int tank;                       //引用全局变量 tank
void kongHome(int amount){
    tank=tank-amount;
    printf("孔家取水%d升水\n",amount);
}
void mengHome(int amount){
    tank=tank-amount;
    printf("孟家取水%d升水\n",amount);
}
```

6.8.4　实践环节参考答案

```
#include<stdio.h>
long add(int n);                          //函数原型
int main(){
    long i=1,result;
    for(i=1;i<=100;i++){
      result=add(i);
      printf("%ld\n",result);
    }
}
long add(int n) {
    static int sum=0;                     //声明 static 局部变量 sum,初始值是 0
    sum+=n;
    return sum;
}
```

6.9.4　实践环节参考答案

```
#include<stdio.h>
#include<stdlib.h>
int main() {
    printf("列出当前目录下的子目录和文件:\n");
    system("dir D: \\1000");
    printf("打开记事本:\n");
    system("notepad.exe");
    printf("其他软件都结束了,才能输出我:\n");
    getchar();
    return 0;
}
```

第7章　数　　组

7.1.4　实践环节参考答案

```
#include<stdio.h>
int main(){
    int i;
    int a[]={'*','*','*','*',1,2,3,4,5,
        6,7,8,9,10,11,12,13,14,15,
        16,17,18,19,20, 21,22,23,24,
        25,26,27,28,29,30 };
    int size=sizeof(a)/sizeof(int);
    printf("日  一  二  三  四  五  六\n");
    for(i=0;i<size;i++){
        if(i!=0&&i%7==0)
          printf("\n");
        if(i<4)
          printf("%-5c",a[i]);
```

```
        else
           printf("%-5d",a[i]);
    }
    return 0;
}
```

7.2.4　实践环节参考答案

```c
#include<stdio.h>
void rotateLeft(int [],int);        //负责旋转数组的函数原型
int main() {
    int i,length;
    int a[11]={1,2,3,4,5,6,7,8,9,10,11};
    int leftPeople=0;               //从圈中退出的人数
    int count=1;                    //数到第 3 个人,该人退出
    length=sizeof(a)/sizeof(int);
    while(leftPeople<10){
        while(count<=2){
            rotateLeft(a, length);
            if(a[0]!=-1)
                count++;
        }
        leftPeople++;
        printf("第%d 个退出的人的号码是%d\n",leftPeople,a[0]);
        a[0]=-1;                    //号码是-1 表示此人已退出圈子
        count=0;                    //第 1 次旋转 count 是 1,其余旋转时 count 应该设置为 0
    }
    for(i=0;i<length;i++){
        if(a[i]!=-1)
            printf("最后剩下的人的号码是%d\n",a[i]);
    }
    return 0;
}
void rotateLeft(int b[],int size){
    int i=1;
    int t=b[0];
    while(i<size){
        b[i-1]=b[i];
        i++;
    }
    b[size-1]=t;
}
```

7.3.4　实践环节参考答案

实践 2

```c
#include<stdio.h>
#include<stdlib.h>
void sort(int [],int);                      //负责排序的函数原型
```

```
    int main(){
        int start,end,middle,number;
        int a[]={12,45,67,89,123,-45,67};
        int N=sizeof(a)/sizeof(int);          //计算出数组的长度,见任务总结
        int count=0;
        int ok=0;
        printf("输入一个整数: ");
        ok=scanf("%d",&number);
        if(ok==0){
            printf("非法输入,退出程序");
            exit(0);
        }
        sort(a,N);                             //排序数组
        while(ok==1){
            start=0;
            end=N;
            middle=(start+end)/2;
            count=0;
            while(number!=a[middle]){
                if(number>a[middle])
                    start=middle;
                else if(number<a[middle])
                    end=middle;
                middle=(start+end)/2;
                count++;
                if(count>N/2)
                    break;
            }
            if(count>N/2)
                printf("%d 不在数组中.\n",number);
            else
                printf("%d 在数组中.\n",number);
            printf("\n 再输入整数(输入字母结束程序): ");
            ok=scanf("%d",&number);
            if(ok==0){
                printf("非法输入,退出程序");
                exit(0);
            }
        }
        return 0;
    }
    void sort(int a[],int N){
        int m,i,t;
        for(m=0; m<N-1;m++) {
            for(i=0;i<N-1-m;i++){
                if(a[i]>a[i+1]){
                    t=a[i+1];
                    a[i+1]=a[i];
                    a[i]=t;
                }
            }
        }
    }
```

7.4.4　实践环节参考答案

```c
#include<stdio.h>
void change(int [],int [],int);
int main() {
    int i,j,total=0;
    int a[5][4]={{89,80,70,76},{78,75,80,80},{90,95,85,95},
{95,89,60,65},{75,77,88,70}};
    for(i=0;i<5;i++) {
        for(j=i+1;j<5;j++){
            if(a[j][3]>a[i][3])
                change(a[j],a[i],4);
        }
    }
    printf("%6s%6s%6s%6s\n","英","物","语","数");
    for(i=0;i<4;i++) {
        for(j=0;j<4;j++) {
            printf("%6d",a[i][j]);
        }
        printf("\n");
    }
    return 0;
}
void change(int a[],int b[],int m){
    int i,temp;
    for(i=0;i<m;i++){
        temp=a[i];
        a[i]=b[i];
        b[i]=temp;
    }
}
```

第8章　指　　针

8.1.4　实践环节参考答案

```c
#include<stdio.h>
int main(){
    char cOne='A', cTwo='G',temp;
    char * p, * q;
    printf("%c,%c\n",cOne,cTwo);
    p=&cOne;
    q=&temp;
    * q= * p;
    q=&cTwo;
    * p= * q;
    p=&temp;
```

```
        * q= * p;
        printf("%c,%c\n",cOne,cTwo);
        return 0;
    }
```

8.2.4 实践环节参考答案

```
#include<stdio.h>
int main(){
    char c='A';
    int i=1;
    char * p;
    p=&c;
    printf("以 1 个字节为单位依次显示地址：\n");
    while(i<=5) {
        printf("地址：%d",p);
        printf(",将该地址连续 1 个字节的内存按 char 型数据是：%c\n", * p);
        p=p+1;
        i++;
    }
    return 0;
}
```

8.3.4 实践环节参考答案

```
#include<stdio.h>
#include<malloc.h>
int write(int);
int main(){
    int result;
    result=write(3);
    printf("求和结果：%d\n",result);
}
int write(int m){
    int * p, * save,i,sum;
    p=malloc(4 * m);
    save=p;
    printf("输人要求和的%d个整数(空格或回车分隔)：\n",m);
    for(i=1;i<=m;i++) {
        scanf("%d",p++);
    }
    p=save;
    for(i=1,sum=0;i<=m;i++) {
        sum=sum+ * p++;
    }
    return sum;
}
```

8.5.4 实践环节参考答案

```c
#include<stdio.h>
int getSum(int m,double * p);
int main() {
    int sum=0;
    double save;
    sum=getSum(100,&save);
    printf("1 至 100 的和以及平均值：%d,%f\n",sum,save);
}
int getSum(int m,double * p) {
    int sum=0,i=1;
    while(i<=m) {
        sum=sum+i;
        i++;
    }
    * p=(double)sum/m;
    return sum;
}
```

第 9 章　指针与数组

9.1.4 实践环节参考答案

```c
#include<stdio.h>
#include<limits.h>
int main() {
    unsigned int number,n;
    unsigned int * p,* q;
    unsigned int a[10]={0};
    unsigned int r,isHuiwen=1,i;
    printf("输入一个正整数(1 至 %u)：\n",UINT_MAX);
    scanf("%u",&number);
    n=number;
    q=&a[9];
    while(n!=0){              //该循环将整数的各个位上的数字存放到数组的元素中
        r=n%10;
        * q=r;
        q--;
        n=n/10;
    }
    for(i=0;i<9;i++){         //让 p 指向数组的第一个值大于 0 的元素
        if(a[i]!=0){
            p=&a[i];
            break;
        }
    }
    q=&a[9];                  //q 指向末元素
```

```
    while(p<q){
        isHuiwen=isHuiwen&&(*p==*q);
        p++;
        q--;
    }
    if(isHuiwen)
      printf("%u 是回文数",number);
    else
    printf("%u 不是回文数",number);
    return 0;
}
```

9.2.4 实践环节参考答案

```
#include<stdio.h>
#include<malloc.h>
int main(){
    short amount,i=1,acount=0,sum=0;
    float aver=0;
    short *p,*save;
    printf("输入班级人数: ");
    scanf("%d",&amount);
    p=malloc(2*amount);    //将 p 指向 malloc 所分的 2*amount 个字节的内存
    save=p;
    printf("输入%d 学生的成绩(空格分隔): \n",amount);
    for(i=0;i<amount;i++) {
        scanf("%d",p++);
    }
    p=save;
    for(i=0;i<amount;i++) {
        sum=sum+p[i];
        if(p[i]<60)
          acount++;
    }
    aver=(float)sum/amount;
    printf("平均成绩%0.2f: \n",aver);
    printf("不及格人数%d: \n",acount);
}
```

9.3.4 实践环节参考答案

```
#include<stdio.h>
#include<malloc.h>
int sum(int a[],int n);        //返回数组元素值之和的函数原型
int main(){
    int amount,i,peopleNumber;
    int *p,*firstCarriage;
    printf("输入车厢数目(按 Enter 键确认): \n");
    scanf("%d",&amount);
    p=malloc(amount*4);
```

```
        firstCarriage=p;
        printf("依次输入每节车厢的人数(逗号分隔):\n");
        for(i=0;i<amount;i++) {
            scanf("%d,", p);
            p++;
        }
        peopleNumber=sum(firstCarriage,amount);
        printf("列车上的旅客数:%d\n",peopleNumber);
}
int sum(int a[],int n) {
    int peopleNumber=0,i;
    for(i=0;i<n;i++)
      peopleNumber=peopleNumber+a[i];
    return peopleNumber;
}
```

9.4.4　实践环节参考答案

```
#include<stdio.h>
int main(){
    int a[5][4]={{10,11,51,20},{3,8,7,10},{19,2,1,3},{23,9,78,5},{1,2,1,1}};
    int * p[5];
    int i,j;
    for(i=0;i<=4;i++)
      p[i]=&a[i][0];                    //int 型指针 p[i]指向第 i 行的首元素
    for(i=0;i<5;i++) {                   //排序数组 p
      for(j=i+1;j<5;j++){
          if(a[j][3]>a[i][3]) {
            int * t;
            t=p[i];
            p[i]=p[j];
            p[j]=t;
          }
      }
    }
    printf("%6s%6s%6s%6s\n","一","二","三","四");
    for(i=0;i<5;i++){
        for(j=0;j<4;j++){
            printf("%6d",p[i][j]);        //注意 p[i]是指向第 i 行的 int 型指针
        }
        printf("\n");
    }
    return 0;
}
```

9.5.4　实践环节参考答案

```
#include<stdio.h>
int max(int a[],int n);
int main(){
```

```
int a[3][4]={{1,2,3,4},{5,6,7,8},{9,10,11,12}};
int (*p)[4];
int m=0;
for(p=a;p<a+3;p++){
  m=max(*p,4);
  printf("该行元素最大值：%d\n",m);
}
}
int max(int a[],int n){
    int m=a[0],i;
    for(i=0;i<n;i++)
      if(a[i]>=m)
        m=a[i];
    return m;
}
```

第 11 章　处理字符串

11.1.4　实践环节参考答案

实践 1

```
#include<stdio.h>
#include<string.h>
int main(){
    char ch1[30]="hello,nice to meet you";
    char ch2[15]="Tiger";
    int i,length;
    printf("将 ch2 复制到 ch1 之前,ch1 中存放的字符串：\n");
    printf("%s\n",ch1);      //用格式%s 输出字符数组 ch1
    printf("ch2 中存放的字符串：\n");
    printf("%s\n",ch2);      //用格式%s 输出字符数组 ch2
    length=strlen(ch2);      //用 strlen 函数返回 ch2 中字符串的长度,并赋值给 length
    strcpy(ch1,ch2);
    printf("复制之后 ch1 中空字符之前的全部字符：\n");
    printf("%s\n",ch1);      //用格式%s 输出字符数组 ch1
    length=strlen(ch1);      //用 strlen 函数返回 ch1 中字符串的长度,并赋值给 length
    printf("ch1 中存放的字符串的长度：%d\n",length);
    printf("输出 ch1 中存放的全部字符(包括空字符)：\n");
    i=0;
    while(i<30){
        printf("%c",ch1[i]);
        i++;
    }
    return 0;
}
```

实践 2

```
#include<stdio.h>
#include<string.h>
int main(){
    char a[30]="I love";
    char * p=" this game.";
    printf("%s\n",a);
    strcat(a,p);
    printf("%s\n",a);
    strcat(a," and you?");
    printf("%s\n",a);
    return 0;
}
```

11.2.4 实践环节参考答案

实践 1

```
#include<stdio.h>
#include<ctype.h>
int main() {
    char isWord='y';
    char * p="hello,do you like shopping? are you free";
    int i=0,wordNumber=0;
    while(p[i]!='\0') {
      if(isalpha(p[i])) {
          if(isWord=='y') {
            wordNumber++;
            isWord='n';
          }
      }
      else if(isspace(p[i])||ispunct(p[i])) {
          isWord='y';
      }
      i++;
    }
    printf("%s\n 中的单词数目: ",p);
    printf("%d\n",wordNumber);
    return 0;
}
```

11.3.4 实践环节参考答案

```
#include<stdio.h>
#include<time.h>
#include<string.h>
#define N 4
int main(){
```

```
long now;
char p[20]={'#'};
char c[N][20]={{"good"},{"game"},{"dog"},{"excellence"}};
unsigned short score=0,i=0,j=0,index,isRight=0,length,count=0;
printf("\n 单词训练: \n");
printf("显示单词,然后消失.\n 请输入曾显示的单词(按 Enter 键确认): \n");
while(i<N) {
    index=i;
    printf("%s",c[index]);
    now=clock();
    for(;clock()-now<=2000;) {
    }
    length=strlen(c[index]);
    printf("\r");                    //将输出光标移动到本行开头(不回行)
    for(j=1;j<=length;j++)           //输出 length 个 *,以便擦除曾显示的字符串
      printf(" * ");
    gets(p);                         //从键盘为字符数组输入字符串
    isRight=1;
    if(strlen(c[index])!=strlen(p)) {
      isRight=0;
    }
    else {
      for(j=0;j<strlen(p);j++) {
          isRight=isRight&&(p[j]==c[index][j]);        //计算 isRight
      }
    }
    if(isRight) {
      score++;
      i++;
      count=0;
    }
    else {
      count++;
      if(count>=3) {
        i++;
        count=0;
      }
    }
}
printf("训练结束,得分%u: \n",score);
getchar();
}
```

11.6.4 实践环节参考答案

实践 1

```
#include<stdio.h>
#include<string.h>
#define N 6
int main(){
```

```
        char str[N][100]={"zhang: 1990-12-12","liu: 1980-01-12","wang: 1992-10-22",
                "hu: 1962-02-01","jin: 1980-12-10","zhu: 1990-10-12"};
        char temp[100];
        int m,i;
        for(m=0;m<N-1;m++){                     //起泡法
            for(i=0;i<N-1-m;i++){
                if(compare(str[i],str[i+1])>0){
                    strcpy(temp,str[i]);
                    strcpy(str[i],str[i+1]);
                    strcpy(str[i+1],temp);
                }
            }
        }
        printf("按出生日期排序后：\n");
        for(i=0;i<N;i++){
            printf("%s\n",str[i]);
        }
        return 0;
    }
    int compare(char a[],char b[]){
        int result=0;
        int year1,month1,day1,year2,month2,day2;
        int borthOne[3],borthTwo[3],i;
        char * p1,* p2,* p3;
        p1=strstr(a,": ");
        p1=p1+1;                        //找到年,p1指向"yyyy-mm-dd"
        p2=strstr(p1,"-");
        p2=p2+1;                        //找到月,p2指向"mm-dd"
        p3=strstr(p2,"-");
        p3=p3+1;                        //找到日,p2指向"dd"
        borthOne[0]=atoi(p1);
        borthOne[1]=atoi(p2);
        borthOne[2]=atoi(p3);
        p1=strstr(b,": ");
        p1=p1+1;
        p2=strstr(p1,"-");
        p2=p2+1;
        p3=strstr(p2,"-");
        p3=p3+1;
        borthTwo[0]=atoi(p1);
        borthTwo[1]=atoi(p2);
        borthTwo[2]=atoi(p3);
        for(i=0;i<3;i++){
            if(borthOne[i]>borthTwo[i]){
                result=1;
                break;
            }
            else if(borthOne[i]<borthTwo[i]){
```

```
            result=0;
            break;
        }
    }
    return result;
}
```

实践 2

```
#include<stdio.h>
#include<string.h>
int main(){
    char str[10][100]={"zhangsan","lisi","wanlin","zhaojinxin","jinxing",
                        "liuxiao","zhoutao","anni","hongjia","wangjing"};
    char name[100],temp[100];
    int i=0,m,N=10,start=0,end=N,middle,count;
    printf("输入人名：\n");
    gets(name);
    for(m=0;m<N-1;m++){               //起泡法
        for(i=0;i<N-1-m;i++){
            if(strcmp(str[i],str[i+1])>0){
                strcpy(temp,str[i]);
                strcpy(str[i],str[i+1]);
                strcpy(str[i+1],temp);
            }
        }
    }
    middle=(start+end)/2;
    count=0;
    while(strcmp(name,str[middle])!=0){
        if(strcmp(name,str[middle])>0)
            start=middle;
        else if(strcmp(name,str[middle])<0)
            end=middle;
        middle=(start+end)/2;
    count++;
    if(count>N/2)
        break;
    }
    if(count>N/2)
        printf("%s不在名册中\n",name);
    else
        printf("%s在名册中\n",name);
    return 0;
}
```

第13章 读写文件

```c
#include<stdio.h>
#include<stdlib.h>
#include<string.h>
#include<time.h>
#define N 30
void initArray(char a[],int m);
int main(){
    int stop=3;
    long time;
    unsigned int isRightNumber=0,wordNumber=0,i=0;
    char showWord[N]={'\0'};
    char userInput[N]={'\0'};
    FILE * p;
    char ch;
    p=fopen("C: \\1000\\word.txt","r");
    if(p==NULL) {
        printf("文件不存在");
        exit(0);
    }
    ch=fgetc(p);
    while(ch!=EOF){
      if(ch!='*') {
          showWord[i]=ch;
          printf("%c",ch);
          i++;
      }
      if(ch=='*'){
          wordNumber++;
          printf(": 给%d秒的时间背单词: ",stop);
          time=clock();
          for(;clock()-time<=stop*1000;) {
          }
          printf("\r");            //将输出光标移动到本行开头(不回行)
          for(i=1;i<=N;i++)        //输出30个 * ,以便擦除曾显示的单词
            printf(" * ");
          printf("\n输入所显示的单词: ");
          gets(userInput);
          if(strcmp(showWord,userInput)==0)
              isRightNumber++;
          printf("当前正确率: %0.2f%%\n",100 * (float)isRightNumber/wordNumber);
          initArray(showWord,N);
          initArray(userInput,N);
          i=0;
      }
      ch=fgetc(p);
```

```
    }
    fclose(p);
    printf("总正确率: %0.2f%%\n",100 * (float)isRightNumber/wordNumber);
}
void initArray(char a[],int m){
    int i=0;
    for(i=1;i<m;i++)
      a[i]='\0';
}
```

13.2.4 实践环节参考答案

```
#include<stdio.h>
#include<string.h>
int main(){
    FILE * p;
    char ch;
    char  password[]="hello123";
    int i=0,length;
    length=strlen(password);
    p=fopen("c: \\1000\\secret.txt","w+");
    printf("输入您加密的文件内容(输入#结束): \n");
    ch=getchar();
    while(ch!='#') {
        if(i==length)
            i=0;
        ch=(char)(ch+password[i]);
        fputc(ch,p);
        ch=getchar();
    }
    fclose(p);
    return 0;
}
```

13.4.4 实践环节参考答案

```
#include<stdio.h>
int main(){
    FILE * p1, * p2;
    char c;
    p1=fopen("c: \\1000\\hello.c","r");
    p2=fopen("c: \\1000\\A.c","a");
    fseek(p2,2,0);
    while((c=fgetc(p1))!=EOF){
        fputc(c,p2);
    }
    fclose(p1);
    fclose(p2);
}
```

标准 ASCII 表

ASCII 值	字符	ASCII 值	字符	ASCII 值	字符	ASCII 值	字符
0	(null)	32	(space)	64	@	96	`
1	☺	33	!	65	A	97	a
2	●	34	"	66	B	98	b
3	♥	35	#	67	C	99	c
4	♦	36	$	68	D	100	d
5	♣	37	%	69	E	101	e
6	♠	38	&	70	F	102	f
7	(beep)	39	,	71	G	103	g
8	■	40	(	72	H	104	h
9	(tab)	41	)	73	I	105	i
10	(line feed)	42	*	74	J	106	j
11	(home)	43	+	75	K	107	k
12	(form feed)	44	,	76	L	108	l
13	(carriage return)	45	—	77	M	109	m
14	♬	46	.	78	N	110	n
15	¤	47	/	79	O	111	o
16	▶	48	0	80	P	112	p
17	◀	49	1	81	Q	113	q
18	↕	50	2	82	R	114	r
19	‖	51	3	83	X	115	s
20	¶	52	4	84	T	116	t
21	§	53	5	85	U	117	u
22	▬	54	6	86	V	118	v
23	▮	55	7	87	W	119	w
24	↑	56	8	88	X	120	x
25	↓	57	9	89	Y	121	y
26	→	58	:	90	Z	122	z
27	←	59	;	91	[	123	{
28	∟	60	<	92	\	124	|
29	◆	61	=	93	]	125	}
30	▲	62	>	94	^	126	~
31	▼	63	?	95	—	127	DEL

运算符表

优先级	运 算 符	含 义	结合方向	操作元个数
1	( ) [ ]	圆括号 下标运算符	从左至右	1(单目运算符)
	-> .	指向结合体成员运算符 成员运算符	从左至右	2(二目运算符)
2	! ~ ++,-- - (类型标志符) * & sizeof	逻辑非运算符 按位取反运算符 自增和自减运算符 取负运算符 类型转换运算符 间接访问运算符 取地址运算符 求字节数运算符	从右至左	1(单目运算符)
3	*,/,%	乘、除和求余运算符	从左至右	2(二目运算符)
4	+,-	加、减运算符	从左至右	2(二目运算符)
5	<<,>>	按位左移和右移运算符	从左至右	2(二目运算符)
6	<,<=,>,>=	大小关系运算符	从左至右	2(二目运算符)
7	==,!=	等于和不等于关系运算符	从左至右	2(二目运算符)
8	&	按位与运算符	从左至右	2(二目运算符)
9	^	按位异或运算符	从左至右	2(二目运算符)
10	|	按位或运算符	从左至右	2(二目运算符)
11	&&	逻辑与运算符	从左至右	2(二目运算符)
12	||	逻辑或运算符	从左至右	2(二目运算符)
13	?:	条件运算符	从右至左	3(三目运算符)
14	=,+=,-=, *=,/=,%=, >>=,<<=,&=, ^=,|=	赋值运算符和复合赋值运算符	从右至左	2(二目运算符)
15	,	逗号运算符	从左至右	2(二目运算符)

math 与 string 库函数

表 1 是 math.h 中的常用函数原型,表 2 是 string.h 中的常用函数原型。

表 1　math.h 中的常用函数原型

函 数 原 型	返 回 值
double acos(double x)	返回 x 的反余弦值
double asin(double x)	返回数 x 的反正弦值
double atan(double x)	返回 x 的反正切值
double atan2(double x,double y)	返回 arctan(y/x) 的值
double cos(double x)	返回 cos(x) 的值
double cosh(double x)	返回 cosh(x) 的值
double exp(double x)	返回 ex 的值
double fabs(double x)	返回 x 的绝对值
double floor(double x)	返回不大于 x 的最大整数
double fmod(double x, double y)	返回 x/y 的余数
double log(double x)	返回自然为底的对数 ln(x) 的值
double log10(double x)	返回 10 为底的对数 lg(x) 的值
double modf(double val,int * iptr)	返回 val 的小数部分(val 的整数部分存放到 iptr 指向的整型变量中)
double pow(double x,double y)	返回 x^y 的值
double sin(double x)	返回 sin(x) 的值
double sinh(double x)	返回 sinh(x) 的值
double sqrt(double x)	返回 x 的平方根
double tan(double x)	返回 tan(x) 的值
double tanh(double x)	返回 tanh(x) 的值

表 2　string.h 中的常用函数原型

函 数 原 型	功　　能	返 回 值
int isalnum(int ch)	检查 ch 是否是字母(alpha)或数字(numeric)	是返回 1,否则返回 0
int isalpha(int ch)	检查 ch 是否是字母字符	是返回 1,否则返回 0

续表

函 数 原 型	功　能	返 回 值
int iscntrl(int ch)	检查 ch 是否是控制字符（其 ASCII 码在 0x7f 或 0x00 和 0x1f 之间，不包括空格）	是返回 1,否则返回 0
int isdigit(int ch)	检查 ch 是否是数字(0~9)	是返回 1,否则返回 0
int isgraph(int ch)	检查 ch 是否是可打印字符（其 ASCII 码在 0x21~0x7e 之间）	是返回 1,否则返回 0
int islower(int ch)	检查 ch 是否是小写字母(a~z)	是返回 1,否则返回 0
int isprint(int ch)	检查 ch 是否是可打印字符（其 ASCII 码在 0x21~0x7e 之间）	是返回 1,否则返回 0
int ispunct(int ch)	检查 ch 是否是标点字符（不包括空格），即除字母、数字和空格以外的所有可打印字符	是返回 1,否则返回 0
int isspace(int ch)	检查 ch 是否是空格、跳格符（制表符）或换行符	是返回 1,否则返回 0
int isupper(int ch)	检查 ch 是否是大写字母(A~Z)	是返回 1,否则返回 0
int isxdigit(int ch)	检查 ch 是否是十六进制数（即 0~9,A~F,a~f)	是返回 1,否则返回 0
int tolower(int ch)	把 ch 字符转换为小写字母	返回 ch 所代表的字符的小写字母
int toupper(int ch)	把 ch 字符转换为大写字母	返回 ch 字符相对应的大写字母
char * strcat(char * str1, char * str2)	把字符串 str2 连接到 str1 后面(str1 最后面的'\0'被取消)	返回参数 str1 指向的字符串的首地址
char * strchr(char * str, int ch)	找出 str 指向的字符串中第一次出现字符 ch 的位置	返回存放字符 ch 的数组元素的地址,如果没有找到 ch,函数返回 NULL
int strcmp (char * str1, char * str2)	比较两个字符串 str1、str2	当 str1 指向的字符串大于 str2 指向的字符串时,返回 1;当 str1 指向的字符串小于 str2 指向的字符串时,返回－1;当 str1 指向的字符串等于 str2 指向的字符串时,返回 0
char * strcpy(char * str1, char * str2)	把字符串 str2 指向的字符串复制到 str1 中	返回 str1 指向的数组的首元素的地址
unsigned int strlen (char * str)	统计字符串 str 中字符的个数（不包括空字符'\0')	返回字符个数
char * strstr(char * str, char * substr)	找出 substr 字符串在 str 字符串中首次出现的位置	返回存放 substr 的首字符的数组元素的地址,如果没有找到 substr,函数返回 NULL

习题解答

习题 1

1. Dennis Ritchie

2. 不是。

3. 在工程 Sun 中添加 earth.c 源文件,见右图,earth.c 代码如下:

工程:Sun

源文件:earth.c

工程 Sun

```c
#include<stdio.h>
int multiply(int,int);
int main(){
    int result=0;
    result=multiply(20,10);
    printf("\n%d",result);
    getchar();
}
int multiply(int x,int y){
    return x*y;
}
```

习题 2

1. B D

2. 不能通过编译(原因:语句和变量声明之间有交叉)。

3. 下列程序的输出结果不是 10,而是一个无法预测的值。y 没有初值。

4. B C

5. B

6. A

7. D

8. C

9.

```c
#include<stdio.h>
#include<stdlib.h>
int main(){
    int highTemperature;        //最高气温
    int lowTemperature;         //最低气温
    int highSubLow;             //最高气温与最低气温的差
```

```
    printf("现在输出的最高气温是不可预测的垃圾值：%d\n",highTemperature);
    printf("请输入最高气温和最低气温(用空格或回车分隔两个整数)：");
    scanf("%d%d",&highTemperature,&lowTemperature);
    printf("最高气温：%d\n",highTemperature);
    printf("最低气温：%d\n",lowTemperature);
    highSubLow=highTemperature-lowTemperature;
    printf("最高气温与最低气温的差：%d\n",highSubLow);
    system("PAUSE");
    return 0;
}
```

习题 3

1. A. 76　　　　B. 7　　　　C. 22　　　　D. 3.5
2. A. 9　　　　B. 8　　　　C. 7　　　　D. 6
3. B
4. A. 12　　　　B. 13　　　　C. 12.08　　　　D. 20.0
5. B
6. A
7. D
8. C
9. 3,1

   3,1

   0,3,1

   1,3,1
10. c,c,c

    99,99,99
11. x=7,y=3,z=18
12. 0
13.

```
#include<stdio.h>
int main(){
    int  a,b,c;
    double result;
    printf("请从键盘输入 a,b,c 的值,数之间用空格或回车分隔：\n");
    scanf("%d%d%d",&a,&b,&c);
    result=2.0/3*a+5.0/6*b+6.0/7*c;
    printf("a=%d,b=%d,c=%d\n", a,b,c);
    printf("%.3f\n", result);
    return 0;
}
```

习题 4

1. y＝100；；（多了一个分号）。

2. A．10，129   B．2，－129   C．55，129   D．2，0

3. 输出结果：Tiger。规范后的代码：

```c
#include<stdio.h>
int main() {
    int x=10;
    if(x >=0){
        if(x>0){
            printf("Tiger");
        }
        else{
            printf("wolf");
        }
    }
    else{
        printf("Dog");
    }
    return 0;
}
```

4. 30

5. BAAA

6.

```c
#include<stdio.h>
int main(){
    int a,b,c,d;
    int temp;
    int count=0;
    printf("输入 a,b,c,d 的值,用空格或回车分隔: ");
    scanf("%d%d%d%d",&a,&b,&c,&d);
    if(a>b) {
        temp=a;
        a=b;
        b=temp;
        count++;
        printf("第%d 次排序结果: a=%d,b=%d,c=%d,d=%d\n",count,a,b,c,d);
    }
    if(a>c) {
        temp=a;
        a=c;
        c=temp;
        count++;
        printf("第%d 次排序结果: a=%d,b=%d,c=%d,d=%d\n",count,a,b,c,d);
    }
    if(a>d) {
```

```
        temp=a;
        a=d;
        d=temp;
        count++;
        printf("第%d次排序结果：a=%d,b=%d,c=%d,d=%d\n",count,a,b,c,d);
    }
    if(b>c) {
        temp=b;
        b=c;
        c=temp;
        count++;
        printf("第%d次排序结果：a=%d,b=%d,c=%d,d=%d\n",count,a,b,c,d);
    }
    if(b>d) {
        temp=b;
        b=d;
        d=temp;
        count++;
        printf("第%d次排序结果：a=%d,b=%d,c=%d,d=%d\n",count,a,b,c,d);
    }
    if(c>d) {
        temp=c;
        c=d;
        d=temp;
        count++;
        printf("第%d次排序结果：a=%d,b=%d,c=%d,d=%d\n",count,a,b,c,d);
    }
    if(count==0) {
        printf("a=%d,b=%d,c=%d,d=%d\n",a,b,c,d);
    }
    return 0;
}
```

7.

```
#include<stdio.h>
int main(){
    int score;
    printf("输入学生成绩的值(1至100之间),用空格或回车分隔: ");
    scanf("%d",&score);
    if(score>=90) {
        printf("优\n");
    }
    else if(score>=80) {
        printf("良\n");
    }
    else if(score>=70) {
        printf("中\n");
    }
    else if(score>=60) {
        printf("及格\n");
```

```
    }
    else {
        printf("不及格\n");
    }
    return 0;
}
```

8.

```c
#include<stdio.h>
int main()
{
    int number;
    printf("输入一个正整数: ");
    scanf("%d",&number);
    if(number%3==0){
        printf("Tiger\n");
    }
    else if(number%3==1){
        printf("Dog\n");
    }
    else if(number%3==2){
        printf("Cat\n");
    }
    return 0;
}
```

9.

```c
#include<stdio.h>
int main()
{
    int number;
    double cost;
    printf("输入用水量(正整数): ");
    scanf("%d",&number);
    switch(number){
        case 1:
        case 2:
        case 3:
        case 4:
        case 5:
            cost=number * 2.3;
            break;
        case 6:
        case 7:
        case 8:
        case 9:
        case 10:
        case 11:
        case 12:
            cost=number * 5;
```

```
                break;
          default:
                cost=number * 6;
      }
      printf("水费为%.2f 元\n",cost);
      return 0;
   }
```

习题 5

1. sum＝25,i＝11

2. 1,2,0

3. 15

4. 2

5. 123

6. 25

7. sum＝321

8. sum＝88888

9. 123

10. shop

11. giir $

12. A

13.

```
#include "stdio.h"
int main(){
    char c;
int n=0;
    c=getchar();
while(c!='\n'){
    if((c<='z'&& c>='a')||(c<='Z'&&c>='A'))
    n++;
c=getchar();
}
printf("一共有=%d 个字母",n);
return 0;
}
```

14. 方法之一：

```
#include "stdio.h"
int main(){
    int i=0,item1=-4,item2=1;
    double item3=1;
    double item4=0;
    int sum1=0;
    int sum2=0;
```

```
    double sum3=0;
    double sum4=0;
    //求第一个数列的前 100 项之和
    for(i=1;i<=100;i++){
        sum1=sum1+item1;
        item1=item1+2;
    }
    printf("-4,-2,0,2,4,6前 100 项之和为 %d\n",sum1);
    //求第二个数列的前 100 项之和
    for(i=1;i<=100;i++){
        sum2=sum2+item2;
        item2=item2+4;
    }
    printf("1,5,9,13,17,21,…前 100 项之和为 %d\n",sum2);
    //求第三个数列的前 100 项之和
    for(i=1;i<=100;i++){
        sum3=sum3+item3;
        item3=item3 * 3;
    }
    printf("1,3,9,27,81,243,…前 100 项之和为 %E\n",sum3);
    //求第四个数列的前 100 项之和
    for(i=1;i<=100;i++){
        item4=item4+i;
        sum4=sum4+item4;
    }
    printf("1,1+2,1+2+3,1+2+3+4,…前 100 项之和为 %E\n",sum4);
    return 0;
}
```

方法之二（只在求第四个数列的前 100 项之和处与方法一有差异）：

```
#include "stdio.h"
int main(){
    int i=0,j=0,item1=-4,item2=1;
    double item3=1;
    double item4=0;
    int sum1=0;
    int sum2=0;
    double sum3=0;
    double sum4=0;
    //求第一个数列的前 100 项之和
    for(i=1;i<=100;i++){
        sum1=sum1+item1;
        item1=item1+2;
    }
    printf("-4,-2,0,2,4,6前 100 项之和为 %d\n",sum1);
    //求第二个数列的前 100 项之和
    for(i=1;i<=100;i++){
        sum2=sum2+item2;
        item2=item2+4;
    }
```

```
    printf("1,5,9,13,17,21,…前 100 项之和为 %d\n",sum2);
    //求第三个数列的前 100 项之和
    for(i=1;i<=100;i++){
        sum3=sum3+item3;
        item3=item3 * 3;
    }
    printf("1,3,9,27,81,243,…前 100 项之和为 %E\n",sum3);

    //求第四个数列的前 100 项之和
    for(i=1;i<=100;i++){
        for(j=1,item4=0;j<=i;j++){
            item4=item4+j;
        }
        sum4=sum4+item4;
    }
    printf("1,1+2,1+2+3,1+2+3+4,…前 100 项之和为 %E\n",sum4);
    return 0;
}
```

15.

```
#include "stdio.h"
int main(){
    int i=0;
    int a1=0;                  //首项
    int t=0;                   //公差
    int n=0;                   //求和项数
    double sum=0;              //数列的前 n 项之和
    int item=0;
    printf("请输入首项、公差和求和项数 n,用空格或回车分隔:");
    scanf("%d%d%d",&a1,&t,&n);
    item=a1;
    for(i=1;i<=n;i++){
        sum=sum+item;
        item=item+t;
    }
    printf("首项为%d,公差为%d 的等差数列前%d 项之和为%E\n",a1,t,n,sum);
    return 0;
}
```

16.

```
#include "stdio.h"
int main(){
    int i=0;
    double sum=0,t=0;          //满足条件的各项之和
    for(i=0;i<=100;i++){
        if( (i%2!=0) ||(i%3!=0)){
            printf("%d  ",i);
            sum=sum+i;
        }
```

```
    }
    printf("满足条件的各项之和为%E\n",sum);
    return 0;
}
```

17.

```
#include "stdio.h"
int main(){
    int i=0,j=0;
    char ch='A';
    for(i=1;i<=5;i++){
        for(j=1;j<=i;j++){
            printf("%c",ch);
        }
        printf("\n");
        ch=ch+1;
    }
    return 0;
}
```

18.

```
#include<stdio.h>
#include<math.h>
int main(){
    int i=0,j=0;
    int count=0;                    //因子个数
    for(j=10;j<=100;j++){
        count=0;
        for(i=1;i<=j;i++){
            if(j%i==0){
                count++;
            }
        }
        if(count>=10){
            printf("%d有",j);
            for(i=1;i<=j;i++){
                if (j%i==0)
                    printf("%d ",i);
            }
            printf("共%d个因子 \n",count);
        }
    }
    return 0;
}
```

习题 6

1. B

2. C

3. 37

4. 10

5. A

6. 9,6

7. 7

8. 6,12

9. 6,6

10. 290

11.

```c
#include<stdio.h>
#include<math.h>
float tringle(float,float,float);
int main(){
    float a,b,c,tringle_area;
    printf("请输入三角形的三边的值: ");
    scanf("%f%f%f",&a,&b,&c);
    tringle_area=tringle(a,b,c);
    printf("三角形的面积是: %.2f\n",tringle_area);
    return 0;
}
float tringle(float a,float b,float c){
    float s,p;
    p=(a+b+c)/2.0f;
    s=(float)sqrt(p*(p-a)*(p-b)*(p-c));
    return s;
}
```

12.

```c
#include<stdio.h>
void f(int n);
int main(){
    int n=200;
    printf("以下输出 1 至 200 之间的全部素数\n");
    f(n);
    return 0;
}
void f(int n){
    int i,j;
    int isPrimNumber=1;              //记录 i 是不是素数的变量
    int count=0;                     //存放素数的个数
    for(i=1;i<=n;i++){
        for(j=2,isPrimNumber=1;j<=i/2;j++){    //该循环语句负责寻找 i 的因子
            if(i%j==0){
                isPrimNumber=0;      //一旦找到因子,就记录 i 不是素数
                break;               //结束内循环(没必要找到多个因子)
            }
        }
```

```
        if(isPrimNumber){
            count++;
            printf("%4d",i);
            if(count%6==0)              //打印 6 个素数之后输出一个回行
                printf("\n");
        }
    }
}
```

13.

```
#include<stdio.h>
void g(int n);
int main(){
    int n=9000;
    printf("以下输出 1 至 9000 之间的全部完数\n");
    g(n);
    return 0;
}
void g(int n){
    int sum,i,j;
    for(i=1;i<=n;i++){
        for(j=1,sum=0;j<=i/2;j++){   //该循环语句负责计算 i 的因子之和
            if(i%j==0){
                sum=sum+j;
            }
        }
        if(sum==i){        //判断 i 的因子之和是否等于 i
            printf("%8d 是一个完数\n",i);
        }
    }
}
```

14.

```
#include<stdio.h>
double pi(int n);
int main(){
    double p1=0,p2=0;
    p1=pi(200);
    p2=pi(10000);
    printf("pi(200)=%f\n",pi(200));
    printf("pi(10000)=%lf\n",p2);
    return 0;
}
double pi(int n){
    int a=1,t=1;
    double item=1.0/a,sum=0;
    while(a<=n){
        sum=sum+t*item;
        t=-t;
        a=a+2;
```

```
            item=1.0/a;
    }
    return 4 * sum;
}
```

15.

```
#include<stdio.h>
long f(int n);
int main(){
    long number=f(100);
    printf("数列的第 100 项为%ld\n",number);
    return 0;
}
long f(int n){
    long result;
    if(n==1)
        result=10;
    else if(n >=2)
        result=3 * f(n-1)+1;           //调用自身
    return result;
}
```

习题 7

1. B
2. 2,0
3. a[0]的元素值是{1,2,0},a[1]的元素值是{3,1,0},a[2]的元素值是{0,0,0}。
4. 破坏了先定义后使用的原则,非法使用内存,蕴含着破坏性的危险。
5. D
6. 2   7   9   5   3   1
7. 9   7   5   3   2   1
8. 1 88   5 99   8
9. 11   21   31   41   51   61
10. 10 9 3 4 5 6 7 8 2 1
11.

```
#include<stdio.h>
void sortQipao(int [],int);           //起泡排序函数的原型
int main(){
    int a[10],i;
        for(i=0;i<10;i++){
        scanf("%d",&a[i]);
    }
    sortQipao(a,10);
    for(i=0;i<10;i++){
        printf("%d ",a[i]);
    }
```

```
        return 0;
}
void sortQipao(int a[],int N){
    int m,i,t;
    for(m=N-1; m>=0;m--) {
        for(i=0;i<m;i++){
            if(a[i]<a[i+1]){
                t=a[i+1];
                a[i+1]=a[i];
                a[i]=t;
            }
        }
    }
}
```

12.

```
#include<stdio.h>
double scoreAverage(int a[],int N);        //程序输出平均成绩的函数的原型
void sortQipao(int [],int);                //起泡排序函数的原型,用于学生成绩排序
int scoreMax(int a[],int N);               //输出最高成绩的函数的原型
int scoreMin(int a[],int N);               //输出最低成绩的函数的原型
int main(){
    int score[10],i;
    printf("输入 10 个成绩,空格或回车分隔: \n");
    for(i=0;i<10;i++){
        scanf("%d",&score[i]);
    }
    printf("平均成绩为: %f\n",scoreAverage(score,10));
    sortQipao(score,10);
    printf("排序后的成绩为: ");
    for(i=0;i<10;i++){
        printf("%d ",score[i]);
    }
    printf("\n");
    printf("最高成绩为: %d\n",scoreMax(score,10));
    printf("最低成绩为: %d\n",scoreMin(score,10));
    return 0;
}
 void sortQipao(int a[],int N){             //起泡排序函数,用于学生成绩排序
    int m,i,t;
    for(m=0; m<N-1;m++) {
        for(i=0;i<N-1-m;i++){
            if(a[i]<a[i+1]){
                t=a[i+1];
                a[i+1]=a[i];
                a[i]=t;
            }
        }
    }
}
```

```
double scoreAverage(int a[],int N){        //输出平均成绩的函数
    int i,sum=0;
    double result;
    for(i=0;i<N;i++) {
        sum=sum+a[i];
    }
    result=sum * 1.0/N;
    return result;
}
int scoreMax(int a[],int N){               //输出最高成绩的函数
    int i,max=a[0];
    for(i=1;i<N;i++) {
        if(max<a[i])
            max=a[i];
    }
    return max;
}
int scoreMin(int a[],int N){               //输出最低成绩的函数
    int i,min=a[0];
    for(i=1;i<N;i++) {
        if(min>a[i])
            min=a[i];
    }
    return min;
}
```

13.

```
#include<stdio.h>
float otherSum(float a[3][3]);   //计算 3×3 矩阵的反对角线之和函数的原型
int main(){
    float a[3][3]={{1.12f,2.97f,0.3f},{4.76f,0.05f,1.6f},{7.88f,1.81f,2.9f}};
     printf("矩阵 A 的反对角线元素之和：%f\n",otherSum(a));
    return 0;
}

float otherSum(float a[3][3]){
    float sum=0;
    int i,j;           //控制循环的变量
    for(i=0;i<3;i++){
        for(j=0;j<3;j++){
            if(i==(2-j)){
                sum=sum+a[i][j];
            }
        }
    }
    return sum;
}
```

14.

```
#include<stdio.h>
```

```
int main(){
    int i=0,j=0,k=0;
    float a[3][3]={{1.12f,2.97f,0.3f},{4.76f,0.05f,1.6f},{7.88f,1.81f,2.9f}};
    float b[3][3]={{1.0f,2.0f,3.0f},{4.0f,5.0f,6.0f},{7.0f,8.0f,9.0f}};
    float c[3][3]={0};
    for(i=0;i<3;i++){
        for(j=0;j<3;j++){
            for(k=0;k<3;k++){
                c[i][j]=c[i][j]+a[i][k]*b[k][j];
            }
        }
    }
    for(i=0;i<3;i++){
        for(j=0;j<3;j++){
            printf("%-5f  ",c[i][j]);
        }
        printf("\n");
    }
    return 0;
}
```

15.

```
#include<stdio.h>
void rowQipao(int a[],int N);
int main(){
    int i=0,j=0;
    int  a[3][4]={{7,2,0,4},{4,2,6,7},{7,8,9,1}};
    for(i=0;i<3;i++){
        rowQipao(a[i],4);
    }
    for(i=0;i<3;i++){
        for(j=0;j<4;j++){
            printf("%-5d  ",a[i][j]);
        }
        printf("\n");
    }
    return 0;
}
void rowQipao(int a[],int N){    //起泡排序函数,用于数组的每行绩排序
    int m,i,t;
    for(m=N-1; m>=0;m--) {
        for(i=0;i<m;i++){
            if(a[i]>a[i+1]){
                t=a[i+1];
                a[i+1]=a[i];
                a[i]=t;
            }
        }
    }
}
```

习题 8

1. C

2. 能通过编译,但为地址值是 12 的内存赋值,运行有危险,发生系统异常。

3. p+1 值是 1005,p-2 的值是 993。

4. 10、8 或 10、8、80

5. 3、2 或 2、3

6. 30、-20

7. -20、30

8. 12、16、40

9.

```c
#include<stdio.h>
#define N 100
int get(int,int * );                    //函数原型
int main(){
    int count=0;
    int sum;
    sum=get(N,&count);                   //将 count 的地址传递给函数,并得到函数的返回值
    printf("1 至 100 之间能被 3 和 7 同时除尽的整数的个数是%d\n",count);
    printf("1 至 100 之间能被 3 和 7 同时除尽的整数和是 %d\n",sum);
    return 0;
}
int get(int n,int * p){
    int i,sum=0;
    for(i=1;i<=n;i++){
        if((i%3==0 ) && (i%7==0)){
            ( * p)++;                    //p 间接访问 main 函数中的 count
            sum=sum+i;
        }
    }
    return sum;
}
```

10.

```c
#include<stdio.h>
#define M 100
#define N 200
void getPrimNmber (int,int ,int * );         //函数原型
int main(){
    int count=0;
    getPrimNmber(M,N,&count);                 //将 count 的地址传递给函数,并得到函数的返回值
    printf("200 至 300 之间的素数的个数是%d\n",count);
    return 0;
}
```

```
void getPrimNmber (int m,int n,int * p){
    int i,j;
    int isPrimNumber=1;                        //记录 i 是不是素数的变量
    for(i=m;i<=n;i++){
        for(j=2,isPrimNumber=1;j<=i/2;j++){           //该循环语句负责寻找 i 的因子
            if(i%j==0){
                isPrimNumber=0;                //一旦找到因子,就记录 i 不是素数
                break;                         //结束内循环 (没必要找到多个因子)
            }
        }
        if(isPrimNumber){
            (* p)++;                           //p 间接访问 main 函数中的 count
            printf("%4d",i);
            if((* p)%6==0)                      //打印 6 个素数之后输出一个回行
                printf("\n");
        }
    }
}
```

习题 9

1. C

2. 能通过编译,运行有危险,p=p+1;将指针指向数组 a 最后一个元素的后面,* p=
−111;这种赋值就很危险。

3. 500

4. 600

5. 5

6. 6

   6

   100

7. 100,300

8. 300

   102

9. 5,17

10.

```
#include<stdio.h>
int main(){
    int a[4][3]={{88,78,77},{69,98,80},{90,88,90},{66,97,95}};
    int * p[4];
    int i,j;
    p[0]=&a[0][0];
    p[1]=&a[1][0];
    p[2]=&a[2][0];
    p[3]=&a[3][0];
    for(i=0;i<4;i++){                          //排序数组 p
```

```
        for(j=i+1;j<4;j++){
            if(p[j][1]>p[i][1]){
                int * t;
                t=p[i];
                p[i]=p[j];
                p[j]=t;
            }
        }
    }
    for(i=0;i<4;i++){
        for(j=0;j<3;j++){
            printf("%-5d",p[i][j]);
        }
        printf("\n");
    }
    return 0;
}
```

习题 10

1. C
2. 17
3. 1   2   3   4   5
   A   B   C   D   E
4. 2
   4
   11
   13

5. 能通过编译，有警告，运行有危险，将 500 赋值给没有声明使用的内存空间。

习题 11

1. C
2. D
3. AABC
4. ABCD
5. ABCD123456
6. EDCBA
7.

```
#include<stdio.h>
int main(){
    char str[3][60];
    int i=0,j=0,cap[3]={0},low[3]={0},bla[3]={0};
    int sum1=0,sum2=0,sum3=0;
    printf("输入 3 行文本：\n");
```

```
        for(i=0;i<3;i++){
            gets(str[i]);
        }
        for(i=0;i<3;i++){
            for(j=0;j<60;j++){
                if( str[i][j]!='\0'){
                    if(str[i][j]<='Z' && str[i][j]>='A')
                        cap[i]++;
                    else if(str[i][j]<='z' && str[i][j]>='a')
                        low[i]++;
                    else if(str[i][j]==' ')
                        bla[i]++;
                }
                else
                    break;
            }
        }
        for(i=0;i<3;i++){
            printf ("第%d行大写字母%d个,小写字母%d个,空格%d个\n",i+1,cap[i],
                low[i],bla[i]);
            sum1=sum1+cap[i];
            sum2=sum2+low[i];
            sum3=sum3+bla[i];
        }
        printf("三行中大写字母%d个,小写字母%d个,空格%d个\n",sum1,sum2,sum3);
        return 0;
    }
```

8.

```
#include<stdio.h>
int main(){
    char str[80];
    int i=0;
    printf("请输入一行文本: \n");
    gets(str);
    while(1){
        if(str[i]=='\0'){
            break;
        }
        if(str[i]<='Z' && str[i]>='A')
            str[i]=(26-(str[i]-64)+1)+64;          //对应密码的 ASCII 码值
        else if(str[i]<='z' && str[i]>='a')
            str[i]=(26-(str[i]-96)+1)+96;
        else
            str[i]=str[i];
        i++;
    }
    puts(str);
    return 0;
}
```

习题 12

1. A
2. 有；room＝{"class201",123,45}；最后一行赋值号之后加大括号。
3. B、D
4. 20
5. 12
6. wqng：100

   li：200

   zhao：300
7. 3.28
8.

```c
#include<stdio.h>
typedef
struct {
      int number;
      char * name;
      double score;
} people;
int main(){
    people s[3]={{101,"wqng",98},{201,"li",96},{301,"zhao",90}}, * p;
    p=s;
    for(;p<=s+2;p++) {
        printf("%d  %s: % f\n",p->number,p->name,p->score);
    }
    return 0;
}
```

习题 13

1. 打开文件的步骤如下。

（1）声明指针变量。使用 FILE 声明指针变量：File p；。

（2）打开文件。通过调用 fopen 函数打开文件：p＝fopen(文件名字,打开方式)；。

2. 应当是二进制文件。

3. 文件应当是文本文件。

4. "r"。

5. 读写文本文件的步骤如下。

（1）按文本方式打开要读写的文件。使用 FILE 声明指针变量：File p；。

（2）调用 fopen 函数打开文件 p＝fopen(文件名字,打开方式)；，其中"打开方式"根据需要设置参数"r"、"r＋"、"w"、"w＋"、"a"或"a＋"。

（3）可以使用 fgetc()或 fgets()函数读取打开的文件或者使用 fputc()或 fputs()函数向打开的文件写入文本。

读写二进制文件的步骤如下。

（1）按二进制方式打开要读写的文件。使用 FILE 声明指针变量：FILE ＊ p;。

（2）调用 fopen 函数打开文件 p＝fopen(文件名字,打开方式);,其中"打开方式"根据需要设置参数"wb"、"wb＋"、"rb"或"rb＋"。

（3）可以使用 fwrite() 函数向打开的文件写入数据或使用 fread() 函数读取打开的文件。

6. fseek(p,－8,1)

   fseek(p,0,0)

   fseek(p,3,1)

7. ABCD

8. x＝39,y＝12

9. 123123

10. CB

11.

```c
#include<stdio.h>
#include<string.h>
int main(){
    FILE *p;
    char str[]="how are you";
    int i=0,length;
    length=strlen(str);
    p=fopen("c: \\1000\\cat.txt","w");
    for(i=0;i<length;i++){
        fputc(str[i],p);
    }
      fclose(p);
    return 0;
}
```

12.

```c
#include<stdio.h>
int main(){
    FILE *p;
    char ch;
    p=fopen("c: \\1000\\cat.txt","r");
    if(p!=NULL){
        ch=fgetc(p);
        while(ch!=EOF){
            printf("%c",ch);
            ch=fgetc(p);
        }
        fclose(p);
    }
    else{
        printf("文件不存在");
```

```
    }
    getchar();
    return 0;
}
```

13.

```
#include<stdio.h>
int main(){
    double x=1.2,y=3.4;
    int size=sizeof(double);
    FILE * p;
    int m=0;
    p=fopen("c: \\1000\\sea.data","wb");
    m=fwrite(&x,size,1,p);
    if(m==1){
        printf("成功将数据%lf写入二进制文件.\n",x);
    }
    m=fwrite(&y,size,1,p);
    if(m==1){
            printf("成功将数据%lf写入二进制文件.\n",y);
    }
    fclose(p);
    return 0;
}
```

14.

```
#include<stdio.h>
int main(){
    FILE * p;
    double x,y;
    int m;
    int size=sizeof(double);
    p=fopen("c: \\1000\\sea.data","rb");
    m=fread(&x,size,1,p);
    if(m==1){
        printf("读入的一个 double 型数据存放在 x 中: \n");
        printf("x=%f\n",x);
    }
    m=fread(&y,size,1,p);
    if(m==1){
        printf("读入的一个 double 型数据存放在 y 中: \n");
        printf("y=%f\n",y);
    }
    fclose(p);
    return 0;
}
```